21世纪职业教育规划教材·计算机系列

PHP项目开发教程

主　编　曾棕根
副主编　汪志达　毛柯平

内容简介

本书内容翔实、图文并茂，提供了相关安装文件、各章最终程序代码以及25个微课教学视频。本书包括6章：第1章讲解了WAMP平台架设方法，第2章讲解了安装与配置开源Moodle平台的方法；第3章讲解了PHP核心编程技术，第4章讲解了PHP数据库编程技术，第5章设计了一个综合项目实践，第6章详细讲解了安装LAMP平台的方法。

本书适合高等职业院校计算机及其相关专业学生作为教材使用，也可供PHP程序设计人员参考。

图书在版编目(CIP)数据

PHP项目开发教程／曾棕根主编. —北京：北京大学出版社，2022.10
21世纪职业教育规划教材. 计算机系列
ISBN 978-7-301-31167-7

Ⅰ. ①P… Ⅱ. ①曾… Ⅲ. ①PHP语言—程序设计—高等职业教育—教材 Ⅳ. ①TP312.8

中国版本图书馆CIP数据核字(2020)第022654号

书　　名	PHP项目开发教程 PHP XIANGMU KAIFA JIAOCHENG
著作责任者	曾棕根
责任编辑	桂　春
标准书号	ISBN 978-7-301-31167-7
出版发行	北京大学出版社
地　　址	北京市海淀区成府路205号　100871
网　　址	http://www.pup.cn　　新浪微博：@北京大学出版社
电子信箱	zyjy@pup.cn
电　　话	邮购部010-62752015　发行部010-62750672　编辑部010-62756923
印 刷 者	北京鑫海金澳胶印有限公司
经 销 者	新华书店
	787毫米×1092毫米　16开本　14.5印张　361千字
	2022年10月第1版　2022年10月第1次印刷
定　　价	48.00元

微课视频二维码

序号	知识点	微课名称	二维码
1	顺序结构	顺序结构	
2	分支与循环结构	分支与循环结构	
3	PHP 读取文件	PHP 读取文件	
4	超链接传值	超链接传值	
5	表单传值	表单传值	
6	Session 传值	Session 传值	
7	PHP 上传大容量文件	PHP 上传大容量文件	
8	MySQL 数据库介绍	MySQL 数据库介绍	

序号	知识点	微课名称	二维码
9	PHP 访问 MySQL 五大步骤	PHP 访问 MySQL 五大步骤	
10	记录分页算法	记录分页算法	
11	使用 PHP 代码自动创建数据库	使用 PHP 代码自动创建数据库	
12	简单登录界面练习	简单登录界面练习	
13	注册用户练习	建立注册用户数据库	
		代码实现部分	
14	真正登录练习	真正登录练习	
15	超链接参数查询数据库练习	插入新闻	
		分页浏览新闻名称	

序号	知识点	微课名称	二维码
16	超链接参数查询数据库练习	显示新闻内容	
		编辑新闻	
		删除新闻	
		搜索新闻	
		增加用户表	
		用户登录	
		制作导航栏和页脚栏	
		增加 Cookie 功能	

前　　言

PHP 是一种嵌入 HTML 文档、在服务器端执行的脚本语言，语言风格类似 C 语言，但又有完备的面向对象功能，运行于 J2EE 和 . NET 的 WAMP/WNMP/LAMP/LNMP 平台，具有跨平台、免费开源、功能强大和简单易用的特性，运用广泛，是开发动态 Web 程序的流行语言之一。

PHP 具有非常强大的功能，所有的 CGI 的功能 PHP 都能实现；而且支持几乎所有流行的数据库以及操作系统；PHP 在执行动态网页方面比 CGI 或者 Perl 更快速；最重要的是 PHP 可以用 C、C++语言进行程序的扩展。

书中相关安装文件、各章最终程序代码及 25 个微课教学视频，可以到下面的网址下载：https://mood.nbpt.edu.cn/course/view.php? id=982,选课密码为 jiaocai@ 66M。

本书内容经过了严格筛选，以学习的先后顺序进行了科学排列，并经过了多届学生的教学检验，实践证明：学习周期短，易学易用。

本书由宁波职业技术学院电子信息工程学院曾棕根担任主编，汪志达、毛柯平担任副主编。本书第 5 章由汪志达编写，第 6 章由毛柯平编写，其余各章由曾棕根编写。此外，汪志达还对全书的内容规划和顺序编排提出了宝贵的建议。本书第 5 章的项目由宁波经济技术开发区亚智网络科技有限公司提供，在此对公司总经理邹天力表示感谢。

由于时间仓促及水平所限，书中必然存在不足之处，恳请广大读者提出宝贵意见与建议，笔者邮箱 zjnuken@126.com,网址 https://mood.nbpt.edu.cn。

曾棕根

2022 年 6 月

目　录

第1章 架设 WAMP 平台

本章学习在 Windows Server 操作系统上架设 WAMP 平台。WAMP 平台是指Windows 下的免费开源软件组合 Apache+MySQL+Perl/PHP/Python。PHP 是跨平台脚本，在 WAMP 平台和 LAMP 平台上都可采用 PHP 开发动态网页程序。WAMP 平台示意图如图 1-1 所示。

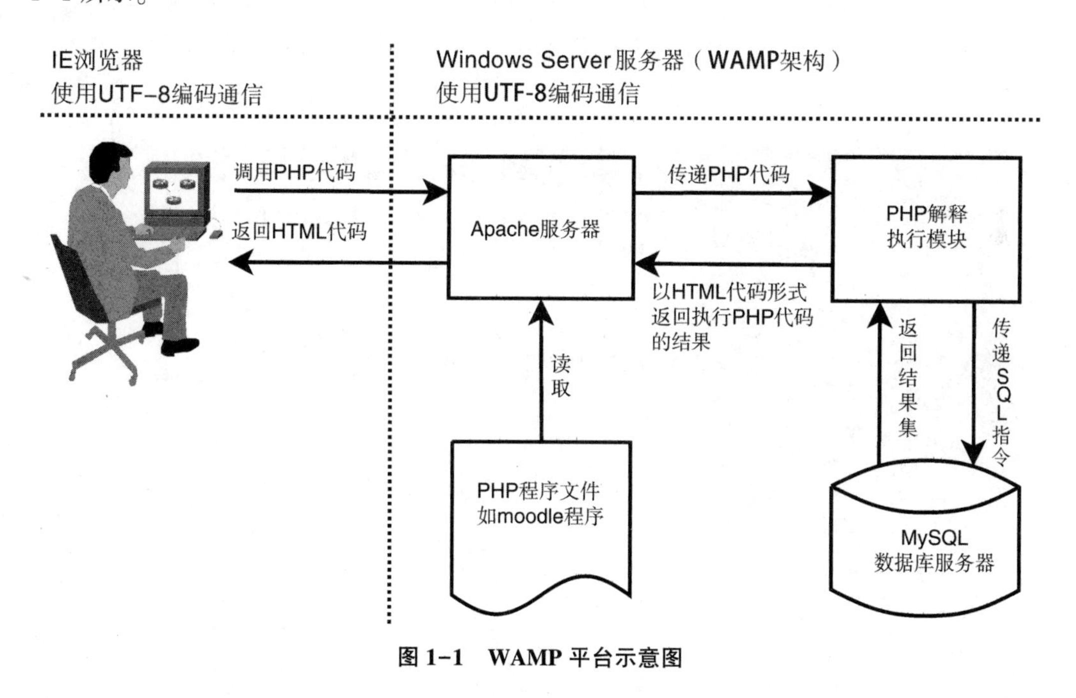

图 1-1　WAMP 平台示意图

1.1　安装 MySQL 数据库服务器

1.1.1　概述

MySQL 是一个小型关系型数据库管理系统，具有体积小、速度快、免费开源等优点，是建设中小型网站常用的数据库。图 1-2 是 MySQL 图标。

图 1-2　MySQL 图标

安装 MySQL 数据库服务器需要使用 3306 端口，因此，先要开放 Windows Server 3306 端口，否则 MySQL 数据库服务器不能正常启动。

1.1.2　实践操作

1. 安装 MySQL 数据库服务器

（1）在本书提供的文件中找到 MySQL 5.1.53 的安装软件包 mysql-essential-5.1.53-win32.zip。

（2）解压缩 MySQL Server 5.1.53 安装软件包，双击 mysql-essential-5.1.53-win32.msi 文件进入 MySQL 数据库服务器的安装界面，如图 1-3 所示。单击 Next（下一步）按钮。

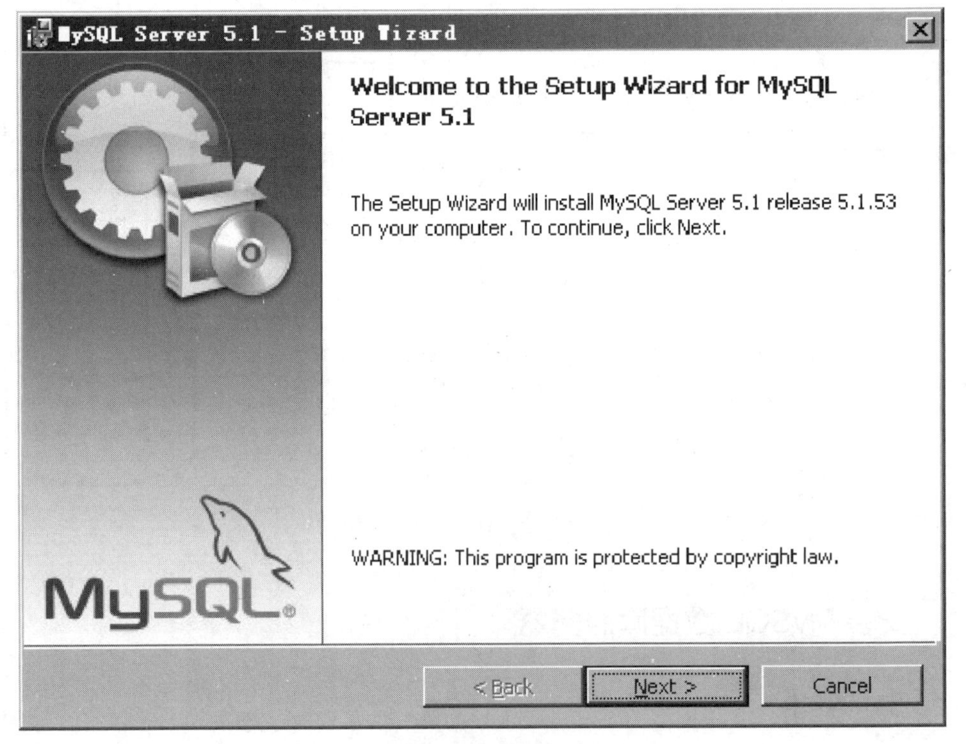

图 1-3　MySQL 数据库服务器安装界面

（3）出现如图 1-4 所示界面，选择 Complete（完全安装）安装类型，单击 Next（下一步）按钮。

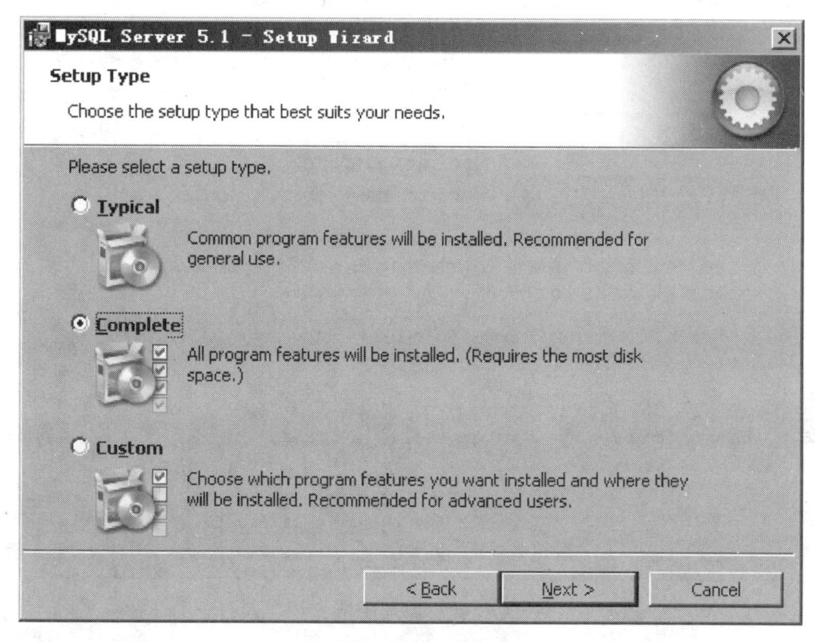

图 1-4　选择安装类型

（4）出现如图 1-5 所示界面，显示安装 MySQL 数据库服务器的路径。单击 Install（安装）按钮。

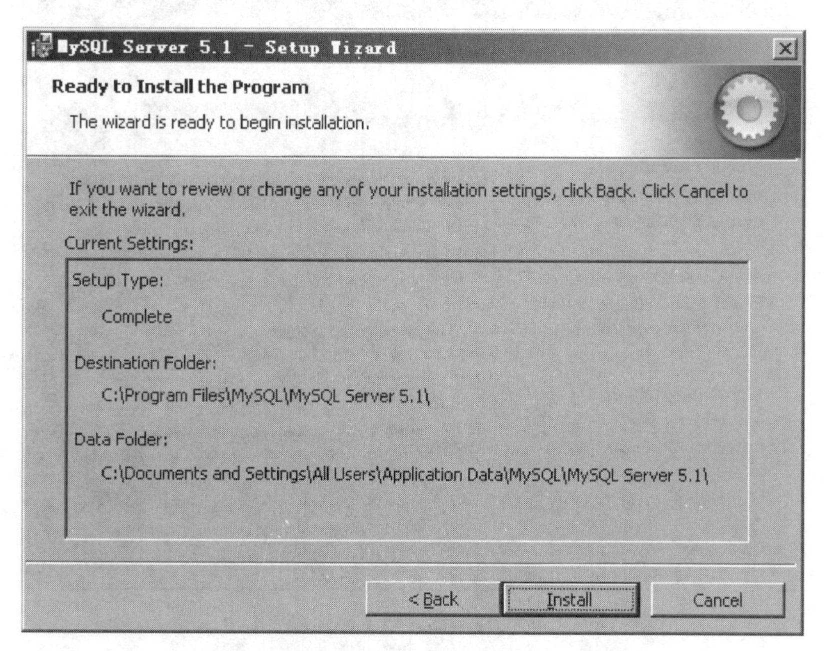

图 1-5　显示安装 MySQL 数据库服务器的路径

（5）开始复制文件，并进入如图 1-6 所示的 MySQL 数据库服务器介绍界面（一）。

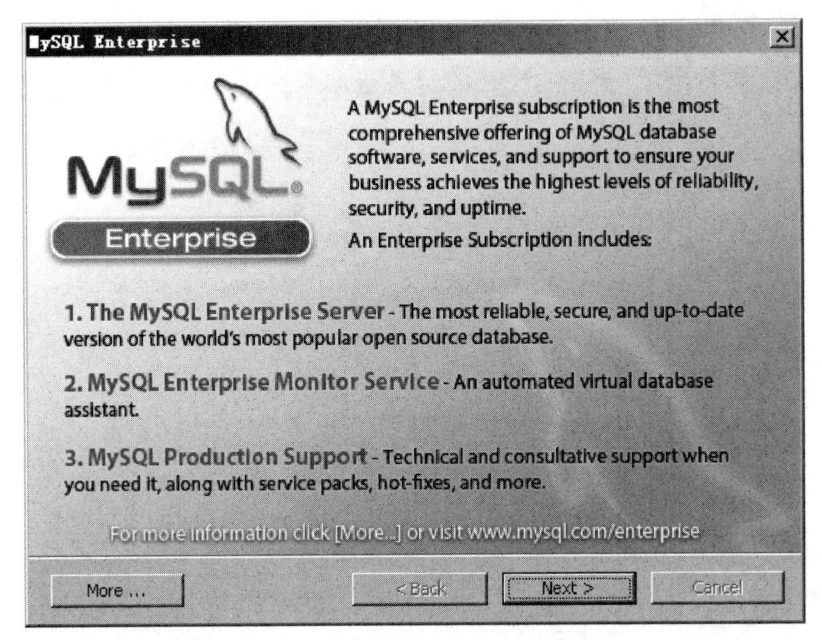

图 1-6　MySQL 数据库服务器介绍界面（一）

（6）单击图 1-6 所示界面中的 Next（下一步）按钮，进入如图 1-7 所示的介绍界面（二）。

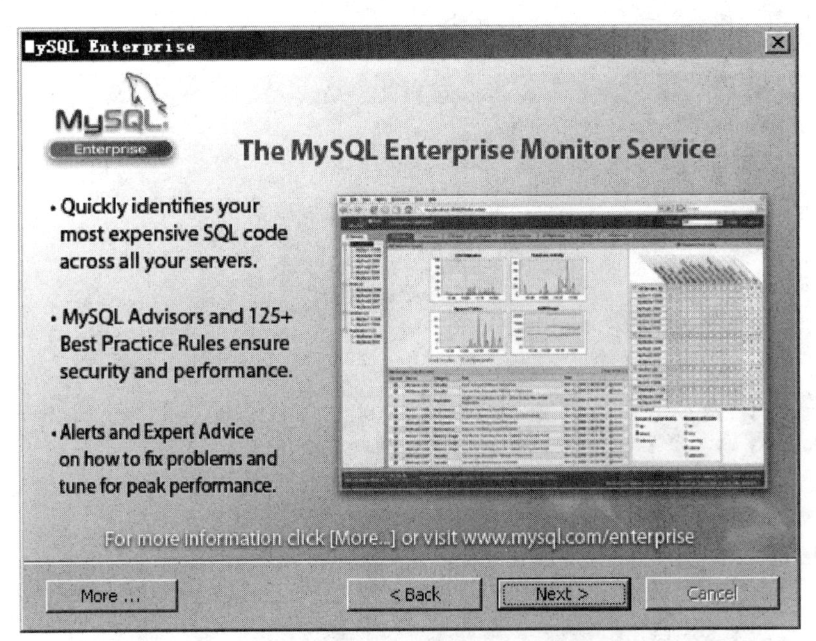

图 1-7　MySQL 数据库服务器介绍界面（二）

（7）单击图 1-7 所示界面中的 Next（下一步）按钮，进入 MySQL 数据库服务器的安装完成界面，如图 1-8 所示。单击 Finish（完成）按钮。

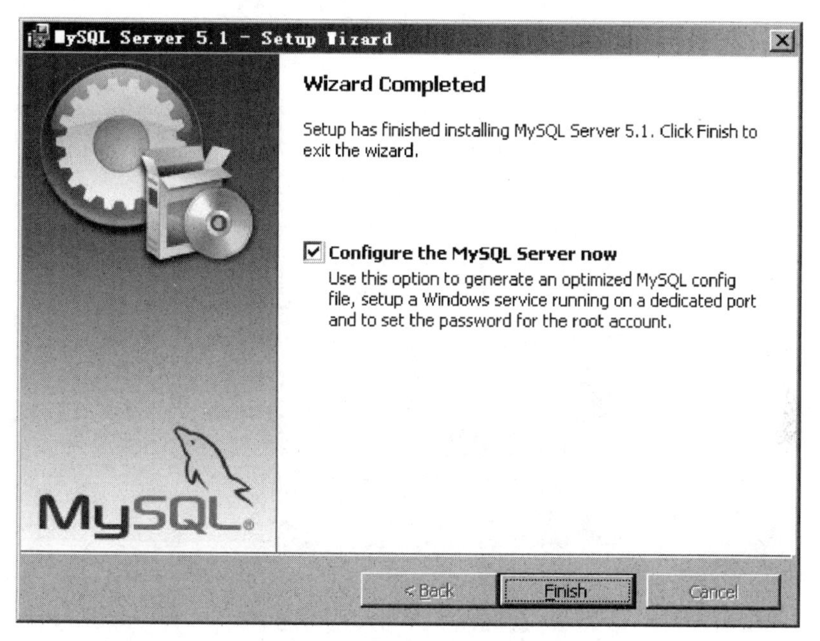

图 1-8　MySQL 数据库安装完成界面

（8）系统开始配置 MySQL 数据库服务器，如图 1-9 所示。单击 Next（下一步）按钮。

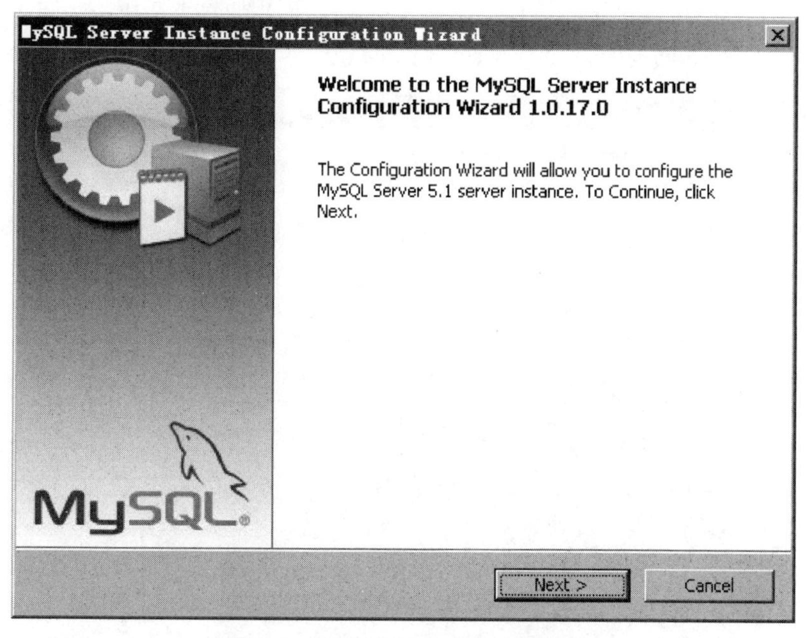

图 1-9　配置 MySQL 数据库服务器

（9）进入如图 1-10 所示界面，选择配置类型为 Detailed Configuration（详细配置）。单击 Next（下一步）按钮。

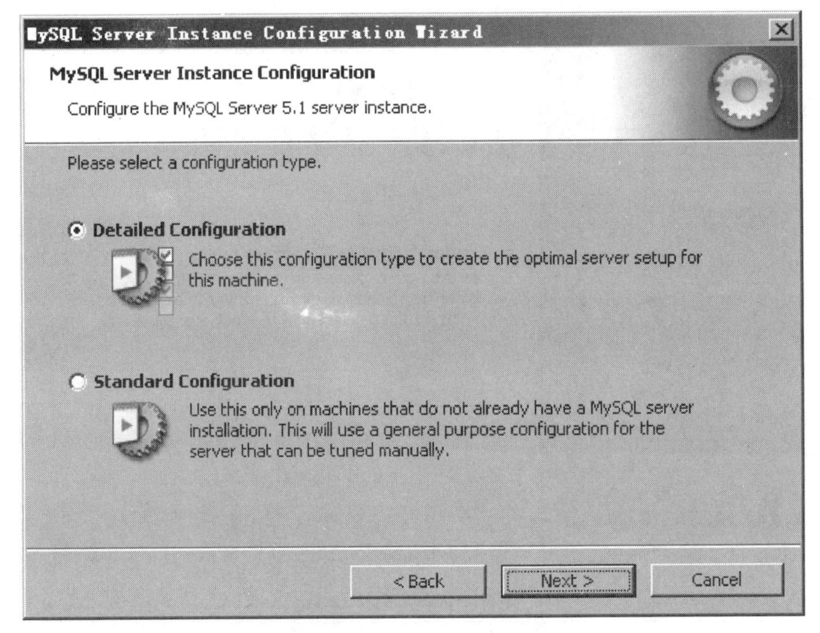

图 1-10　选择配置类型

（10）进入如图 1-11 所示界面，选择服务器类型为 Dedicated MySQL Server Machine（将服务器内存都用于 MySQL）。Dedicated MySQL Server Machine 服务器类型主要是设置 MySQL 在本机上占用的内存的允许程度，如果单纯是做 PHP 开发，这里也可以选择 Developer Machine（开发机）。单击 Next（下一步）按钮。

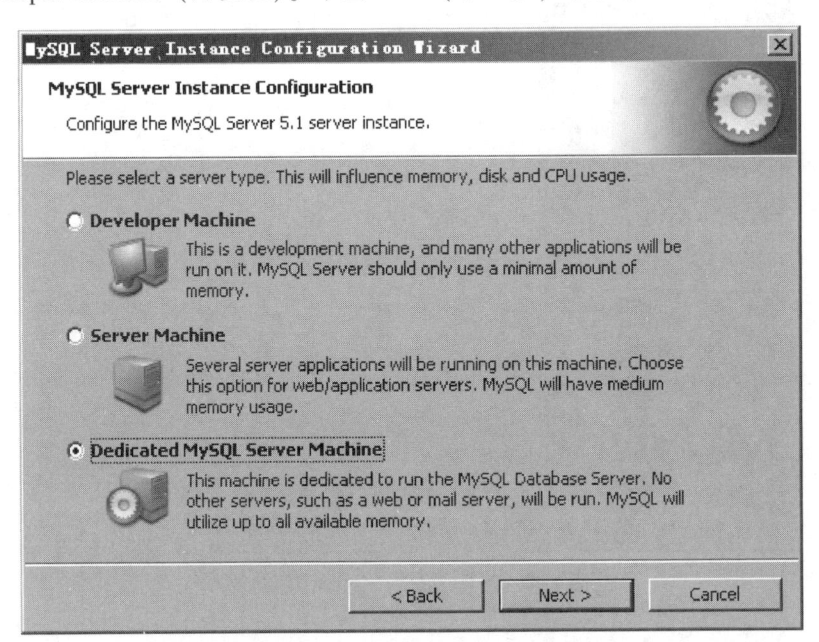

图 1-11　选择服务器类型

（11）进入如图 1-12 所示界面，选择数据库类型为 Multifunctional Database（多功能数据库）。单击 Next（下一步）按钮。

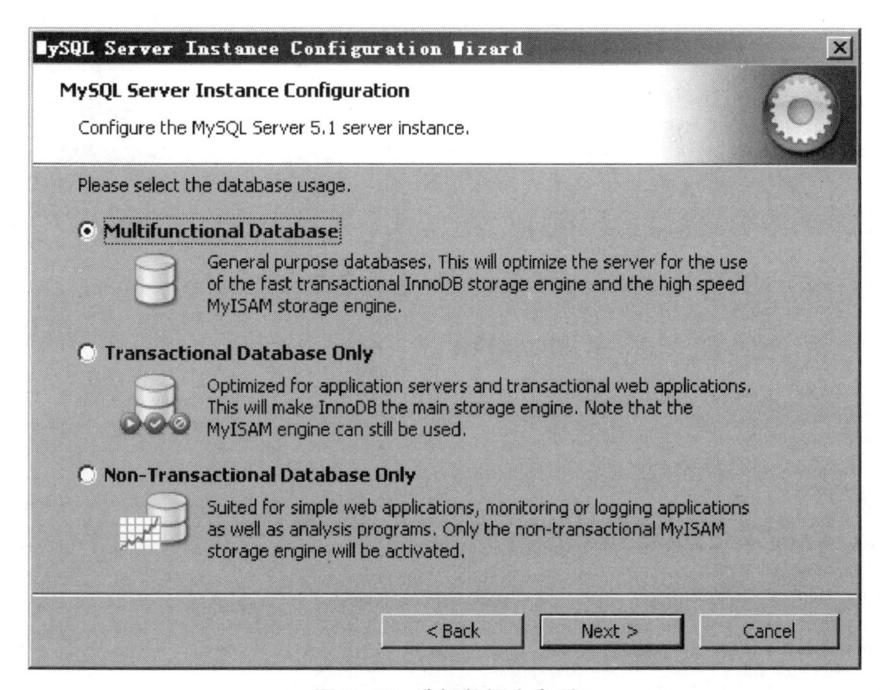

图 1-12　选择数据库类型

（12）进入如图 1-13 所示界面，显示设置 InnoDB 表空间路径信息，保持默认设置不变。单击 Next（下一步）按钮。

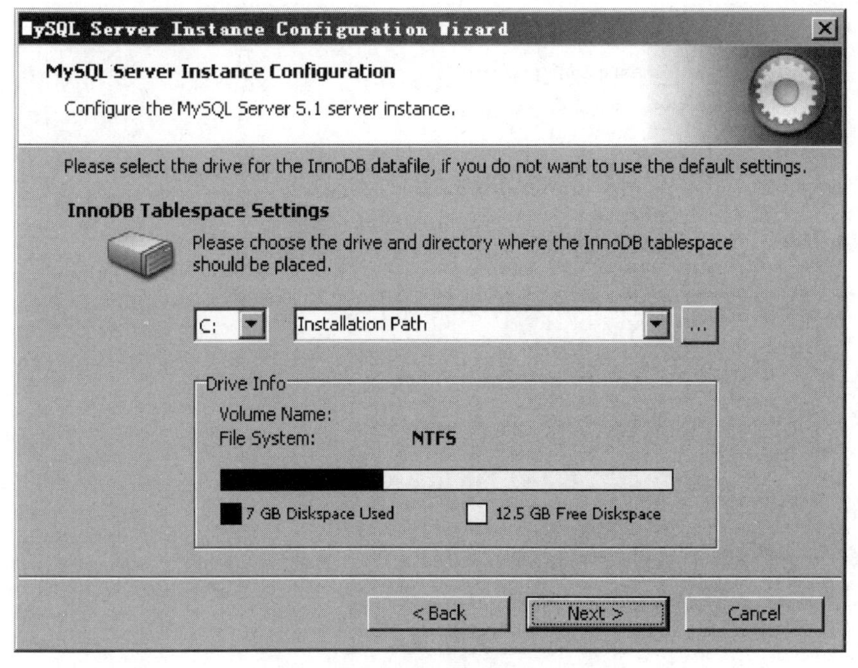

图 1-13　设置 InnoDB 表空间路径

（13）进入如图 1-14 所示界面，选择 Manual Setting（手工设置），设置最大连接数为 2000。这个数据大小与服务器性能相关。单击 Next（下一步）按钮。

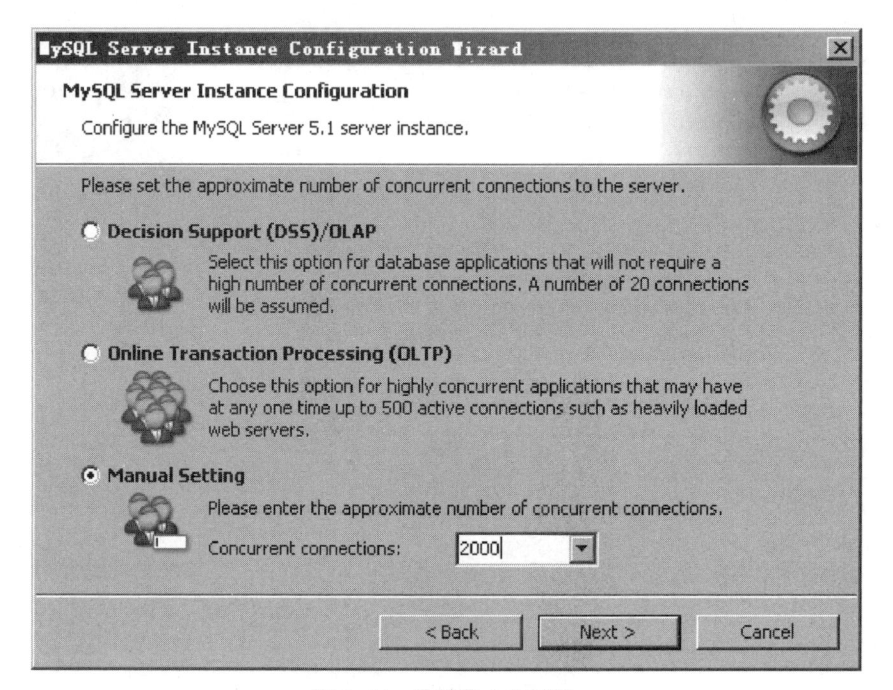

图 1-14　选择最大连接数

（14）进入如图 1-15 所示界面，设置 MySQL 数据库服务器端口号为 3306。单击 Next（下一步）按钮。

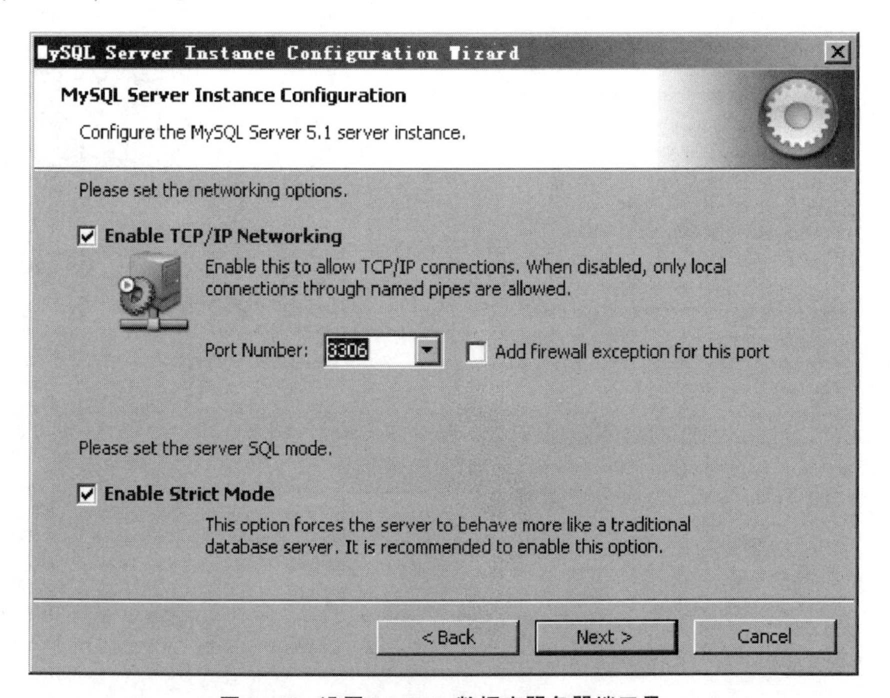

图 1-15　设置 MySQL 数据库服务器端口号

（15）进入如图 1-16 所示界面，选择 Best Support For Multilingualism（多语言最佳支持），设置 UTF-8 为默认的字符集编码。单击 Next（下一步）按钮。

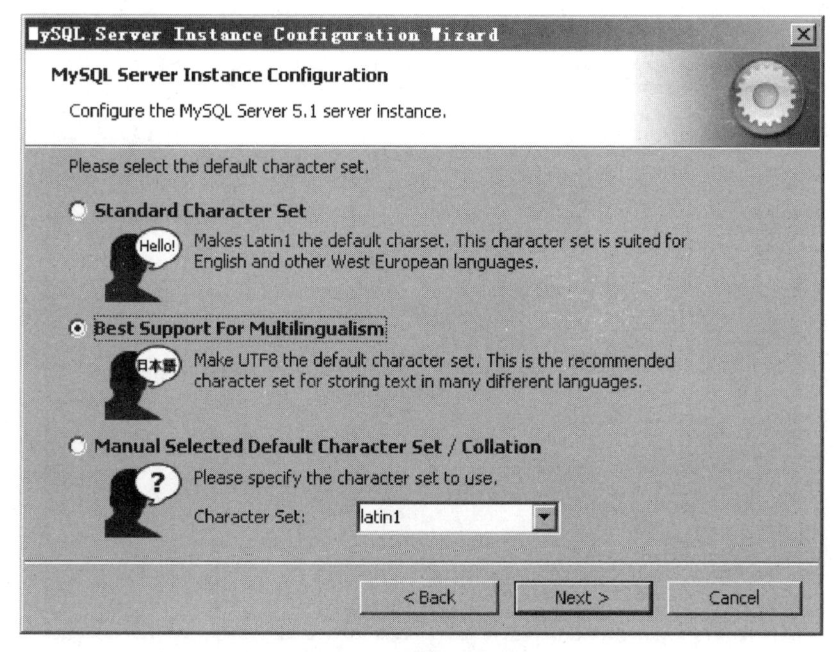

图 1-16　设置默认字符集

（16）进入如图 1-17 所示界面，设置 MySQL 实例名称为 MySQL 和命令行访问方式，勾选 Include Bin Directory in Windows PATH（允许命令行方式访问 MySQL）复选框。单击 Next（下一步）按钮。

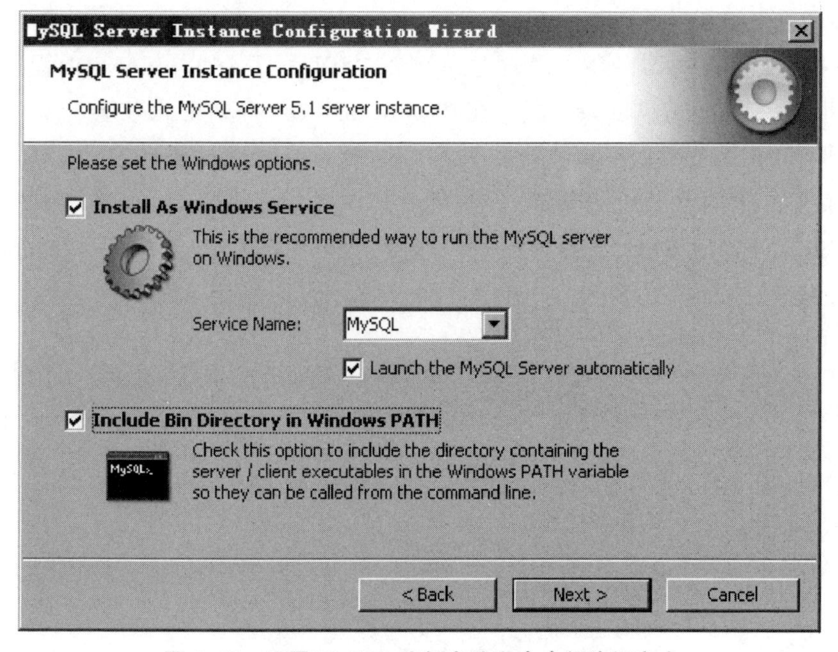

图 1-17　设置 MySQL 实例名称和命令行访问方式

(17) 进入如图 1-18 所示界面，将 MySQL 管理员 root 的密码设置为“123”，填写两遍。注意，不要勾选 Enable root access from remote machines（允许 root 用户远程访问 MySQL）复选框，确保 MySQL 数据库服务器安全。单击 Next（下一步）按钮。

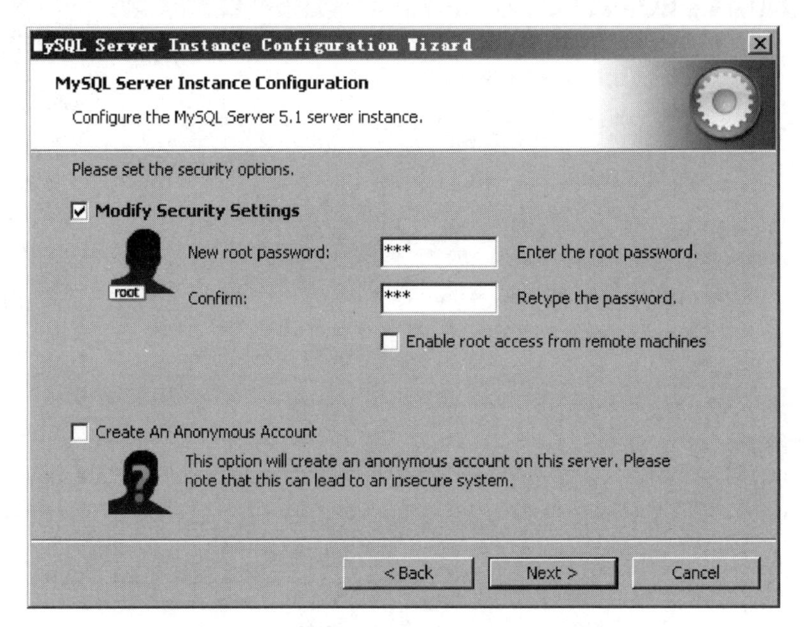

图 1-18 填写 MySQL 管理员 root 的密码

提示：

如果这台电脑上曾经安装过 MySQL 数据库服务器，那么这一步会要求输入原先 MySQL 的 root 用户的密码。按下面步骤操作后，再次安装 MySQL 数据库服务器，就不会要求输入原先的密码了：

①在控制面板的“添加或删除程序”中删除 MySQL 程序（如果有 MySQL 程序的话）。

②删除 MySQL 的安装目录，默认在 C:\ProgramFiles\MySQL 目录下。

③删除 MySQL 的数据存放目录，一般在 C:\Documents and Settings\All Users\Application Data 目录下的 MySQL 目录下。

④单击“开始”按钮，选择“运行”命令，弹出“运行”对话框，在文本框中输入 regedit 命令后按回车键确认，打开“注册表编辑器”，找到下面 3 条键，并删除它们（有些键可能不一定存在）：

```
HKEY_LOCAL_MACHINE/SYSTEM/ControlSet001/Services/Eventlog/Applications/MySQL
HKEY_LOCAL_MACHINE/SYSTEM/ControlSet002/Services/Eventlog/Applications/MySQL
HKEY_LOCAL_MACHINE/SYSTEM/CurrentControlSet/Services/Eventlog/Applications/MySQL
```

（18）进入如图 1-19 所示界面，准备启动 MySQL 数据库服务器。单击 Execute（执行）按钮。

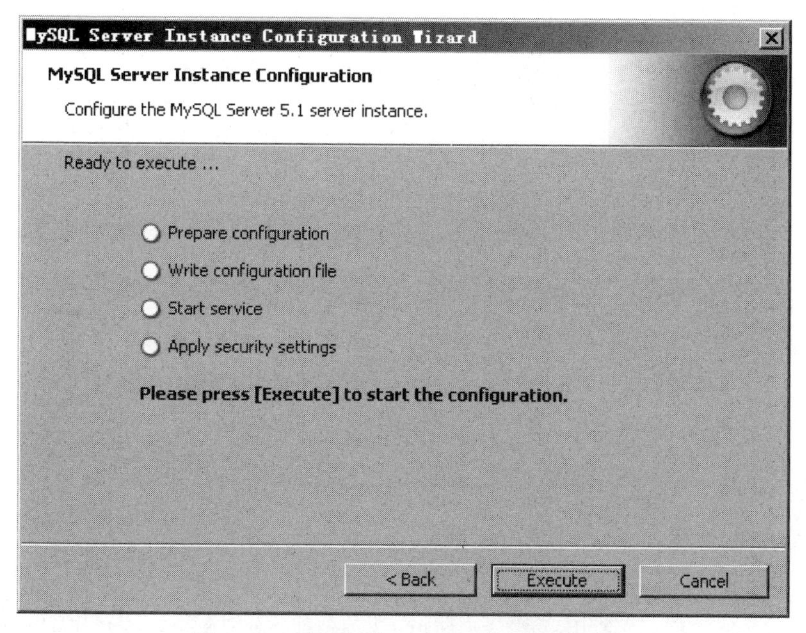

图 1-19　准备启动 MySQL 数据库服务器

（19）稍等一会，MySQL 数据库服务器启动成功，如图 1-20 所示。如果 MySQL 数据库服务器没有成功启动，一般原因是 Windows 上的防火墙阻挡了 MySQL 数据库服务器的 3306 端口。

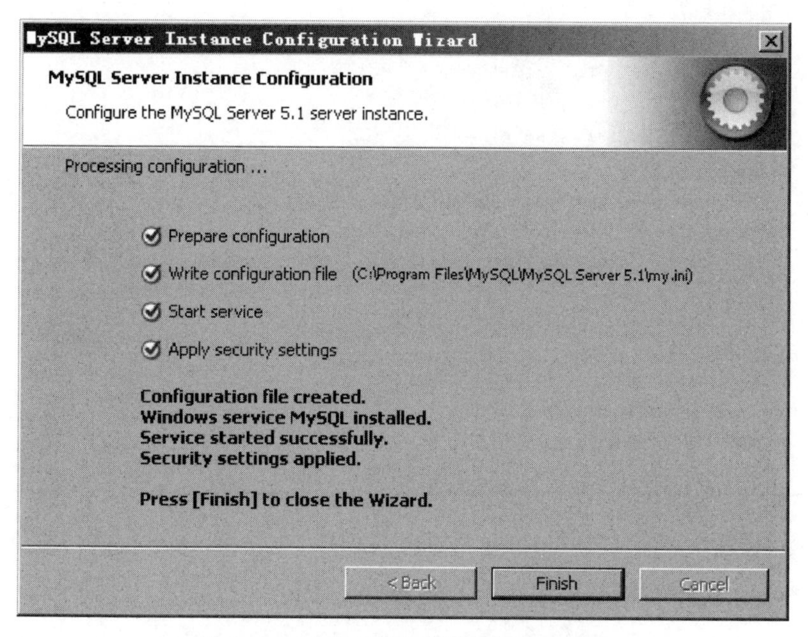

图 1-20　MySQL 数据库服务器启动成功

（20）单击图 1-20 所示界面中的 Finish（完成）按钮，结束 MySQL 数据库服务器配置。但是，通过“管理工具”→“事件查看器”→“应用程序”，可以看到两条关于 MySQL 的警告信息，下面列出解决办法，如表 1-1 所示。

表 1-1　出现两条关于 MySQL 的警告信息的解决办法

<table>
<tr><td rowspan="2">第 1 条
警告信息</td><td>事件类型：警告
事件来源：MySQL 事件
种类：无
事件 ID：100
事件：14：07：07
用户：N/A
计算机：NINGBO-5EF576D5
描述：
'--default-character-set' is deprecated and will be removed in a future release. Please use
'--character-set-server' instead.
For more information, see Help andSupport Center at http://www.mysql.com.</td></tr>
<tr><td>解决办法：
把 C:\Program Files\MySQL\MySQL Server 5.1\my.ini 中“default-character-set=utf8”这句修改为下面两句（共有两处，分别在［mysql］和［mysqld］两段中）：
#default-character-set=utf8
#character-set-server=utf8</td></tr>
<tr><td rowspan="2">第 2 条
警告信息</td><td>事件类型：警告
事件来源：MySQL 事件
事件种类：无
事件 ID：100
事件：14：07：07
用户：N/A
计算机：NINGBO-5EF576D5
描述：
Changed limits: max_ open_ files: 2048 max_ connections: 1910 table_ cache: 64
For more information, see Help andSupport Center at http://www.mysql.com.</td></tr>
<tr><td>解决办法
把 C:\Program Files\MySQL\MySQL Server 5.1\my.ini 中的 max_connections 和 table-cache 分别修改为下面两项值：
max_ connections=1910
table_ cache=64</td></tr>
</table>

经过上述设置后，重新启动 MySQL 数据库服务器，就不会再出现上述两条警告信息了。

2. 在命令行状态下对 MySQL 数据库服务器进行操作

通过控制台的命令行访问 MySQL 数据库服务器：在 Windows 程序菜单中单击

MySQL→MySQL Server 5. 1→MySQL Command Line Client（MySQL 命令行客户端）菜单项，如图 1-21 所示。

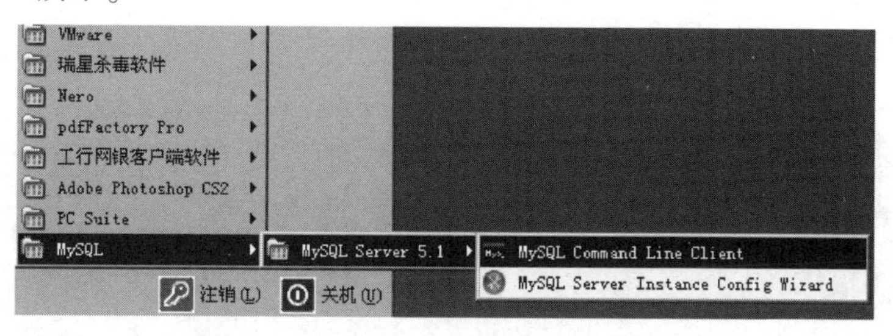

图 1-21　MySQL 命令行客户端工作方式

在弹出的如图 1-22 所示的命令行客户端窗口中，输入 root 用户的密码“123”后，按回车键确认，即登录 MySQL 数据库服务器。

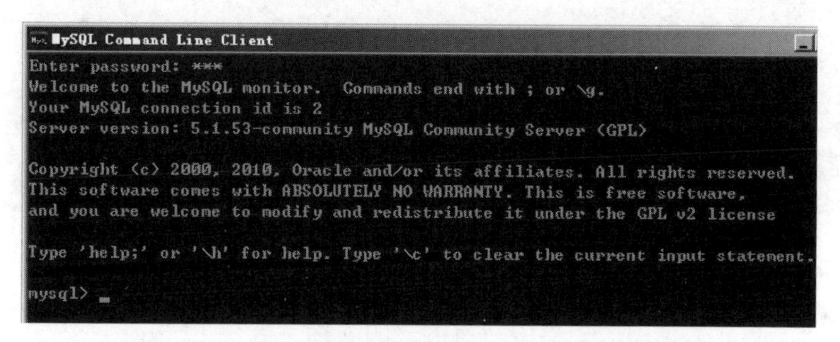

图 1-22　使用 root 用户登录 MySQL 数据库服务器

（1）列出 MySQL 数据库服务器中所有的数据库名称。

登录 MySQL 数据库服务器后，在“mysql>”处输入命令“show databases;”后，按回车键确认，就列出了当前 MySQL 数据库服务器中所有的数据库名称：information_schema、mysql 和 test，如图 1-23 所示。注意：每一条命令的末尾应加上“;”，表示该命令结束。

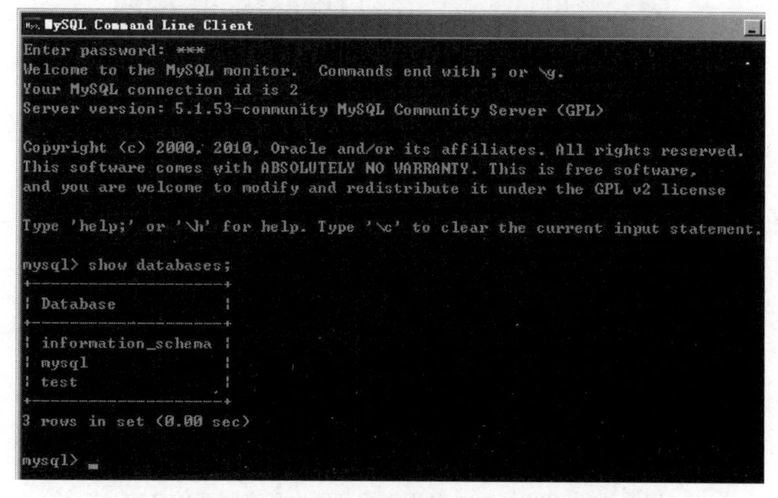

图 1-23　列出 MySQL 数据库服务器中所有的数据库名称

（2）登录 MySQL 数据库服务器。

如图 1-24 所示，在“mysql>”处输入命令“use mysql;”后，按回车键确认，登录 MySQL 数据库服务器。

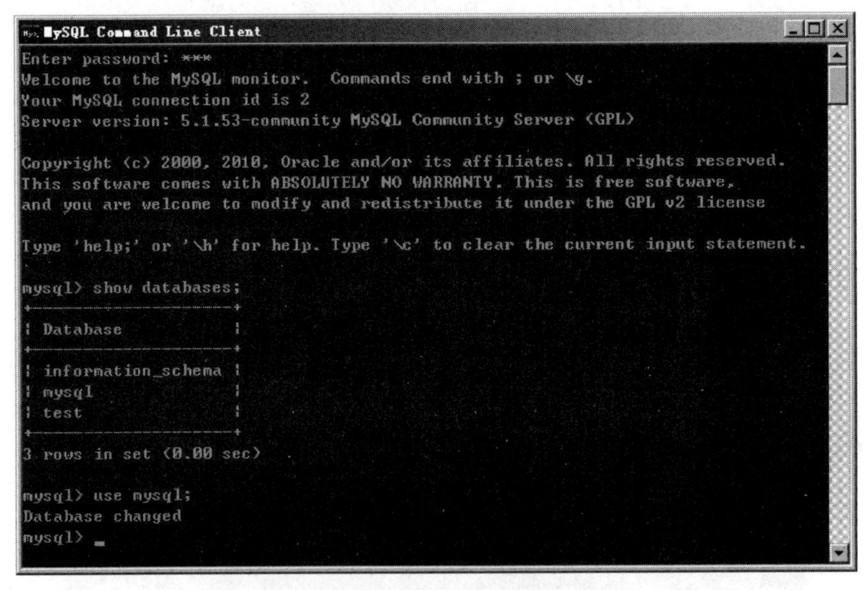

图 1-24　登录 MySQL 数据库服务器

（3）列出 mysql 数据库服务器中所有的表的名称。

如图 1-25 所示，在“mysql>”处输入命令“show tables;”后，按回车键确认，即列出 MySQL 数据库服务器中所有的表的名称。

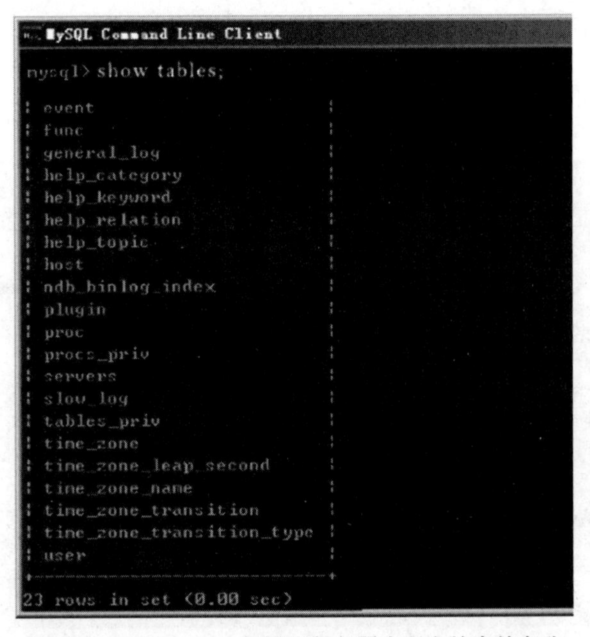

图 1-25　列出 mysql 数据库服务器中所有的表的名称

（4）列出 user 表中所有记录的 host、user 和 password 三个字段的值。

如图 1-26 所示，在 “mysql>” 处输入 SQL 命令 “select host，user，password from user;” 后，按回车键确认，即列出 user 表中所有记录的 host、user 和 password 三个字段的值。

```
MySQL Command Line Client
| ndb_binlog_index          |
| plugin                    |
| proc                      |
| procs_priv                |
| servers                   |
| slow_log                  |
| tables_priv               |
| time_zone                 |
| time_zone_leap_second     |
| time_zone_name            |
| time_zone_transition      |
| time_zone_transition_type |
| user                      |
+---------------------------+
23 rows in set (0.02 sec)

mysql> select host,user,password from user;
+-----------+------+-------------------------------------------+
| host      | user | password                                  |
+-----------+------+-------------------------------------------+
| localhost | root | *23AE809DDACAF96AF0FD78ED04B6A265E05AA257 |
+-----------+------+-------------------------------------------+
1 row in set (0.00 sec)

mysql>
```

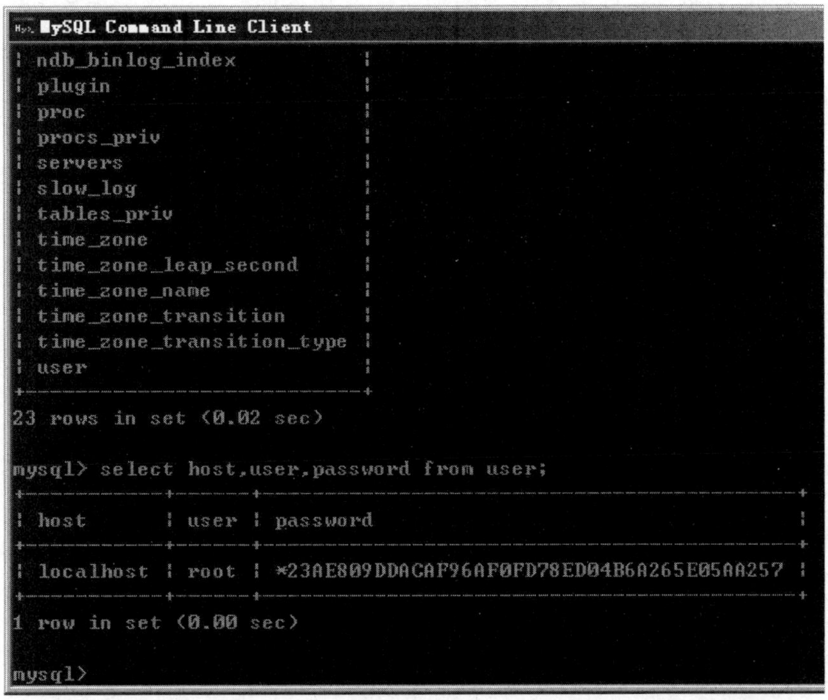

图 1-26　列出 user 表中所有记录的 host、user 和 password 三个字段的值

若在 “mysql>” 处输入命令 “exit” 后，按回车键确认，就退出了 MySQL 数据库服务器，命令窗也自动关闭。MySQL 可以运行标准的 SQL 命令，以上这些命令都是 MySQL 服务器自定义的常用命令。

1.1.3　小结

本节我们在 Windows Server 操作系统上成功安装了 MySQL 数据库服务器，并在命令行状态下尝试了对 MySQL 数据库服务器的操作。

在本节学习中，我们最可能遇到的问题是，MySQL 数据库服务器不能正常启动，这主要是由于防火墙关闭了 MySQL 的端口（如 3306），如果遇到这种情况，最先需要检查防火墙或防病毒软件的配置。

注意：如果在安装过程中勾选了 “Add firewall exception for this port”（把 MySQL 端口添加为防火墙例外）复选框，而 Windows 的防火墙又没有开启，就会出现 “终结点映射器中没有更多的终结点可用” 警告，但这不影响 MySQL 系统的运行。

1.2 安装及试用 SQL Maestro for MySQL

1.2.1 概述

由于 MySQL 数据库目前尚无一个图形化的操作界面，使用起来很不方便，所以，目前存在很多专门用来管理 MySQL 数据库的图形化的第三方软件，在 Windows 平台上做得比较好的是 SQL Maestro for MySQL，在 Linux 服务器上则一般采用 Webmin 软件。

SQL Maestro for MySQL 软件是 MySQL 数据库管理员管理、开发数据库的必要工具。它向用户提供各种数据操作功能，如：建立、编辑、复制、提取以及删除对象等，支持所有最新的 MySQL 功能，如：查看、存储、触发、事件以及表单划分等，为 MySQL 提供更加舒适和高效操作方式。

SQL Maestro for MySQL 图标如图 1-27 所示。

图 1-27　SQL Maestro for MySQL 图标

1.2.2 实践操作

先从官方网站下载免费的 SQL Maestro for MySQL 软件，再在 Windows 平台上安装。然后对其进行试用：使用 SQL Maestro for MySQL 在 MySQL 数据库中创建 filems 数据库，并在该数据库中创建 sender 表，最后在 sender 表中创建两条记录。

1. 安装 SQL Maestro for MySQL

（1）从 http：//www. sqlmaestro. com/网站首页单击 MySQL Tools Family，找到 SQL Maestro for MySQL，选择下载 SQL Maestro for MySQL executable file（无须安装，解压缩后直接可运行 SQL Maestro for MySQL），文件名是 mysql_ maestro_ executable. zip。

（2）把 mysql_ maestro_ executable. zip 解压缩到 C：\SQL Maestro for MySQL 文件夹下，如图 1-28 所示。

（3）双击 C：\SQL Maestro for MySQL 文件夹中 MyMaestro. exe 文件后，SQL Maestro for MySQL 程序就开始运行，弹出注册窗口，如图 1-29 所示。

（4）SQL Maestro for MySQL 有 30 天的试用期。单击 Continue（继续）按钮后，SQL Maestro for MySQL 软件就运行了，如图 1-30 所示。

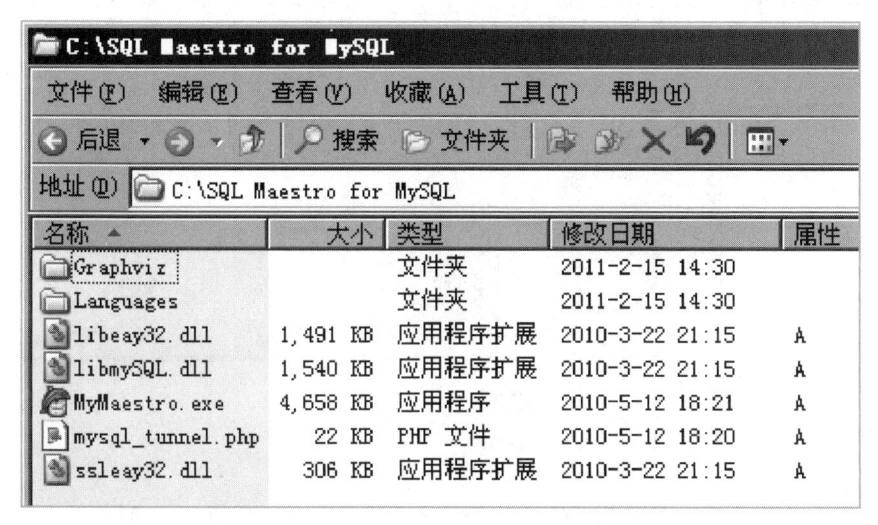

图 1-28　SQL Maestro for MySQL 文件夹

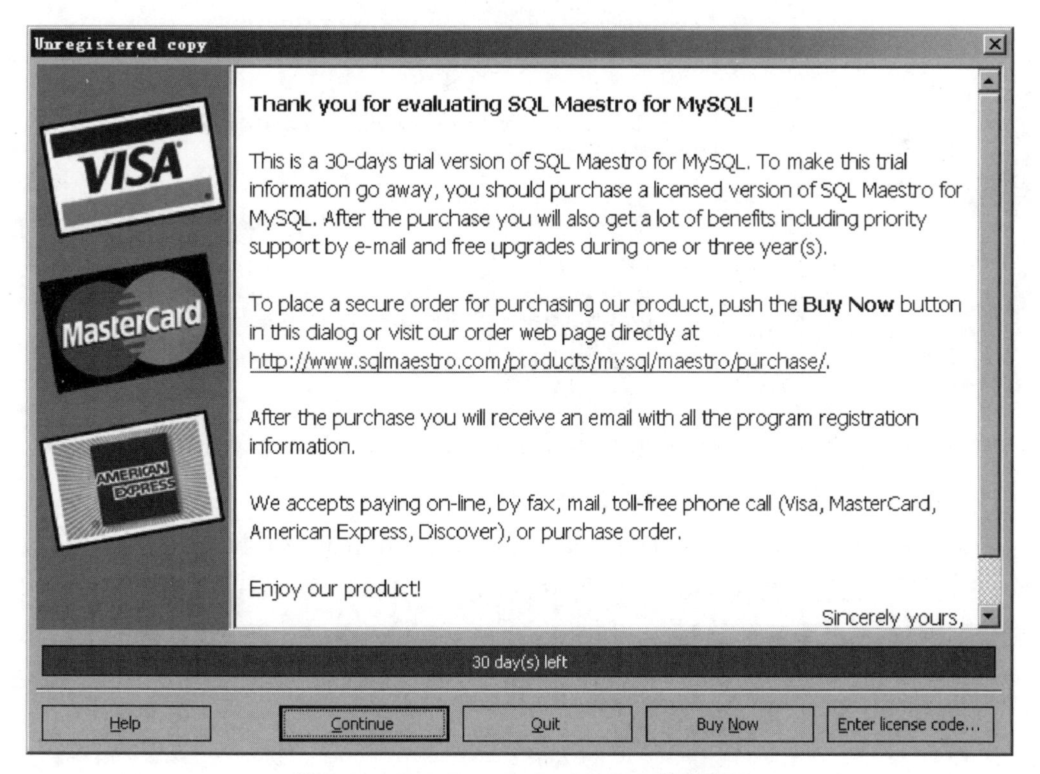

图 1-29　SQL Maestro for MySQL 注册窗口

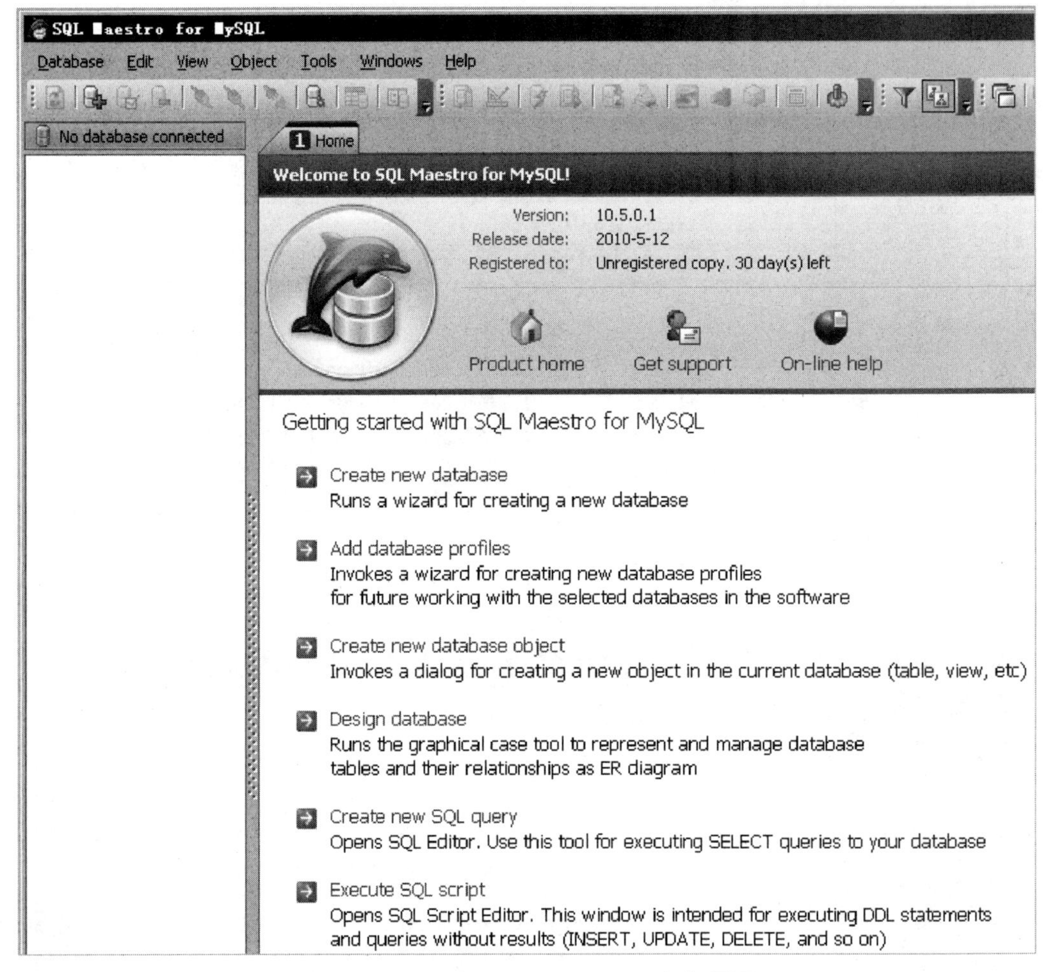

图 1-30　SQL Maestro for MySQL 运行界面

2. 使用 SQL Maestro for MySQL 创建名为 filems（注：数据库名字最好都用全英文小写，因为 PHP 区分大小写）的 MySQL 数据库

（1）单击 Home 页中的 Create new database 链接，弹出 MySQL 数据库创建向导，如图 1-31 所示。然后，在 password 文本框中输入密码“123”，在 Database name 文本框中输入要创建的数据库名称：filems，如图 1-31 所示。单击 Next（下一步）按钮。

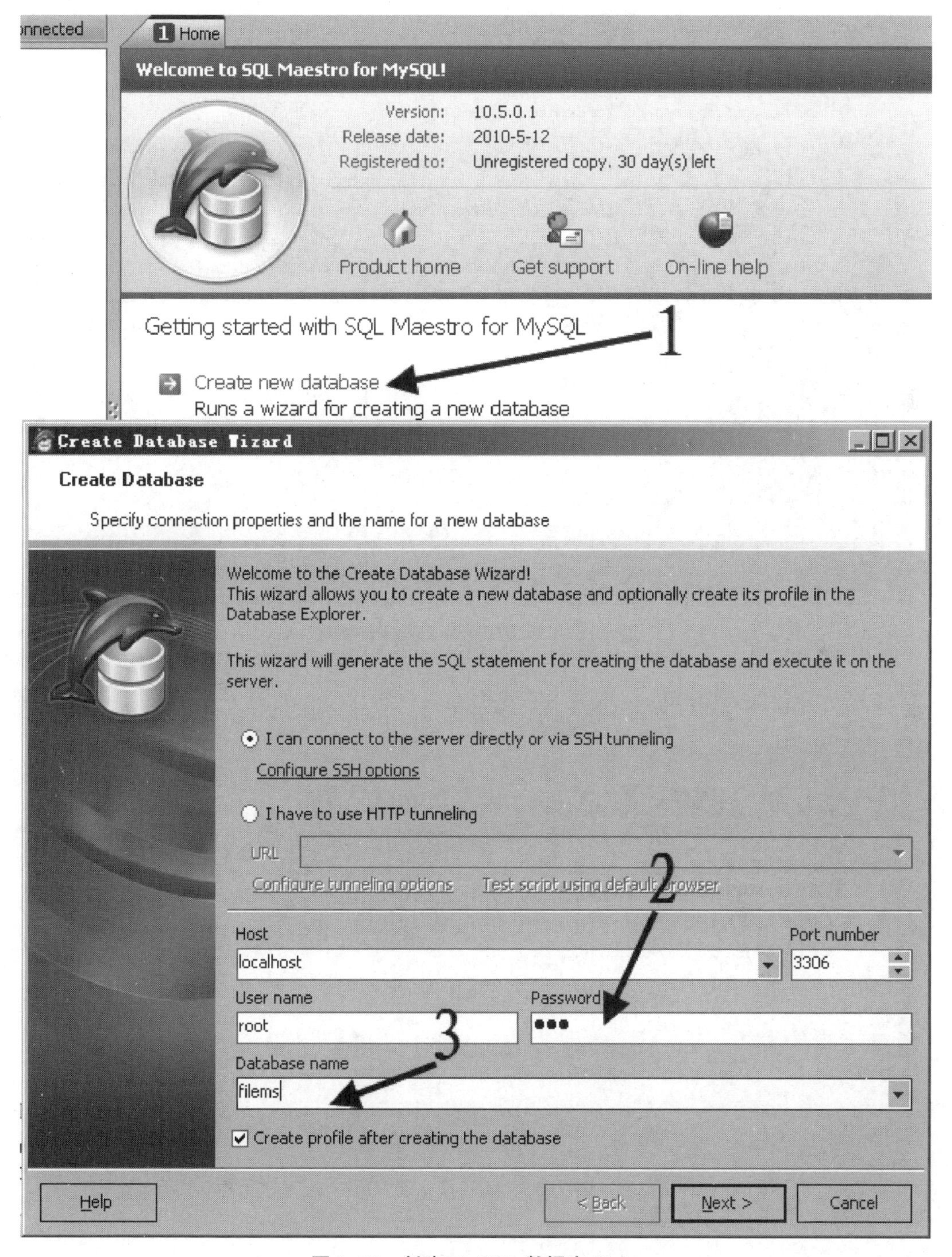

图 1–31　创建 MySQL 数据库 filems

（2）在弹出的对话框中选择 filems 数据库的 Character set 为 utf8（UTF-8 Unicode），Collation 为 utf8_unicode_ci，如图 1-32 所示。单击 Ready（准备）按钮。

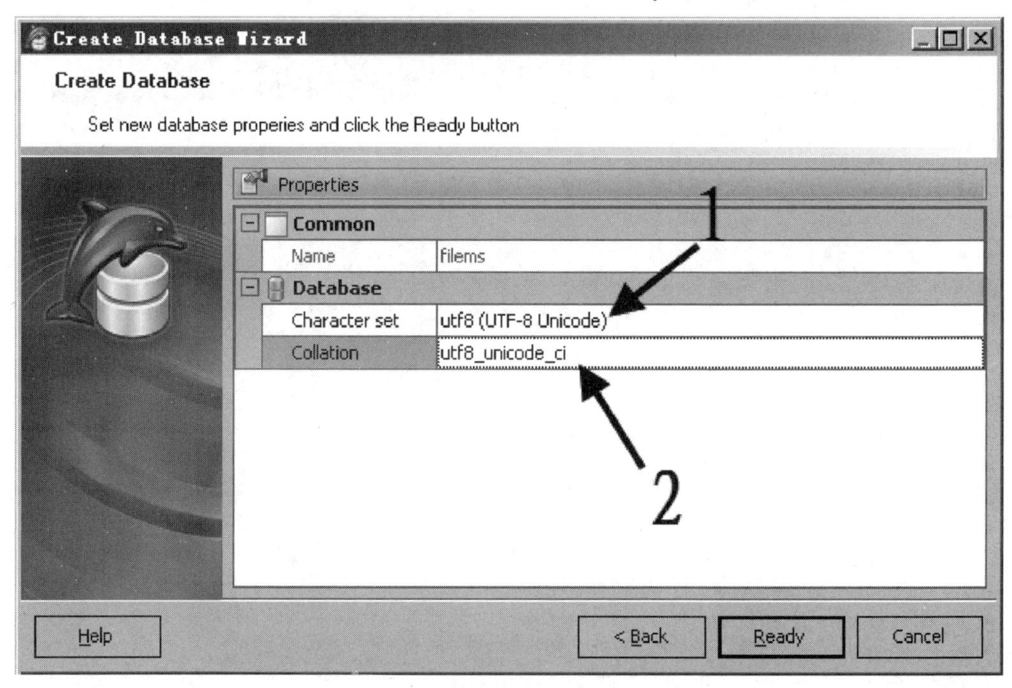

图 1-32　设置数据库 filems 的属性

（3）弹出要创建的 filems 数据库的 SQL 命令编辑窗口，如图 1-33 所示。单击 Execute（执行）按钮。

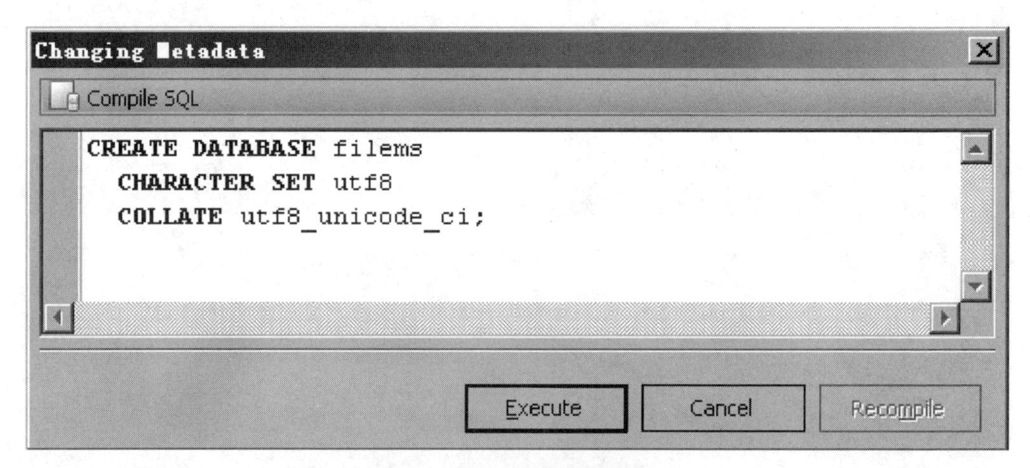

图 1-33　SQL 命令编辑窗

（4）弹出 Database Profile Properties 对话窗口，准备正式连接 MySQL 数据库服务器并创建 filems 数据库，如图 1-34 所示。注意：Port number（端口号）要与 MySQL 的端口号一致。单击 OK 按钮。

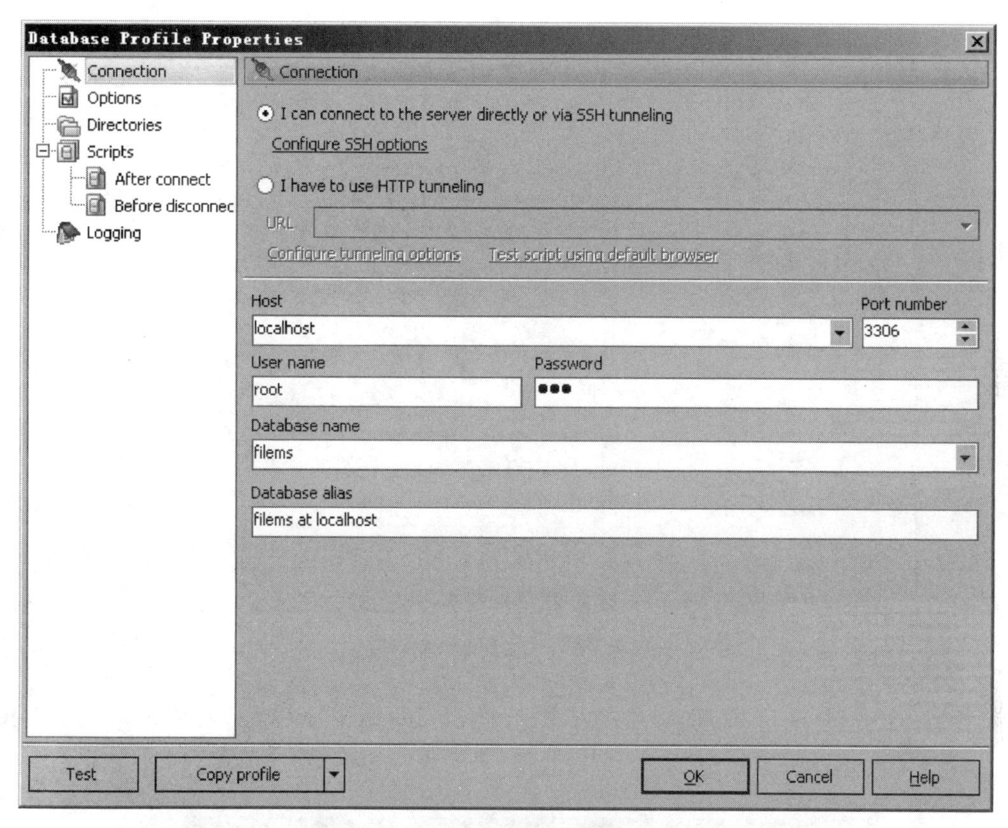

图 1-34　准备连接到 MySQL 数据库服务器并创建 filems 数据库

（5）filems 数据库创建完成，如图 1-35 所示。

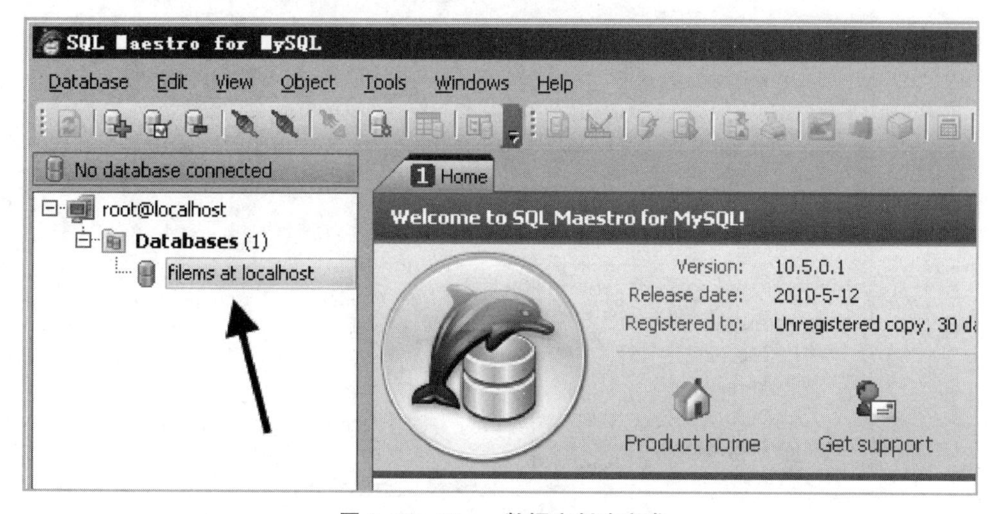

图 1-35　filems 数据库创建完成

3. 在 filems 数据库中创建一个名为 sender 的表

（1）在图 1-35 所示界面的左侧列表中双击 filems at localhost，打开 filems 数据库，如图 1-36 所示。

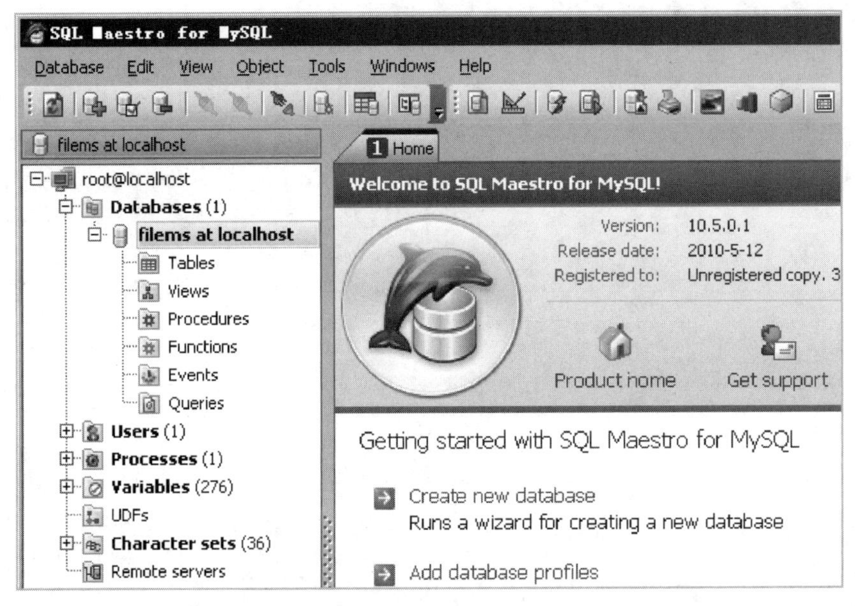

图 1-36　打开 filems 数据库

（2）选中 filems at localhost 中的 Talbes（表），单击鼠标右键，在弹出的快捷菜单中，单击 Create New Table…菜单项来创建一个新表，如图 1-37 所示。

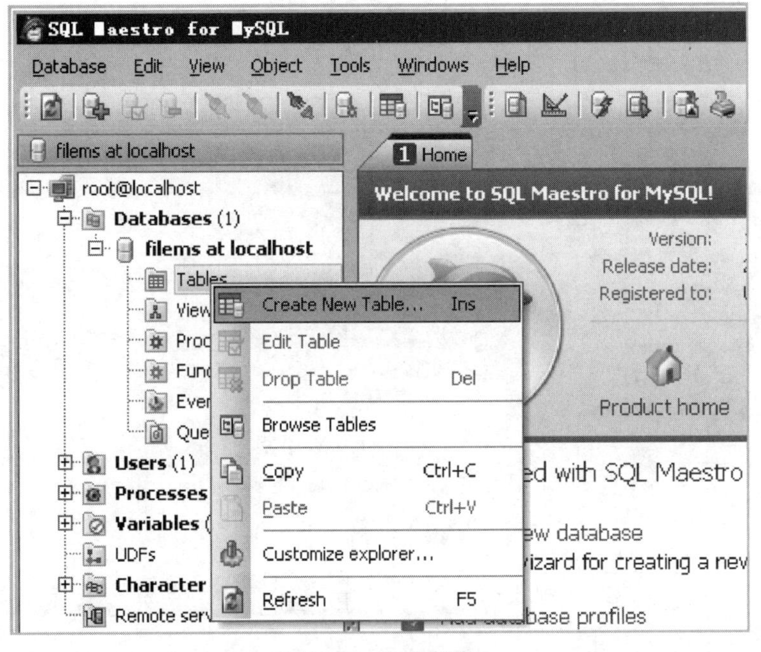

图 1-37　创建新表

（3）在 Table name 文本框中输入 sender（注意，表名一般都用英文小写，因为 PHP 区分大小写），如图 1-38 所示。单击 Next（下一步）按钮。

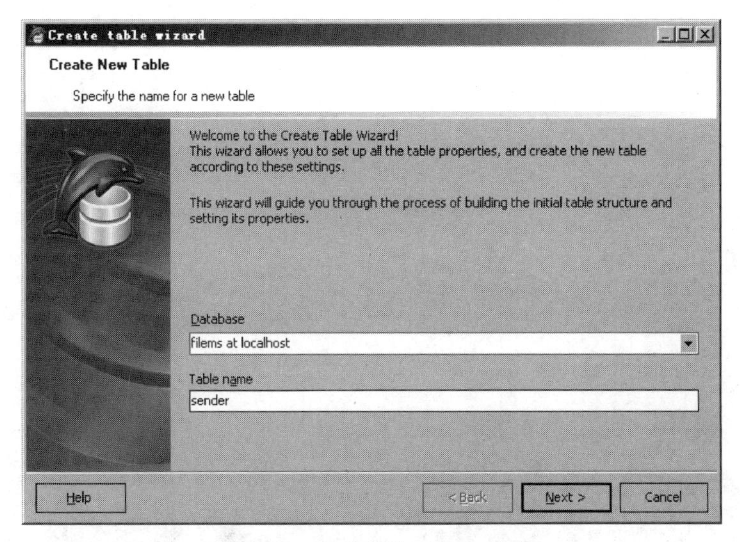

图 1-38　创建名为 sender 的表

（4）在弹出的表选项对话框中，将 sender 表的 Engine（引擎）设置为 InnoDB，如图 1-39 所示。

InnoDB 引擎能建立表与表之间的层叠（级联）功能。MySQL 对所有数据使用 InnoDB 引擎，因为 InnoDB 与 MySQL 中之前默认的 MyISAM 相比，运行得更快、更稳定，并且管理性能和备份工作也更加容易和快捷。在主配置文件中，InnoDB 被设置为默认的数据库引擎，并且系统不时地进行检查，看是否意外创建了 MyISAM 的表。

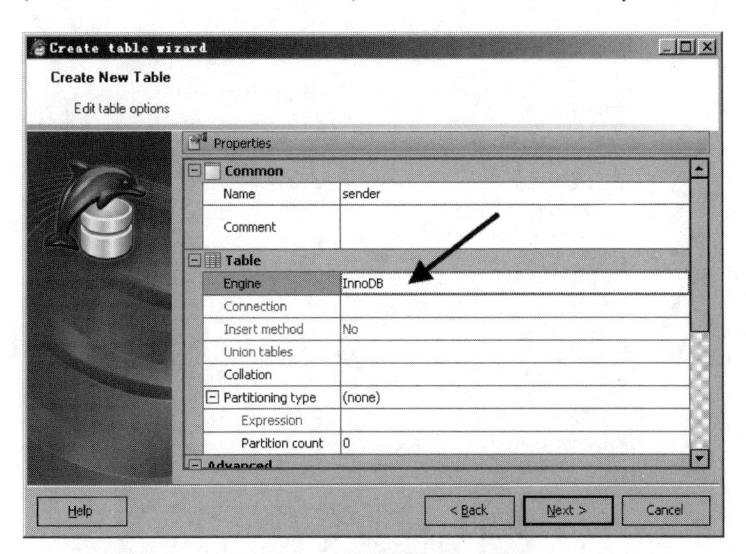

图 1-39　设置 InnoDB 引擎

（5）单击图 1-39 所示界面中 Next（下一步）按钮，弹出如图 1-40 所示界面。在 Fields 窗口的空白处单击鼠标右键，弹出快捷菜单，单击 Add New Field…（创建新字段）。

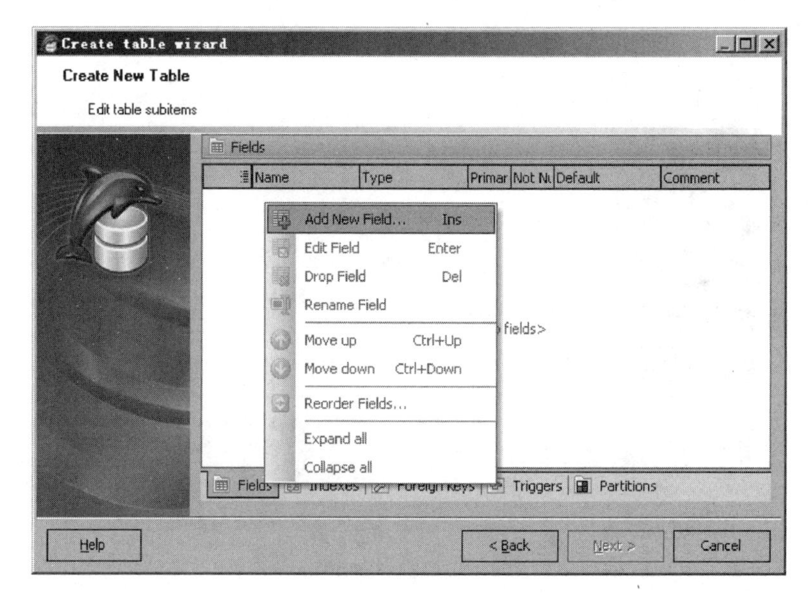

图 1-40　创建新字段

（6）弹出如图 1-41 所示字段编辑器，在 Field name（字段名称）文本框中输入 sid（字段名称都用小写英文，因为 PHP 区分大小写）；在 Field type（字段类型）文本框中，将 sid 的字段类型设置为 int；在 Field flags 中勾选 Primary key（主键）和 Autoincrement（自动增长）复选框；在 Comment（注释）文本框中输入对 sid 字段的注释——这是自动编号字段。单击 OK 按钮，sid 字段就创建完成。

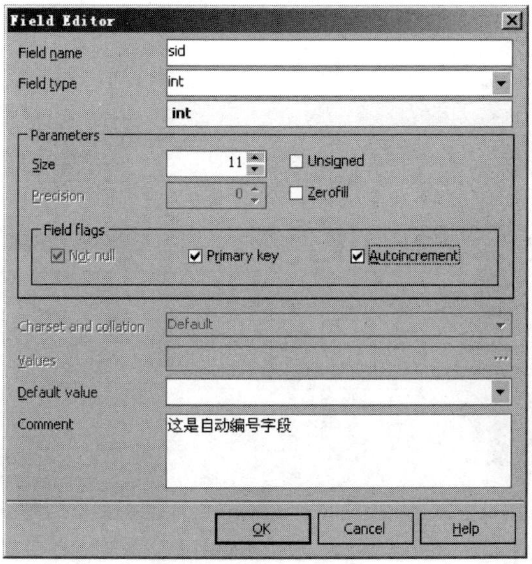

图 1-41　创建 sid 字段

（7）用同样方法，再次打开字段编辑器。现在创建 nickname 字段：如图 1-42 所示，在字段编辑器中的 Field name（字段名称）文本框中输入 nickname；在 Field type（字段类型）文本框中，将字段类型设置为 nvarchar（20）（变长字符）；在 Field flage 中勾选 Not null（非空）复选框；在 Comment 文本框中输入“这是用户昵称”。单击 OK 按钮，nickname 字段就创建完成。

图 1-42　创建 nickname 字段

（8）至此，filems 数据库的 sender 表的 sid 和 nickname 字段创建完成，如图 1-43 所示。单击 Next（下一项）按钮后，再单击 Ready（准备）按钮。

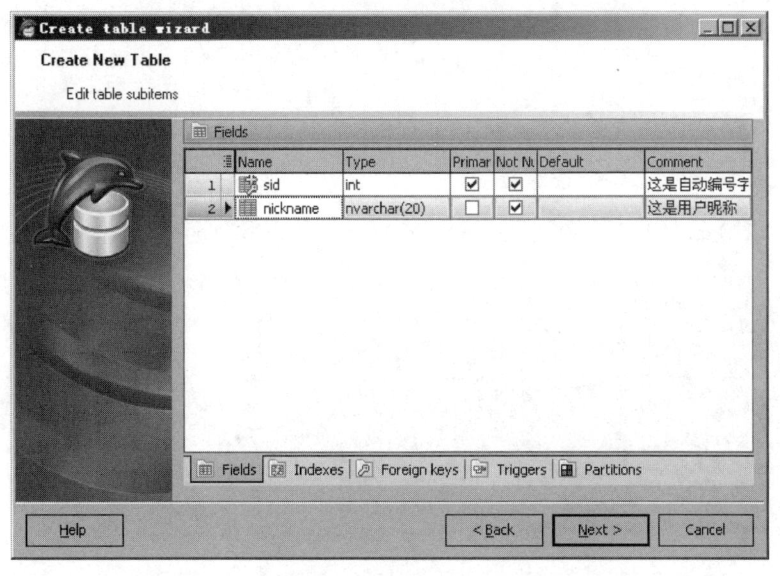

图 1-43　sender 表的 sid 和 nickname 字段创建完成

（9）弹出创建 sid 和 nickname 字段的 SQL 命令编辑窗口，如图 1-44 所示。单击 Execute（执行）按钮。

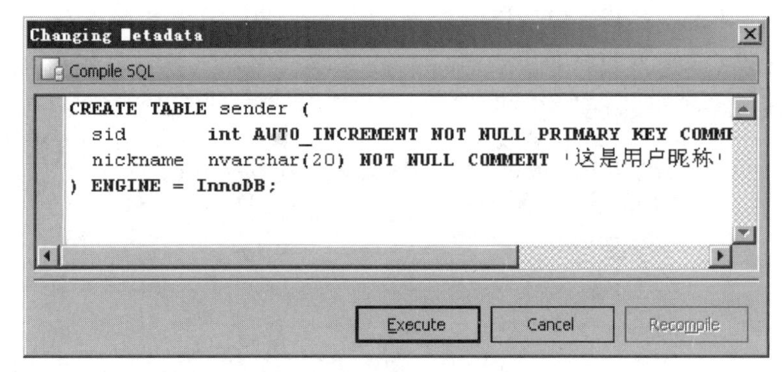

图 1-44　SQL 命令编辑窗口

（10）如图 1-45 所示，sender 表创建完成。

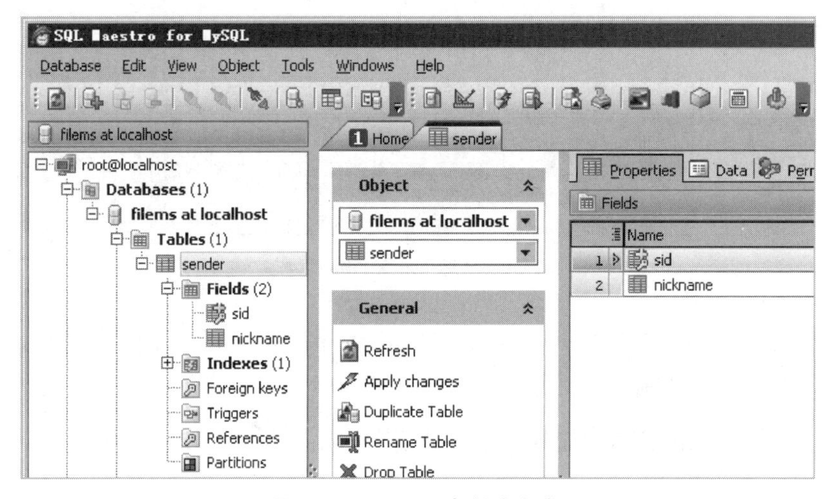

图 1-45　sender 表创建完成

4. 在 sender 表中创建两条新记录

（1）单击 Data 页中的 按钮，为 sender 表创建一条新记录，如图 1-46 所示。

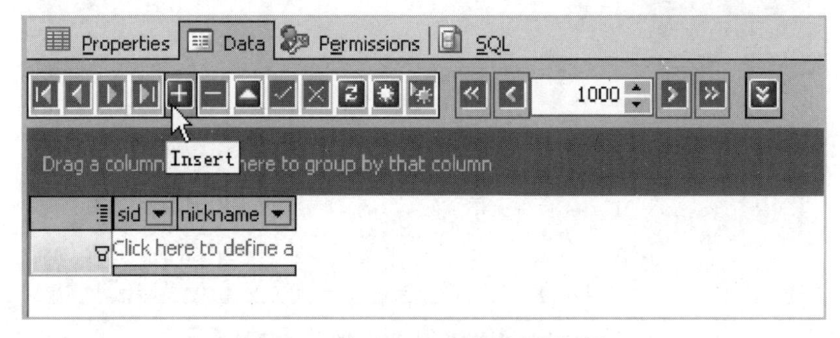

图 1-46　在 sender 表中创建新记录

（2）如图 1-47 所示，在新增记录条的 nickname 字段中输入“曾棕根”。注意：sid 字段是不用输入的，因为它是自动增长字段，数据库系统会自动为它赋值。

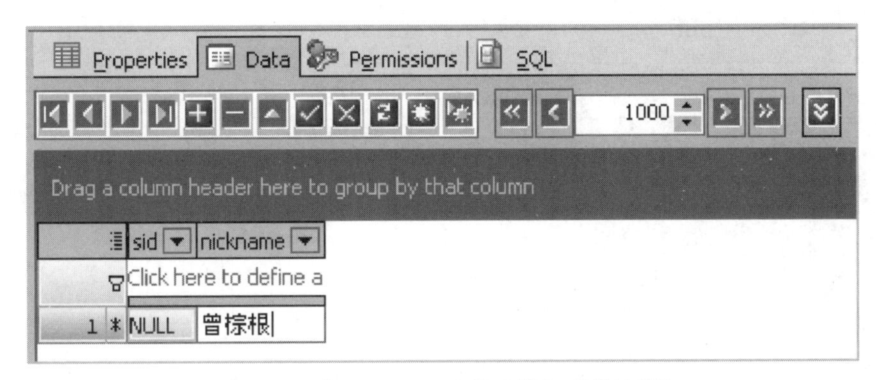

图 1-47　在 nickname 字段中输入“曾棕根”

（3）输入完成后，单击按钮保存记录，对记录的修改将永久写入 filems 数据库，如图 1-48 所示。

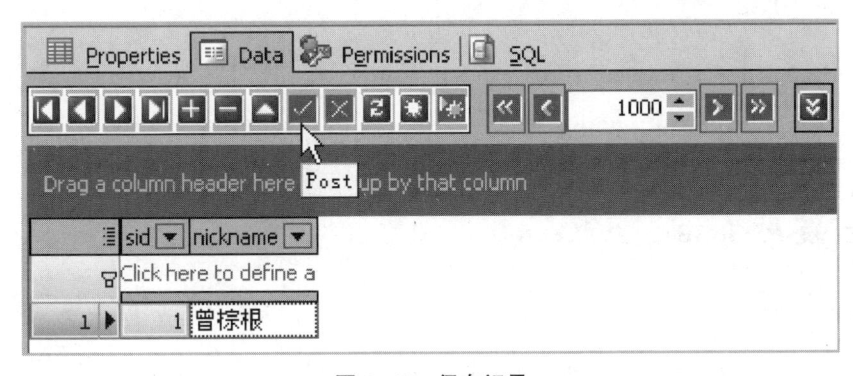

图 1-48　保存记录

（4）再创建一条 nickname 为“丁俊丽”的新记录，最后的结果如图 1-49 所示。

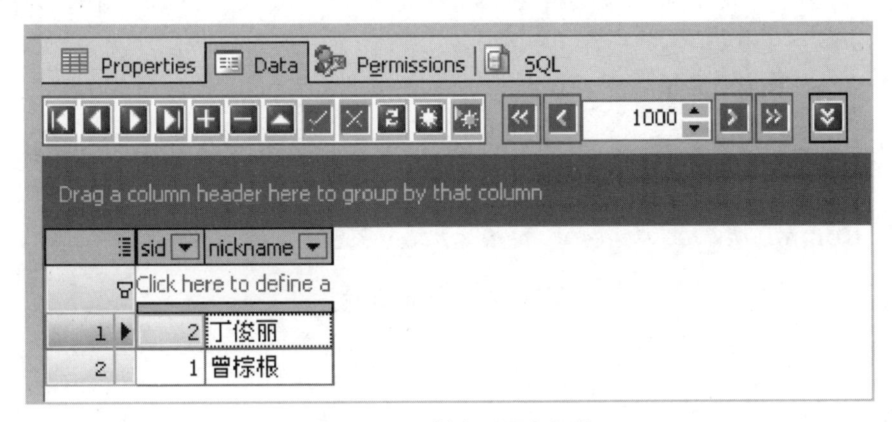

图 1-49　已插入了两条记录

（5）单击按钮，刷新一次数据表，记录将重新排好序，如图 1-50 所示。

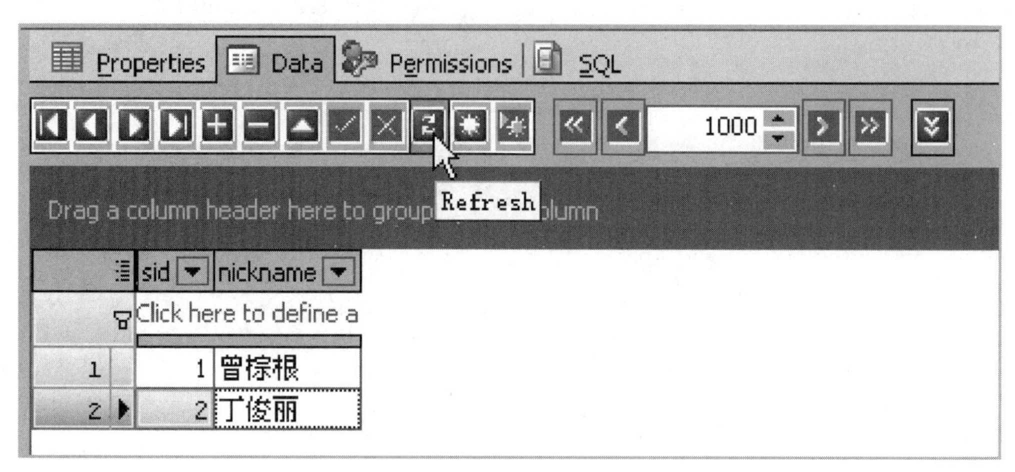

图 1-50　刷新一次数据表

1.2.3　小结

通过使用 SQL Maestro for MySQL 图形化管理工具，我们发现，MySQL 数据库的易用性大大提高了。SQL Maestro for MySQL 建库、建表、建字段，一般都统一使用小写英文字母命名，便于后续 PHP 编码，因为 PHP 严格区分大小写。

1.3　安装 Apache 服务器

1.3.1　概述

Apache 是一款开放源代码的 Web 服务器软件，它可以运行在几乎所有计算机平台上，由于能跨平台且安全性好，Apache 是流行的 Web 服务器端软件之一。

Apache 服务器用于提供 Web 服务，一般采用 80 号端口。Apache 图标如图 1-51 所示。

The Apache Software Foundation

Community-led development since 1999.

图 1-51　Apache 图标

1.3.2　实践操作

先从官方网站上下载 Windows 平台上适用的 Apache 软件，然后安装。

（1）在安装 Apache 服务器前，必须停止 Windows 平台上当前使用 80 号端口运行的 Web 服务器（如 IIS、Tomcat 等），因为 Apache 服务器默认也是采用 80 号端口，在同一时刻只能有一个服务器在同一端口上运行。

（2）先从本书提供的文件中找到 httpd-2.2.17-win32-x86-openssl-0.9.8o.zip 压缩包。

（3）解压缩后，双击运行 httpd-2.2.17-win32-x86-openssl-0.9.8o.msi，弹出 Apache 安装向导，如图 1-52 所示。单击 Next（下一步）按钮。

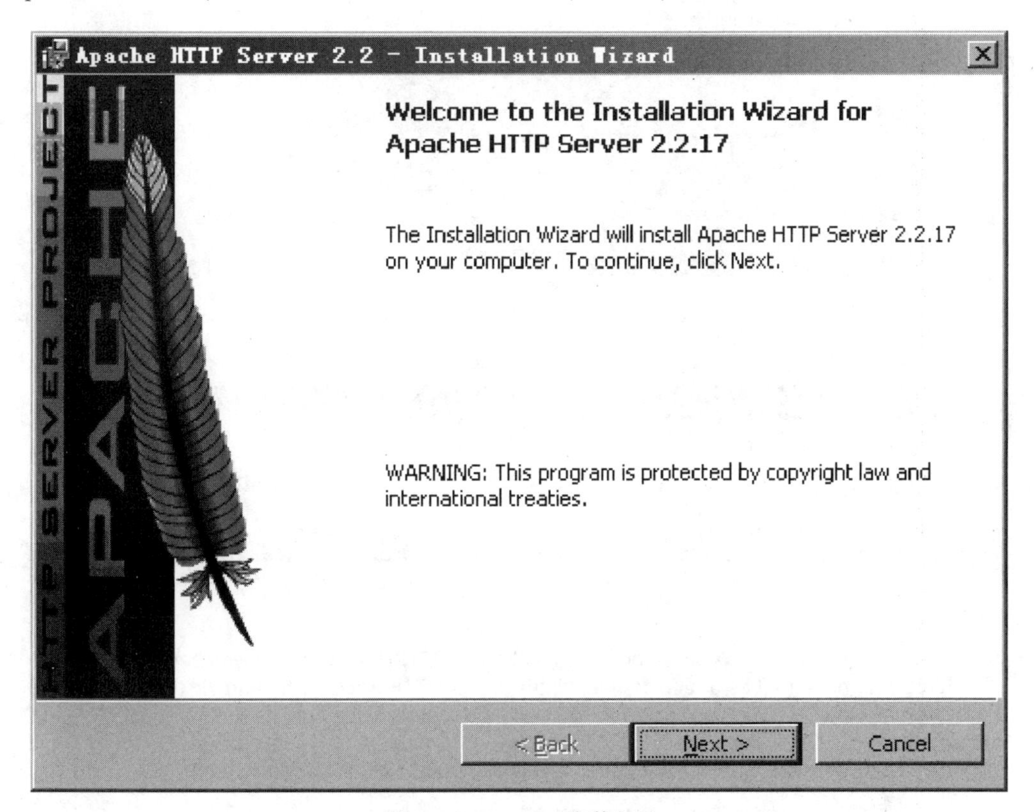

图 1-52　Apache 安装向导

（4）在弹出的许可协议对话框中勾选 I accept the terms in the license agreement 复选框，如图 1-53 所示。单击 Next（下一步）按钮。

（5）进入软件信息对话框，如图 1-54 所示。单击 Next（下一步）按钮。

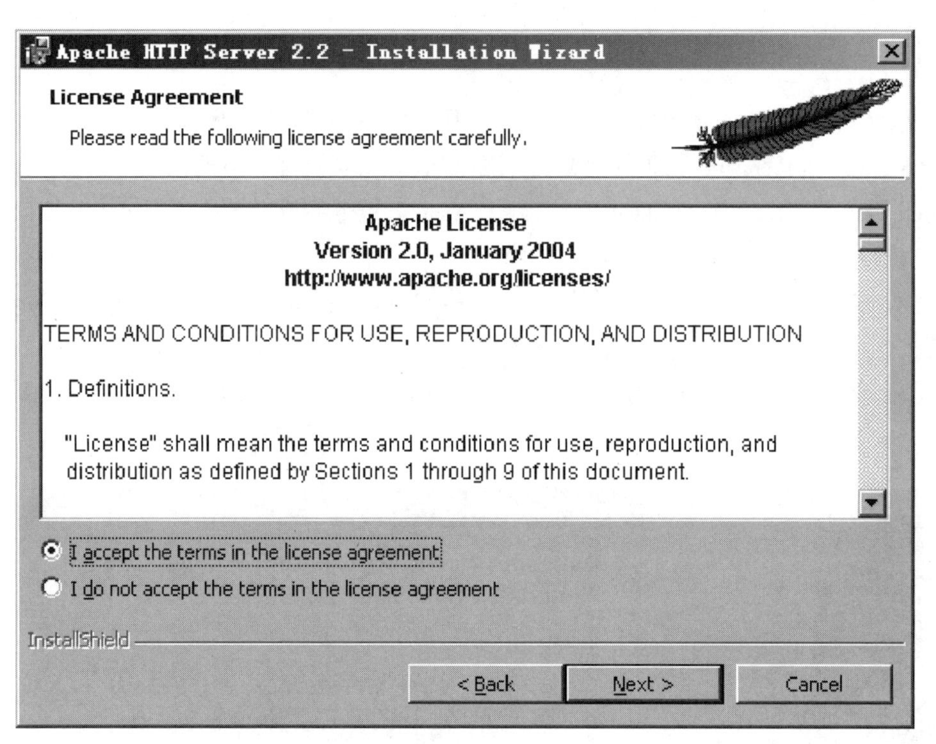

图 1-53 许可协议

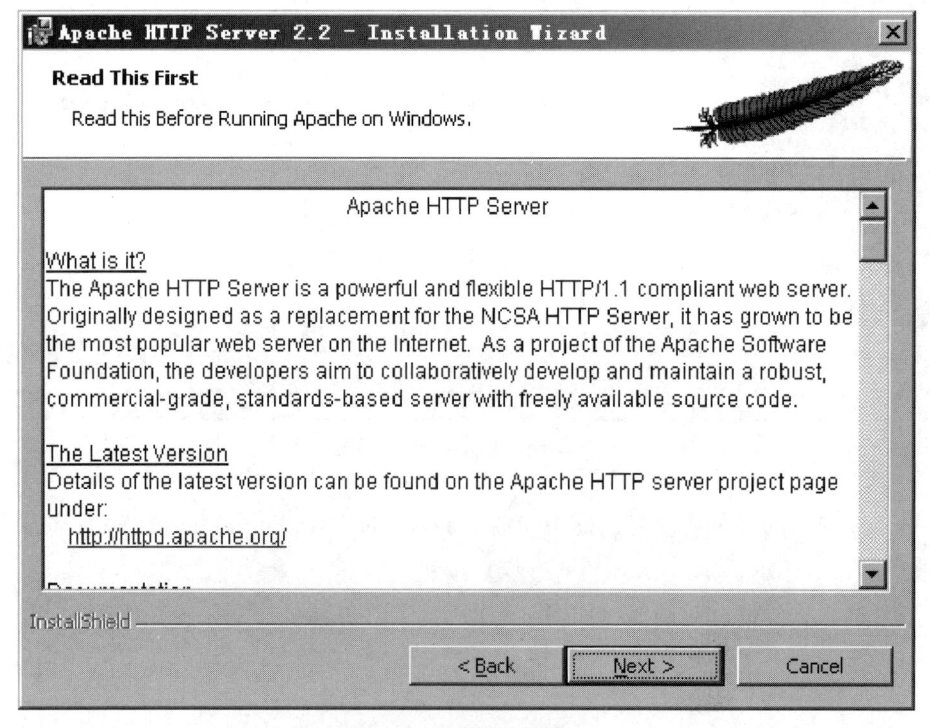

图 1-54 软件信息对话框

（6）弹出服务器信息对话框，在 Network Domain（网域）文本框中输入工作组名，如：WORKGROUP；在 Server Name（服务器名称）文本框中输入本机 IP 地址，如：10. 82. 53. 254；在 Administrator′s Email Address（超级用户的电子邮件地址）文本框中输入电子邮件地址，如 zjnuken@ 126. com；最后，在 Install Apache HTTP Server 2. 2 programs and shortcuts for（什么用户可以运行 Apache 服务器的程序和快捷方式）中选中“for All Users，on Port 80，as a Service-Recommanded.”复选框。如图 1-55 所示。单击 Next（下一步）按钮。

注意：本步骤的安装信息一定要填入，否则，安装完成后，Apache 服务器不能启动。

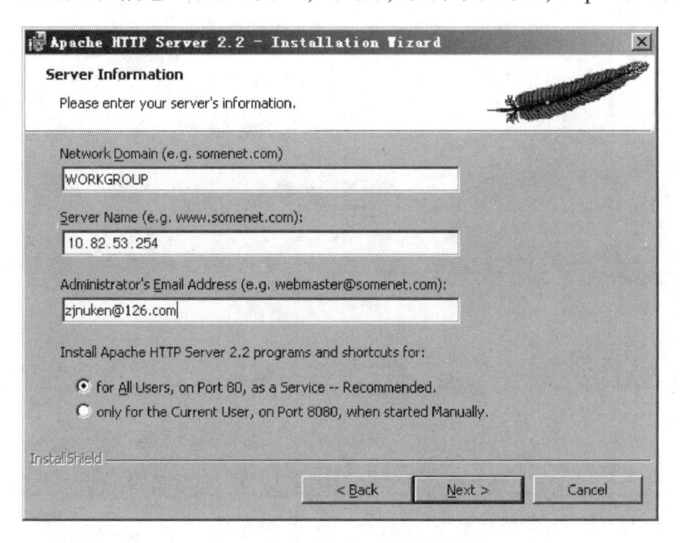

图 1-55　填写 Apache 服务器信息

（7）弹出如图 1-56 所示界面，选择安装类型为 Typical（典型安装）。单击 Next（下一步）按钮。

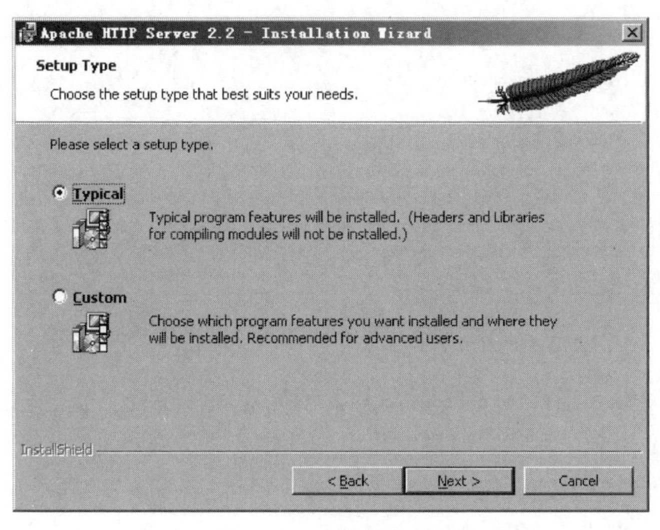

图 1-56　选择安装类型

（8）进入如图 1-57 所示界面，保持安装路径为默认设置。单击 Next（下一步）按钮。

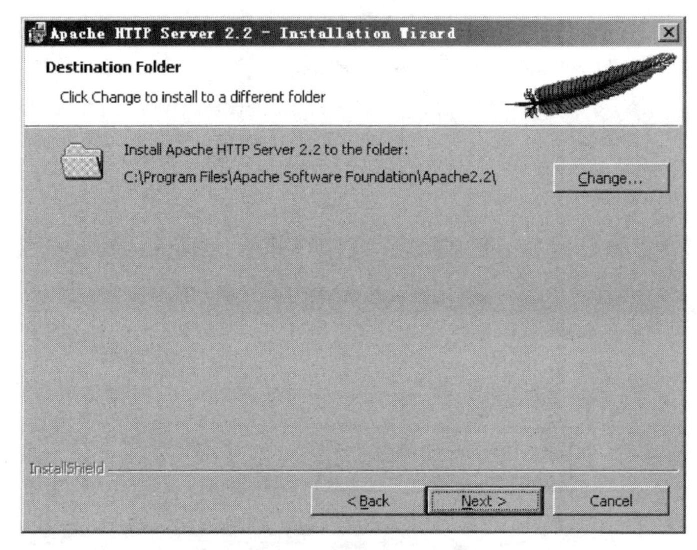

图 1-57　保持默认安装路径

（9）弹出如图 1-58 所示界面，显示准备安装 Apache 服务器的信息。单击 Install（安装）按钮。

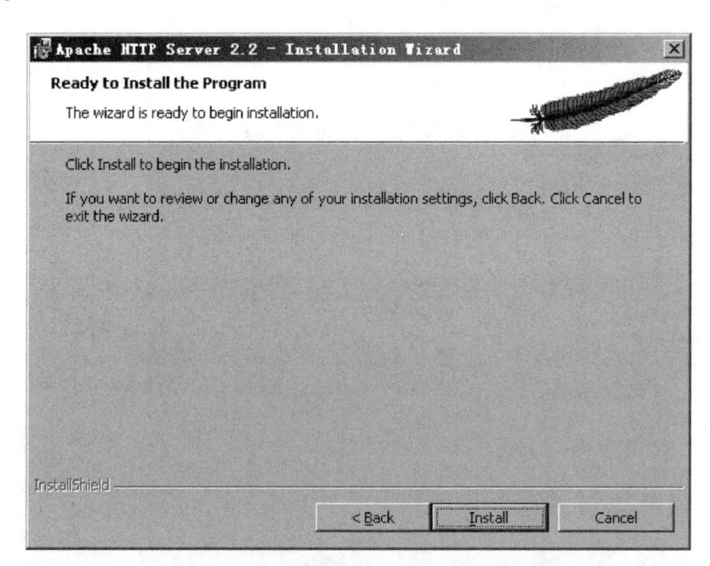

图 1-58　准备安装 Apache 服务器

（10）开始复制和运行 Apache 服务器，稍等片刻，安装完成，Apache 服务器自动启动，如图 1-59 所示。注意：如果安装了防火墙，得允许 Apache 访问网络，否则 Apache 服务器不能正常启动。

单击 Finish（完成）按钮，退出安装向导。

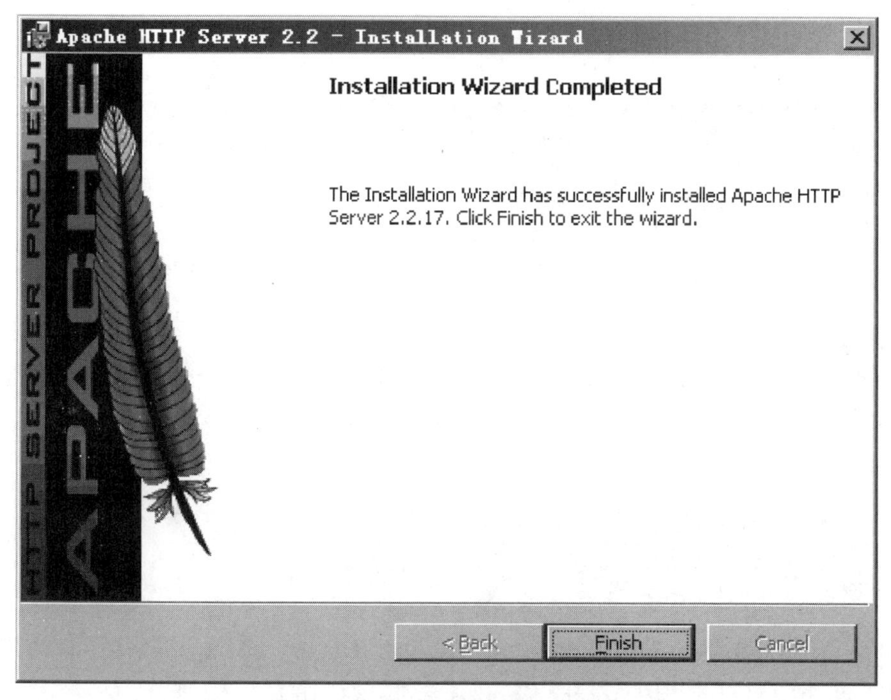

图 1-59　Apache 服务器安装完成

（11）在 Windows 的任务栏上最右边可以看到 Apache 服务器图标，显示正处于运行状态，如图 1-60 所示。

图 1-60　Apache 服务器已处于运行状态

（12）双击 Windows 任务栏上的 Apache 图标，弹出 Apache Service Monitor（Apache 服务监视器）窗口，如图 1-61 所示。在这个监视器中，可以随时单击 Stop 按钮停止 Apache 服务器；可以单击 Start 按钮启动 Apache 服务器；单击 Restart 按钮重新启动 Apache 服务器（每当修改了 Apache 服务器的配置文件或者与它相连的 php. ini 配置文件时，必须重启 Apache 服务器，修改才生效）。如果不想让 Apache 服务器运行图标在任务栏中出现，那么可以单击 Exit 按钮，但这不会改变 Apache 服务器目前的运行状态。

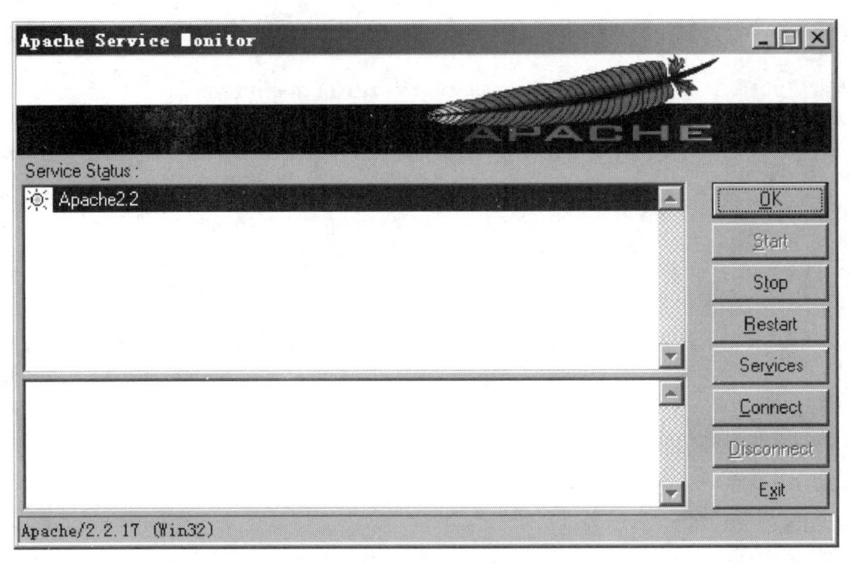

图 1-61　Apache 服务监视器窗口

（13）在浏览器地址栏中输入网址“127.0.0.1”后，按回车键确认，我们看到网页中出现了 It works!，表明 Apache 服务器运行正常。如图 1-62 所示。

图 1-62　Apache 服务器运行正常

（14）因为 Apache 服务器默认的 Web 文件夹是 C:\Program Files\Apache Software Foundation\Apache2.2\htdocs，所以，图 1-62 调用的网页是 C:\Program Files\Apache Software Foundation\Apache2.2\htdocs\index.html 文件，如图 1-63 所示。

图 1-63　Apache 服务器的 Web 文件夹

接下来，我们对 Apache 服务器的运行参数进行设置。

在记事本中打开Apache 服务器的配置文件 C:\Program Files\Apache Software Foundation\Apache2. 2\conf\httpd. conf，对其做如下修改：

（1）添加站点默认主页为 index. php。查找“index. html”，把“DirectoryIndex index. html”修改为“DirectoryIndex index. html index. htm index. php”。

（2）设置 Apache 默认的字符集编码为 utf-8。在 Apache 的 C:\Program Files\Apache Software Foundation\Apache2. 2\conf\httpd. conf 文件内添加 Add Default Charset UTF-8。

（3）禁止 Apache 列出站内目录。查找 Options indexes FollowSymLinks ，将本行中的 indexes 去掉，就不会显示 Apache 站上的目录。

（4）去掉“#ServerName 10. 82. 53. 254：80”中的#号，防止 Apache 服务器出现如下错误（此错误通过“管理工具”→“事件查看器”→“应用程序”可查看）：

```
事件类型：错误
事件来源：Apache Service
事件种类：无
事件 ID：3299
事件：8：07：18
用户：N/A
计算机：NINGBO-5EF576D5
描述：
The Apache service named reported the following error：
>>> httpd. exe：Could not reliably determine the server ' s fully qualified domain name, using
10. 82. 53. 254 for ServerName.
```

除了以上常见运行参数设置外，还可以设置 Apache 服务器的默认 Web 路径和端口号。(注意：以下内容只作为了解，不必操作。)

（1）Apache 服务器的默认 Web 路径可以通过修改 Apache 服务器的配置文件 C:\Program Files\Apache Software Foundation\Apache2. 2\conf\httpd. conf 来设置的。用记事本打开 C: \Program Files\Apache Software Foundation\Apache2. 2\conf\httpd. conf，找到<DocumentRoot“C:\ Program Files\ Apache Software Foundation/Apache2. 2\ htdocs”>和<Directory C:/Program Files\ Apache Software Foundation\ Apache2. 2\ htdocs>,将它们改为需要的 Web 路径。保存修改后，重新启动 Apache 服务器，设置即生效。

（2）Apache 服务器端口号的配置。将“C:\Program Files\Apache Software Foundation\Apache2. 2\conf\httpd. conf”配置文件中的“Listen 80”修改为需要的端口号即可，如图 1-64 所示。保存修改后，重新启动 Apache 服务器，设置即生效。

图 1-64 修改 Apache 服务器的端口号

1.4 安装 PHP 模块

1.4.1 概述

PHP 原为 Personal Home Page 的缩写，现在指 Hypertext Preprocessor（超文本预处理器）。PHP 是一种 HTML 内嵌式语言，是在服务器端执行的嵌入 HTML 文档的脚本语言，语言风格类似 C 语言。PHP 的功能非常强大，能实现 CGI（Common Gateway Interface，公共网关接口）的所有功能，而且支持几乎所有流行的数据库以及操作系统，运用广泛。

PHP 独特的语法混合了 C、Java、Perl 以及 PHP 自创的新语法。PHP 执行动态网页比 CGI、Perl 更快速。由于 PHP 是将程序嵌入到 HTML 文档中执行，因此，用 PHP 做出的动态页面执行效率比完全生成 HTML 标记的 CGI 要高很多。

PHP 图标如图 1-65 所示。

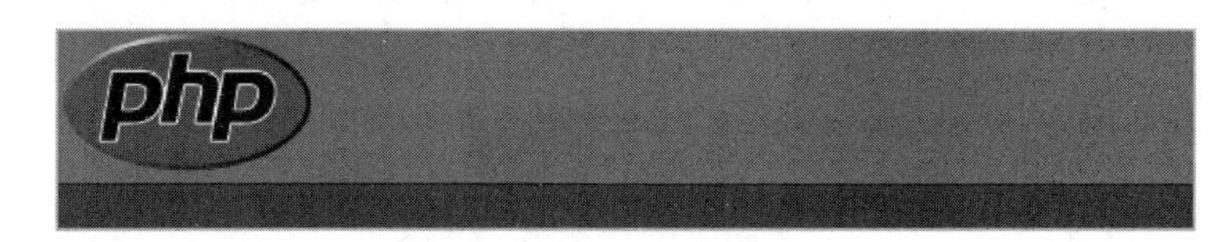

图 1-65 PHP 图标

1.4.2 实践操作

在本书提供的文件中找到 PHP 安装包，进行安装、设置运行参数。然后，编写一个简单的 PHP 数据库访问程序测试 PHP 能否访问 MySQL 数据库服务器，要求将 MySQL 中 Filems 数据库中的 sender 表中的记录读取到网页上。

（1）本书使用的 PHP 安装包是 php-5.2.0-win32-installer.msi，经过实践证实，PHP 5.2.0 在 Apache 2.2.x 中运行很稳定。

（2）双击运行 php-5.2.0-win32-installer.msi 安装包，弹出 PHP 安装向导，如图 1-66 所示。单击 Next（下一步）按钮。

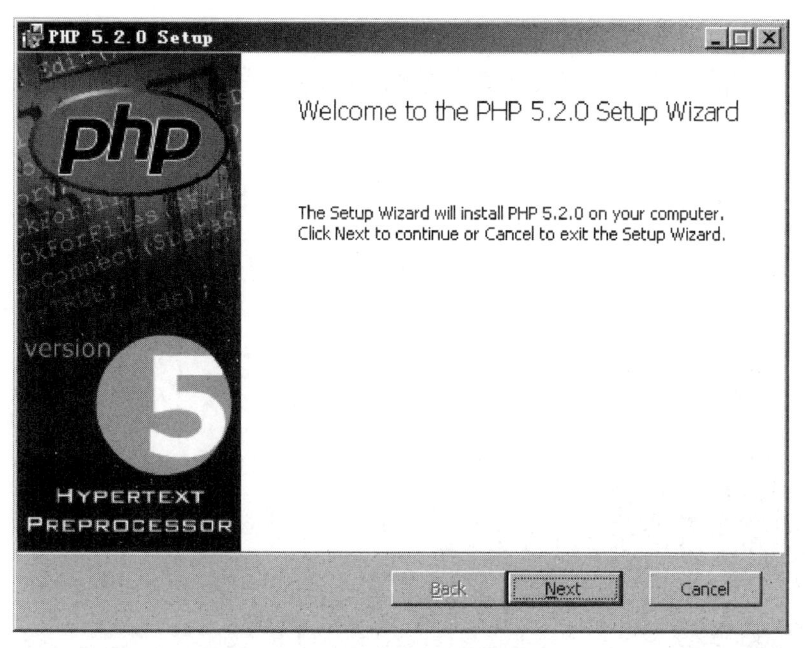

图 1-66　PHP 安装向导

（3）在弹出的最终用户协议窗口中，勾选 I accept the terms in the License Agreement（同意协议中的条款）复选框，如图 1-67 所示。单击 Next（下一步）按钮。

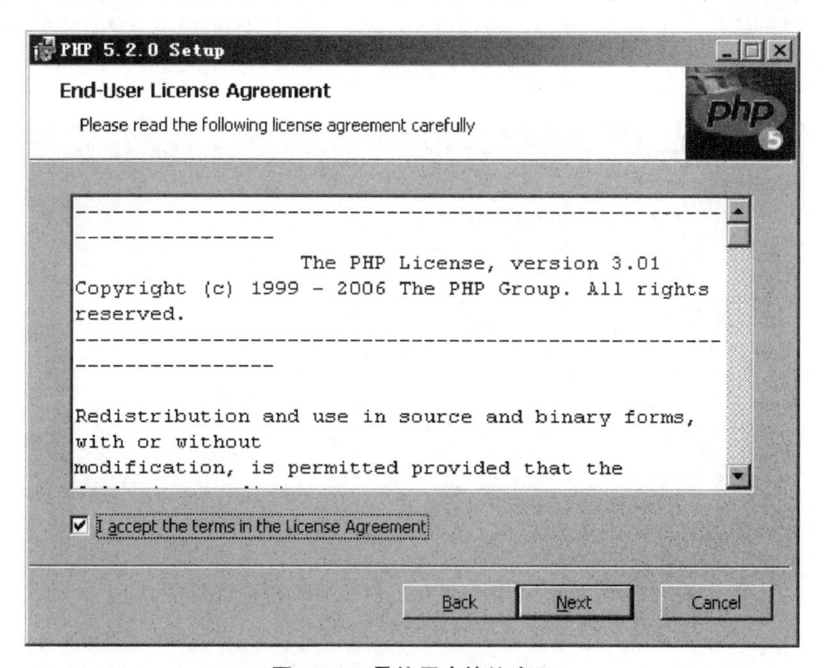

图 1-67　最终用户协议窗口

（4）出现如图 1-68 所示界面，保持默认的 PHP 安装路径不变。单击 Next（下一步）按钮。

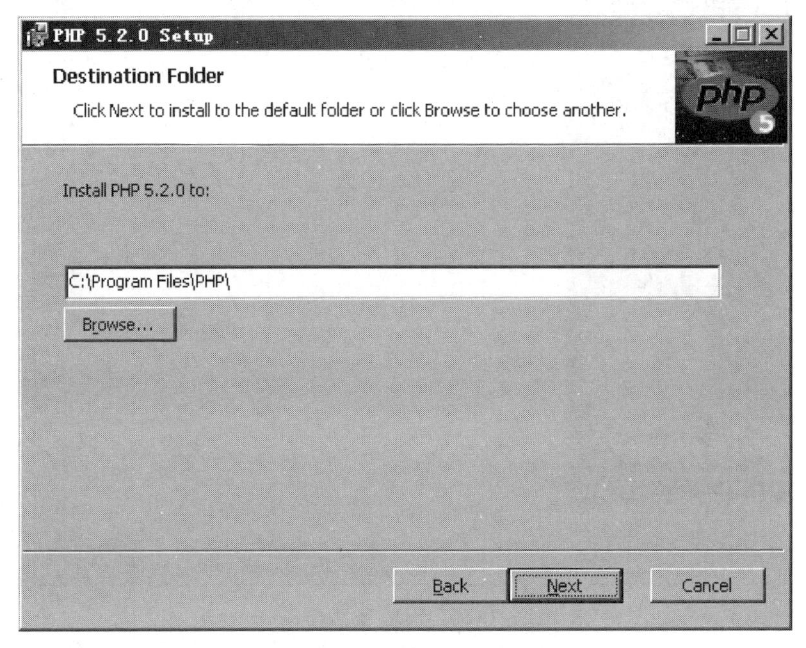

图 1-68　设置 PHP 安装路径

（5）在出现的界面中选择要安装的 Apache 服务类型。我们之前安装好的 Apache 是 2.2 版本，所以这里选择 Apache 2.2.x Module，如图 1-69 所示。单击 Next（下一步）按钮。

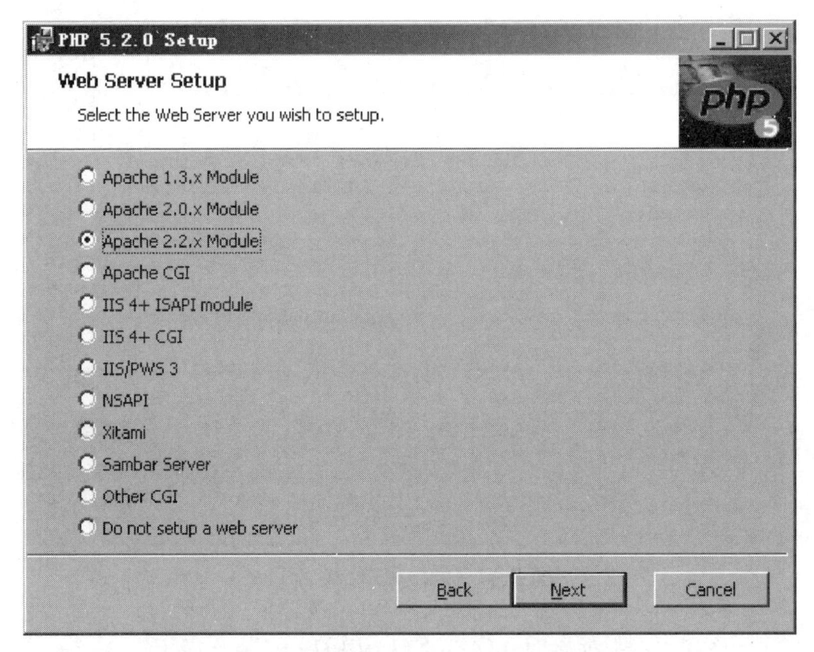

图 1-69　选择要配置的 Apache 服务器的版本

（6）出现如图 1-70 所示界面，选择 Apache 服务器配置文件所在的文件夹 C:\Program Files\Apache Software Foundation\Apache2. 2\conf\。单击 Next（下一步）按钮。

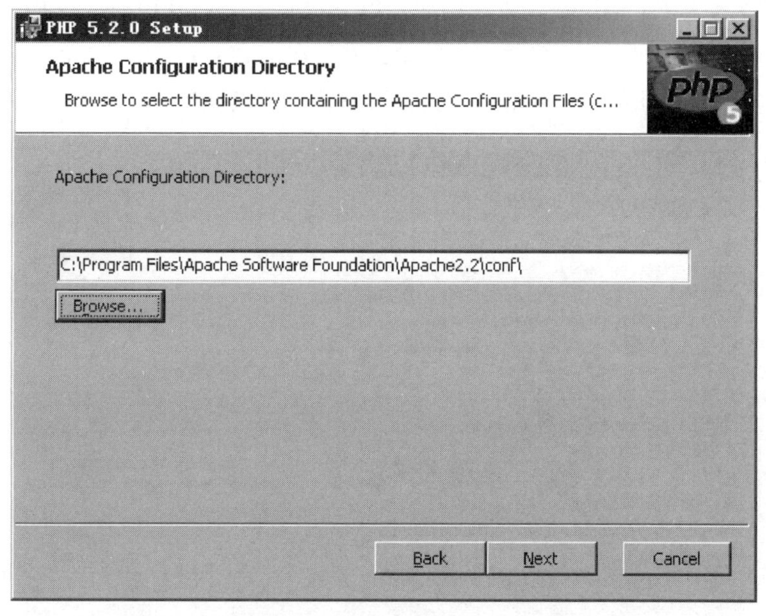

图 1-70　选择 Apache 服务器配置文件所在的文件夹

（7）出现如图 1-71 所示的界面，展开 Extensions 项后，可选择安装其他支持模块，比如安装 PHP 对 MySQL 数据库的支持模块 MySQL 等。

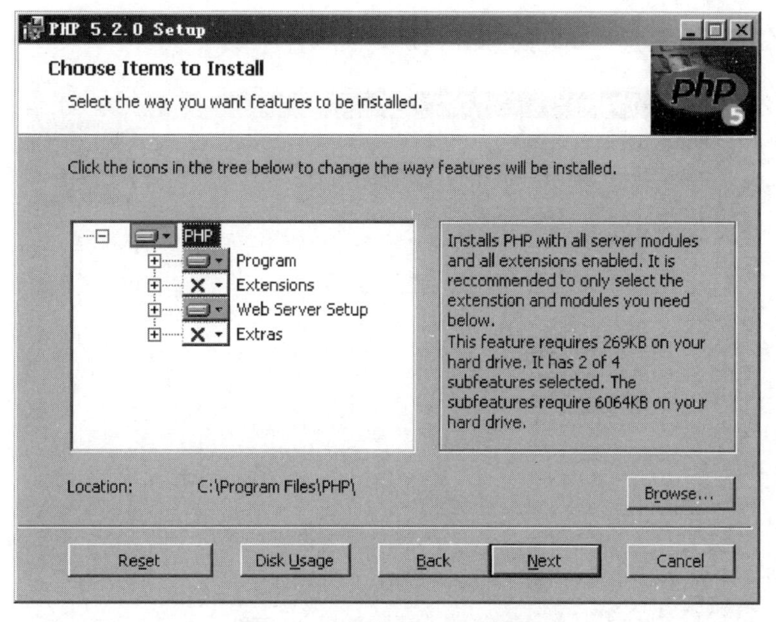

图 1-71　安装 PHP 支持模块

（8）展开图 1-71 所示的 Extensions（扩展）支，拖动滚动条可以找到 Curl、GD2、Mutil-Byte String、memcached、MySQL、MySQLi、OpenSSL 和 XML_ RPC 模块，分别对它们进行安装。这 8 个模块安装方法相似，以下主要介绍 Curl 模块的安装。

鼠标右健单击 Curl 图标，弹出快捷菜单，然后在快捷菜单中单击 Entire feature will be installed on local hard driver（该项的所有特征都将安装到本地硬盘），如图 1-72 所示。

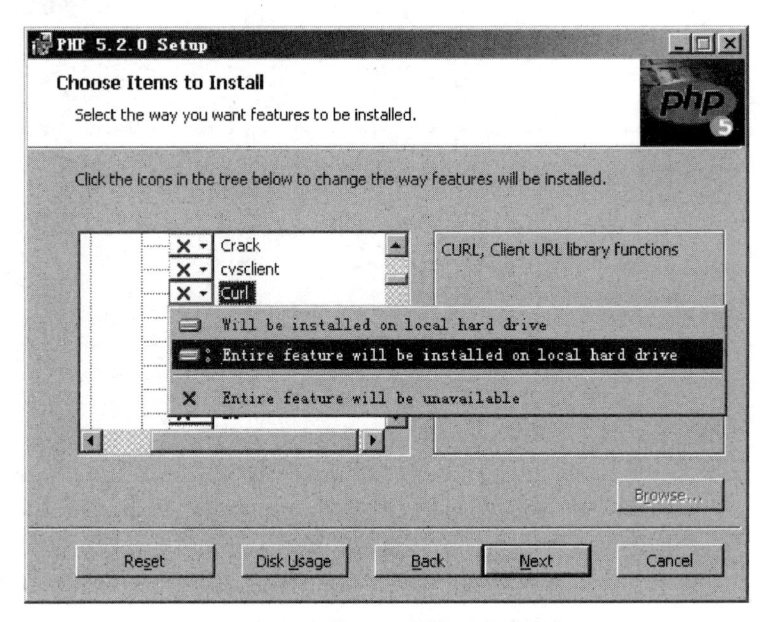

图 1-72　安装 Curl 模块到本地硬盘

图 1-73 所示为已选择安装的 Curl 模块。

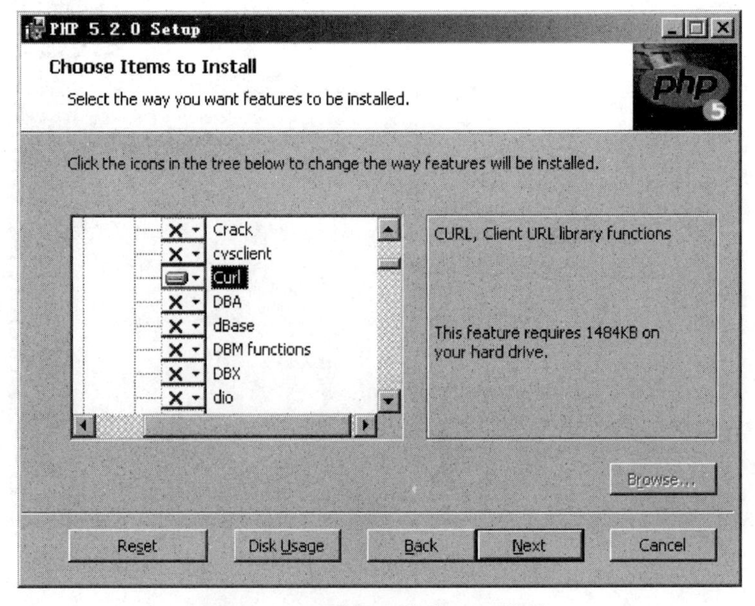

图 1-73　已选择安装的 Curl 模块

(9) 安装 PHP Manual（PHP 手册），PHP 手册是学习 PHP 的必备文档。展开 Extensions（扩展）支，单击 Extras→PHP Manual，在弹出的选项中单击 Entire feature Will be installed on local hard driver（该项的所有特征都将安装到本地硬盘），如图 1-74 所示。单击 Next 按钮后，再单击 Install 按钮。

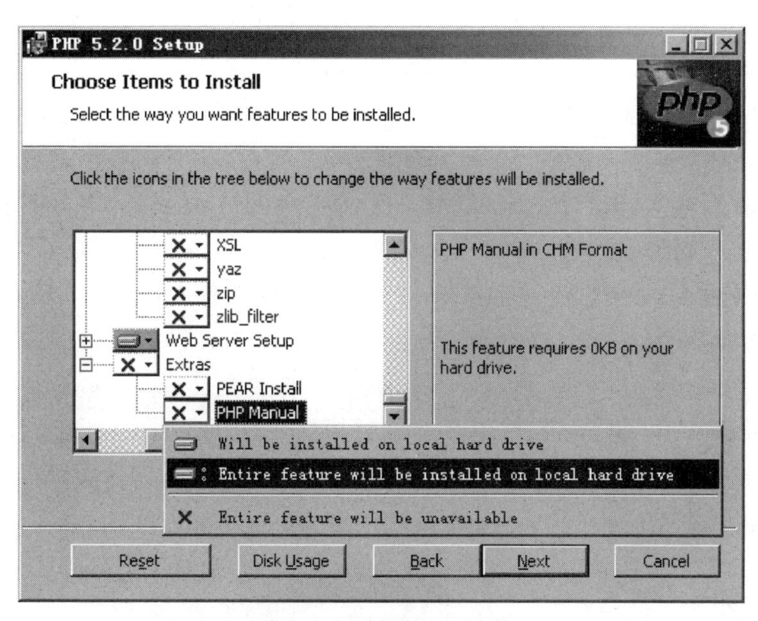

图 1-74　安装 PHP 手册

(10) 开始安装 PHP，先弹出询问是否要修改 Apache 配置文件的对话框，如图 1-75 所示，单击“是”按钮，稍等一会，PHP 即安装完成。

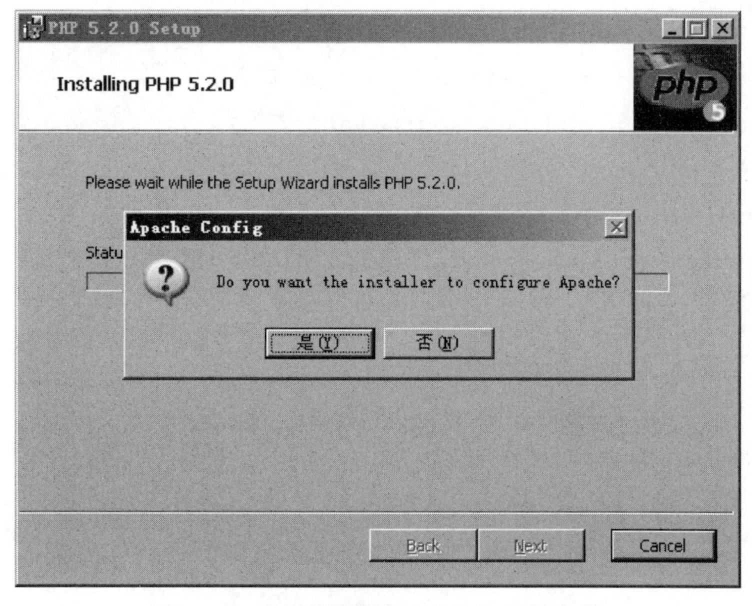

图 1-75　询问是否要修改 Apache 配置文件

接下来，对 PHP 模块运行参数进行设置。

用记事本打开配置文件 C:\Program Files\PHP\php. ini 做如下修改：

（1）确保 upload_ tmp_ dir 上传文件临时存储路径是一个有效路径。需查找 C:\Program Files\PHP\php. ini 文件中的“upload_ tmp_ dir=”，做如下修改：

把 upload_ tmp_ dir="C:\DOCUME~1\ADMINI~1\LOCALS~1\Temp\php\session" 修改为 upload_ tmp_ dir="C:\WINDOWS\Temp"。

（2）确保 session 存储路径是一个有效路径。需查找 C:\Program Files\PHP\php. ini 文件中的“session. save_ path”，做如下修改：

把 session. save_ path="C:\DOCUME~1\ADMINI~1\LOCALS~1\Temp\php\upload" 修改为 session. save_ path="C:\WINDOWS\Temp"。

（3）修改时区。在 C:\Program Files\PHP\php. ini 文件中查找“；date. timezone”，在其下方增加语句：date. timezone = Asia/Shanghai，即将时区设置为东八区(北京时间)。

（4）让 Apache 服务器加载 PHP 解释执行模块。打开 Apache 的配置文件 C:\Program Files\Apache Software Foundation\Apache2. 2\conf\httpd. conf，确保最后一段中的 PHP 路径是正确的：

```
#BEGIN PHP INSTALLER EDITS-REMOVE ONLY ON UNINSTALL
PHPIniDir "C:\Program Files\PHP\"
LoadModule php5_ module "C:\Program Files\PHP\php5apache2_ 2.dll"
#END PHP INSTALLER EDITS-REMOVE ONLY ON UNINSTALL
```

（5）确保 C:\Program Files\Apache Software Foundation\Apache2. 2\conf\mime. types 文件最后有以下语句：

```
application/x-httpd-phpphp
application/x-httpd-php-sourcephps
```

通过在 Apache 的 mime. types 文件最后加上以上两行命令，让 Apache 去执行文件扩展名为 php 的程序，而不是让客户端浏览器去下载 *. php 程序。当然，也可以修改或增加 PHP 程序的扩展名，如把 *. do 修改为 PHP 程序的扩展名，直接将 mime. types 文件最后这两行命令改为：

```
application/x-httpd-phpdo
application/x-httpd-php-sourcephps
```

如果增加 *. do 和 *. php 都作为 PHP 程序，那么，直接将 mime. types 文件最后这两行命令改为：

```
application/x-httpd-phpdo
application/x-httpd-phpphp
application/x-httpd-php-sourcephps
```

（6）如果当前的操作系统是 Windows 2000，需要重启系统后环境变量才能生效。所以，需要把 C:\Program Files\PHP 下面所有的 *.dll 文件都复制到 C:\WINNT\system32 下，Apache 服务器才能找到 PHP 所有的 DLL 文件，否则，待会 Apache 服务器就无法启动。另外，还需将 C:\Program Files\PHP\php.ini 文件复制到 C:\WINNT 下。

如果当前操作系统是 Windows XP，也需将 C:\Program Files\PHP 下面所有的 *.dll 文件复制到 C:\WINNT\system32 下，还需将 C:\Program Files\PHP\php.ini 文件复制到 C:\WINNT 下。

（7）重新启动 Apache 服务器（总之，修改一次 php.ini 配置就要重启一次 Apache 服务器，修改才能生效）。如图 1-76 所示。

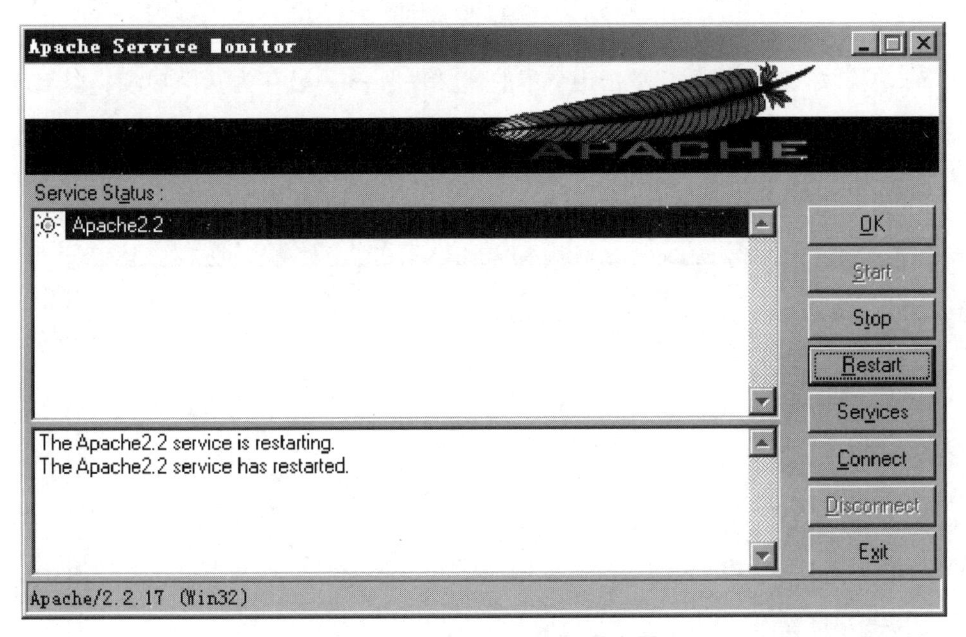

图 1-76　重新启动 Apache 服务器

（8）测试 Apache 是否支持 PHP。先在 Apache 服务器的 Web 根文件夹 C:\Program Files\Apache Software Foundation\Apache2.2\htdocs 中建立一个名为 zzg.php 的文本文件，文本文件中的内容如图 1-77 所示。

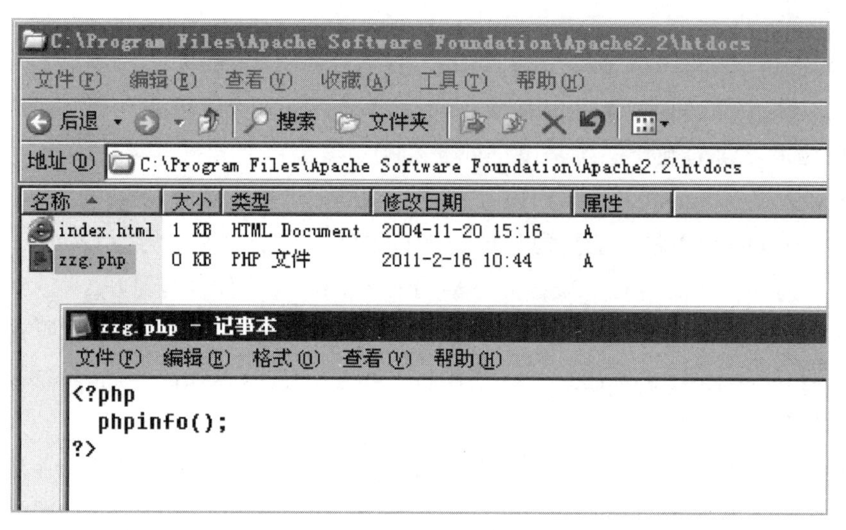

图 1-77　zzg. php 文件的内容

（9）编辑好 zzg. php 后，单击记事本的“文件”→“另存为”菜单项，以 UTF-8 编码方式保存 zzg. php 文件，如图 1-78 所示。

图 1-78　以 UTF-8 编码方式保存 zzg. php 文件

（10）在浏览器的地址栏中输入 http：//127. 0. 0. 1/zzg. php 后，按回车键确认，即显示 PHP 的有关信息，说明 Apache 服务器已支持 PHP，如图 1-79 所示。

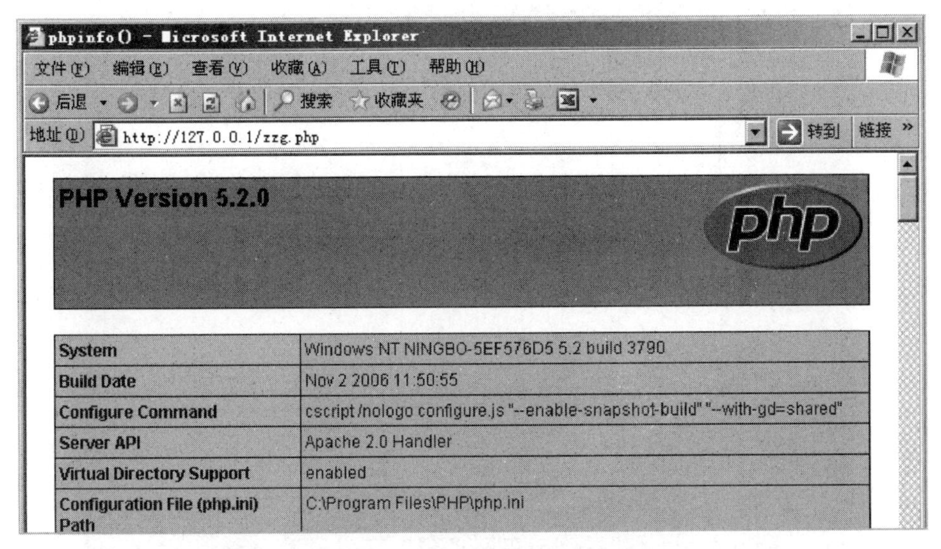

图 1-79　Apache 服务器已支持 PHP

接下来，我们测试一下 PHP 是否能访问 MySQL 数据库服务器。

（1）先在 Apache 服务器 Web 根文件夹 C:\Program Files\Apache Software Foundation\Apache2.2\htdocs 中建立一个名为 connect.inc 的文本文件，这个文本文件的内容如图 1-80 所示。

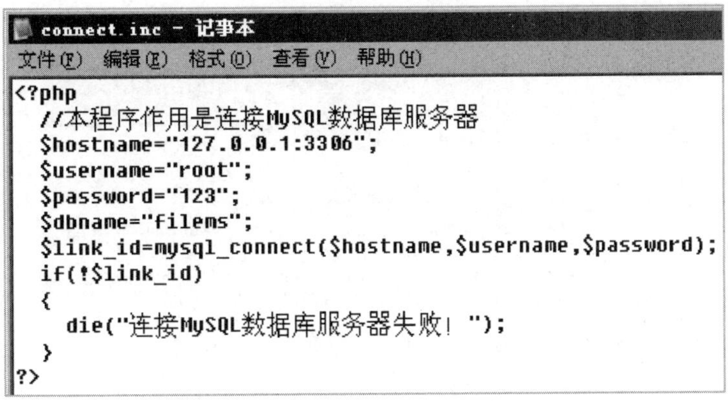

```
connect.inc - 记事本
文件(F)  编辑(E)  格式(O)  查看(V)  帮助(H)
<?php
  //本程序作用是连接MySQL数据库服务器
  $hostname="127.0.0.1:3306";
  $username="root";
  $password="123";
  $dbname="filems";
  $link_id=mysql_connect($hostname,$username,$password);
  if(!$link_id)
  {
    die("连接MySQL数据库服务器失败！");
  }
?>
```

图 1-80　connect.inc 文件内容

注意，这里的“127.0.0.1：3306”是指 MySQL 数据库服务器的 IP 地址和端口号，所以，如果 MySQL 服务器的端口号是 3308，这里就得写成“127.0.0.1：3308”。

（2）编辑好 connect.inc 文件后，单击记事本的“文件”→“另存为”菜单项，以 UTF-8 编码方式保存 connect.inc 文件，如图 1-81 所示。

图 1-81　以 UTF-8 编码方式保存 connect. inc 文件

（3）在 Apache 服务器 Web 根文件夹 C:\Program Files\Apache Software Foundation\Apache2. 2\htdocs 中建立一个名为 link. php 的文本文件，这个文本文件的内容如图 1-82 所示，文件也是以 UTF-8 编码方式保存。

```
link.php - 记事本
文件(F)  编辑(E)  格式(O)  查看(V)  帮助(H)
显示filems数据库的sender表中的所有记录

<?php
  require('connect.inc'); //包含连接文件
  mysql_select_db($dbname,$link_id);//打开$dbname数据库
  $str_sql="select * from sender";
  $result=mysql_query($str_sql,$link_id);//执行SQL命令
  $number_of_rows=mysql_num_rows($result);
  echo '<br>';
  echo "总记录数：".$number_of_rows;
  echo '<br>';
  echo "<table border=1>";
  echo "<tr><td>编号</td><td>账号</td></tr>";
  while($record=mysql_fetch_array($result))
  {
    printf("<tr><td>%s</td><td>%s</td></tr>",$record[0],
      $record[1]);
  }
  echo "</table>";
  mysql_close($link_id);//关闭MySQL数据库连接
?>
```

图 1-82　link. php 文件的内容

注意，link. php 文件里的 echo "总记录数：". $number_of_rows; 句中 $number_of_rows 前面的“.”是 PHP 的字符串连接操作符。

（4）在浏览器地址栏中输入 http：//127.0.0.1/link.php 后，按回车键确认，即可显示从 MySQL 数据库服务器中读出的 filems 数据库的 sender 表的所有记录。如图 1-83 所示。

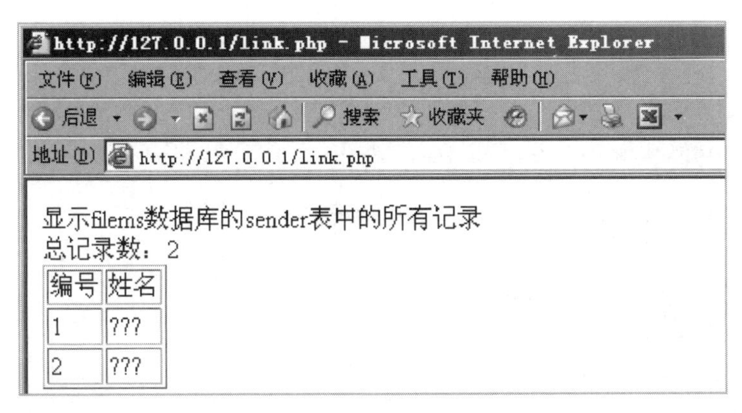

图 1-83　sender 表的所有记录（1）

（5）在 Apache 的 Web 服务器的根文件夹 C:\Program Files\Apache Software Foundation\Apache2.2\htdocs 中建立一个名为 link2.php 的文本文件，这个文本文件的内容如图 1-84 所示，文件也是以 UTF-8 编码方式保存。这里特别要注意，$record->sid 和 $record->nickname 中的字段名称要区分大小写，并与数据表中的字段名称大小写一致。

```
link2.php - 记事本
文件(F) 编辑(E) 格式(O) 查看(V) 帮助(H)
<p>显示filems数据库的sender表中的所有记录<br>

<?php
  require('connect.inc'); //包含连接文件
  mysql_select_db($dbname,$link_id);//打开$dbname数据库
  $str_sql="select * from sender";
  $result=mysql_query($str_sql,$link_id);//执行SQL命令
  $number_of_rows=mysql_num_rows($result);
  $number_of_fields=mysql_num_fields($result);
  echo "Sender表中字段总数：".$number_of_fields;
  echo '<br>';
  echo "Sender表中记录总数：".$number_of_rows;
  echo '<br>';
  echo "<table border=1>";
  echo "<tr><td>编号</td><td>账号</td></tr>";
  while($record=mysql_fetch_object($result))
  {
    printf("<tr><td>%s</td><td>%s</td></tr>",$record->sid,
      $record->nickname);
  }
  echo "</table>";
  mysql_close($link_id);//关闭MySQL数据库连接
?>
```

图 1-84　link2.php 文件的内容

（6）在浏览器地址栏中输入 http：//127. 0. 0. 1/link2. php 后，按回车键确认，即可显示从 MySQL 数据库服务器中读出的 filems 数据库的 sender 表的所有记录。如图 1-85 所示。

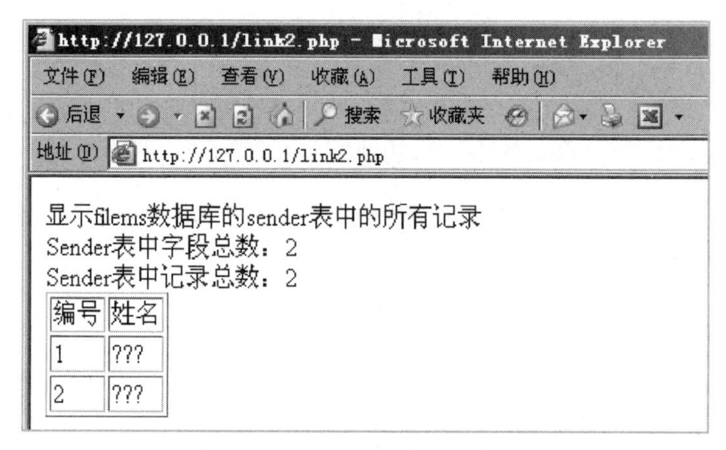

图 1-85　sender 表的所有记录（2）

注意：图 1-83 是通过字段索引号（从 0 开始编号）读取表中记录，而图 1-85 中的记录是通过字段名称读取的，另外，图 1-85 也读取了表中字段总数和记录总数等信息。

上述测试说明 PHP 能顺利访问 MySQL 数据库服务器，PHP 模块安装成功。

1.4.3　小结

通过本节的学习，可以领略到 PHP 的语法是类 C 风格的，严格区分大小写；变量名称都以“$”打头；字符串连接字符是“.”；字符串可以以单引号作为界定符，也可以以双引号作为界定符，区别是，双引号中可以识别 $ 变量，而单引号则不行；另外，PHP 是插入到 HTML 网页中的脚本块。PHP 的语法和函数可以从安装好的 PHP Manual（PHP 手册）中查询。打开 PHP 手册菜单项步骤如图 1-86 所示。

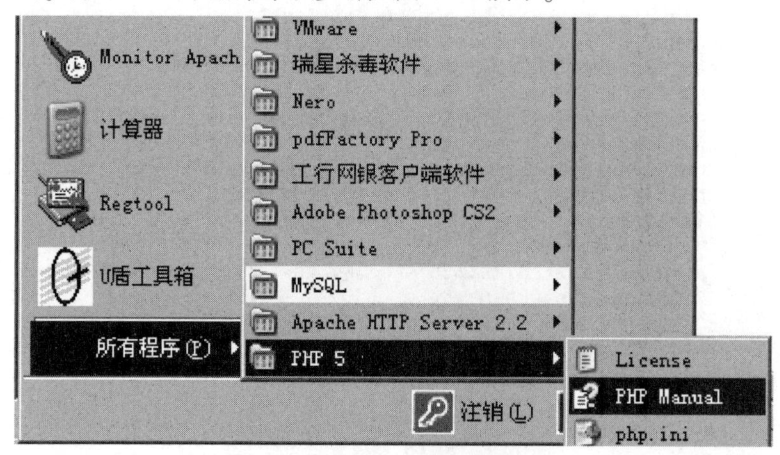

图 1-86　打开 PHP 手册的菜单项步骤

PHP 手册内容如图 1-87 所示。

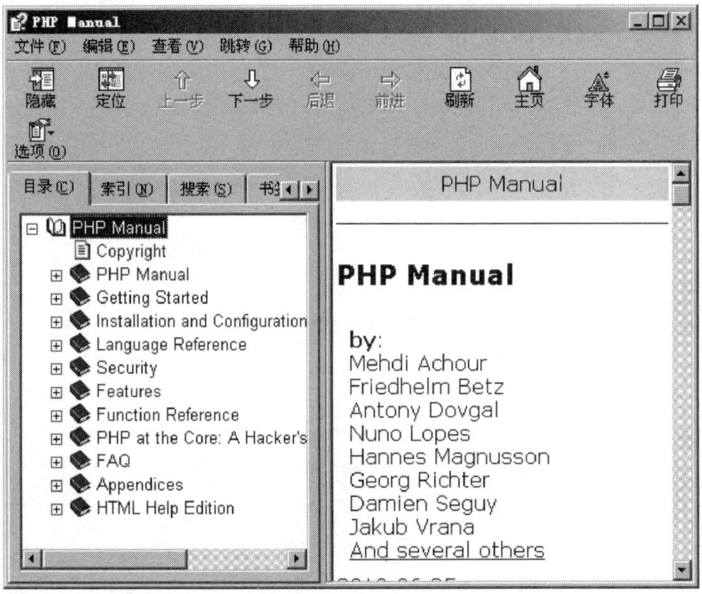

图 1-87　PHP 手册

1.5　WAMP 一键运行包的使用方法

本书提供的 WAMP 一键运行包有两个版本：win32_amp. 7z 和 win64_amp. 7z，分别在 Windows 7 32 位操作系统和 Windows 7 64 位操作系统上使用。注意，PHP 5. 5 之后已经不再支持 Windows XP 和 2003 及以下的操作系统，因为这两款操作系统中 Apache 无法加载 php5ts. dll，即无法加载 PHP 5 模块。

现在以 win64_amp. 7z 为例，讲解该 WAMP 一键运行包的使用方法。

（1）将 win64_amp. 7z 解压缩在 C 盘根目录下，如图 1-88 所示。

WAMP 一键运行包中的 Apache、MySQL 和 PHP 是三款开源软件，是编译好的二进制代码，可从官方网站直接下载。WAMP 架构所有的运行临时数据都保存在 tmp 文件夹中，所以，直接将 C:\win64_amp 文件夹复制到另一台电脑的 C 盘根目录下也能直接运行，之前的所有数据都不会丢失。

（2）首次运行 WAMP 构架前，一定要先运行 vc_redist. x64. exe 和 vcredist_x64. exe 两个程序，来安装相应的支持库。

（3）一定要用 Administrator 用户账号登录 Windows 7 系统，才能启动 Apache 和 MySQL 两项服务。双击 C:\win64_amp\startwamp. bat，启动完毕，黑色的命令行窗口会自动关闭（不要手动关闭）这样 Apache 和 MySQL 两项服务就启动了，在任务管理器中可以看到 zzg_mysql 和 zzg_apache，注意一定要看到服务 PID 号才算正常启动，如图 1-89 所示。

图 1-88 WAMP 一键运行包目录结构

Windows 任务管理器

文件(F) 选项(O) 查看(V) 帮助(H)

应用程序 进程 服务 性能 联网 用户

名称	PID	描述	状态	工作组
zzg_mysql	4080	zzg_mysql	正在运行	暂缺
zzg_apache	5172	zzg_apache	正在运行	暂缺
ZhuDongFangYu	1220	主动防御	正在运行	暂缺

图 1-89 Apache 和 MySQL 两项服务

（4）如果要停止 Apache 和 MySQL 服务，直接双击 C:\win64_amp\stopwamp.bat 批处理文件即可。

（5）Apache 的 WWW 根目录位置是 C:\win64_amp\apache\htdocs 文件夹，里面放了 test.php 程序，其内容是 <? php phpinfo ( ); ? >。在浏览器中运行 http://127.0.0.1:8081/test.php，可以看到运行效果，如图 1-90 所示。

注意，Apache 服务器的端口号是 8081。

（6）上述操作只表明 Apache 服务器成功调用 PHP 模块，接下来测试 PHP 是否能正确调用 MySQL 数据库中的表。在 Chrome 浏览器中打开 http://127.0.0.1:8081/phpMyAdmin/网址，进入 phpMyAdmin 网站登录界面，phpMyAdmin 是一个流行的 MySQL 数据库前端可视化工具，用来创建数据库或表。使用 MySQL 数据库服务器的超

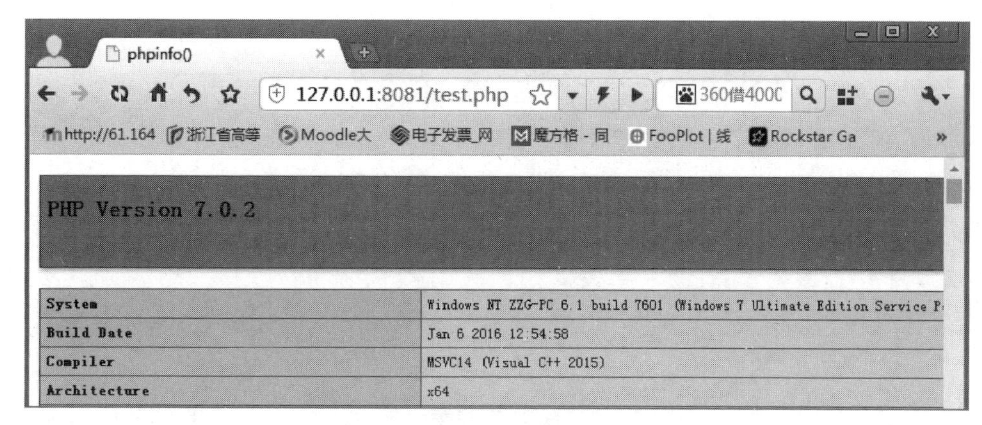

图 1-90　phpinfo 函数的运行效果

级用户账号 root 登录，密码为空。创建数据库，名为 filems（设置表存储引擎为 InnoDB，排序规则为 utf8mb4-utf8mb4-general_ci）；创建表，名为 sender（设置 Collation 为 utf8mb4_ general_ci，表存储引擎为 InnoDB）；创建如下三个字段：

sid: int, auto_increment（即勾选 A_I）

name: varchar，长度为 128

inserttime：timestamp，默认值为 current_timestamp；

最后创建三条记录：Jack、Rose、Tom，如图 1-91、图 1-92 所示。

图 1-91　创建 sender 表

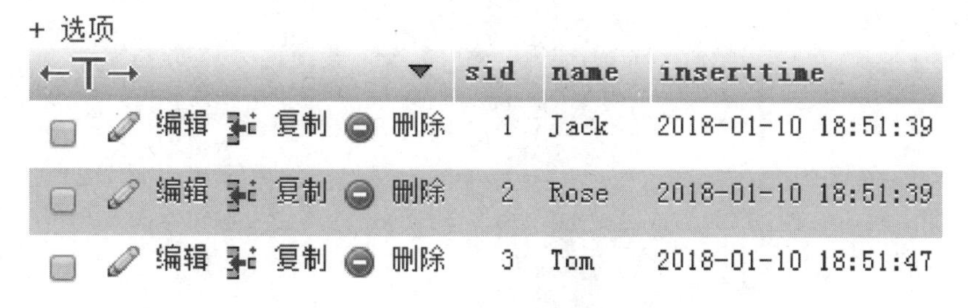

+ 选项

←T→	sid	name	inserttime
编辑 复制 删除	1	Jack	2018-01-10 18:51:39
编辑 复制 删除	2	Rose	2018-01-10 18:51:39
编辑 复制 删除	3	Tom	2018-01-10 18:51:47

图 1-92　创建三条记录

（7）把 connect. inc、link. php 和 link2. php 三个 PHP 程序复制到 Apache 的 WWW 根目录 C:\win64_amp\apache\htdocs 中，代码内容如下：

```
//数据库连接配置文件 connect.inc
<? php
  //本程序作用是连接 MySQL 数据库服务器
  $ hostname="127.0.0.1: 3366";
  $ username="root";
  $ password="";
  $ dbname="filems";
  $ link_id=mysqli_connect ($ hostname, $ username, $ password) ;
if (! $ link_id)
   {
   die ("连接 MySQL 数据库服务器失败！") ;
  }
? >

//表浏览程序① link.php
<p>显示 filems 数据库的 sender 表中的所有记录<br>
<? php
  require ('connect.inc') ; //包含连接文件
  mysqli_select_db ($ link_id, $ dbname) ; //打开$ dbname 数据库
  $ str_sql="select *  from sender";
  $ result=mysqli_query ($ link_id, $ str_sql) ; //执行 SQL 命令
  $ number_of_rows=mysqli_num_rows ($ result) ;
echo '<br>';
  echo "总记录数：". $ number_of_rows;
echo '<br>';
echo "<table border=1>";
  echo "<tr><td>编号</td><td>账号</td></tr>";
while ($ record=mysqli_fetch_array ($ result) )
   {
printf ("<tr><td>% s</td><td>% s</td></tr>", $ record [0], $ record
[1] ) ;
   }
echo "</table>";
  mysqli_close ($ link_id) ; //关闭 MySQL 数据库连接
? >

//表浏览程序② link2.php
<p>显示 filems 数据库的 sender 表中的所有记录<br>
<? php
```

```
    require ('connect.inc') ; //" 包含连接文件
     mysqli_select_db ($ link_id, $ dbname) ; //打开$ dbname 数据库
     $ str_sql="select * from sender";
    $ result=mysqli_query ($ link_id, $ str_sql) ; //执行 SQL 命令
    $ number_of_rows=mysqli_num_rows ($ result) ;
    $ number_of_fields=mysqli_num_fields ($ result) ;
    echo "Sender 表中字段总数: ". $ number_of_fields;
  echo '<br>';
    echo "Sender 表中记录总数: ". $ number_of_rows;
  echo '<br>';
  echo "<table border=1>";
    echo "<tr><td>编号</td><td>账号</td></tr>";
  while ($ record=mysqli_fetch_object ($ result) )
     {
  printf ("<tr><td>% s</td><td>% s</td></tr>", $ record->sid, $ record->
name) ;
    }
  echo "</table>";
    mysqli_close ($ link_id) ; //关闭 MySQL 数据库连接
  ? >
```

（8）在 Chrome 浏览器中运行 link. php 和 link2. php，若能浏览出 MySQL 数据库中的记录，则表明 WAMP 架构已完全打通，如图 1-93、图 1-94 所示。

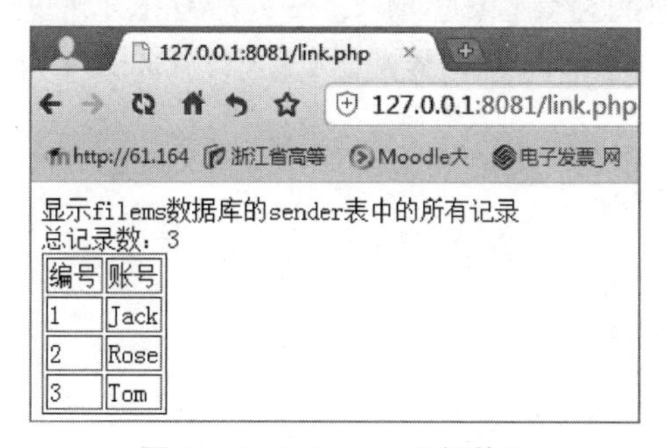

图 1-93　link. php 运行效果

图 1-94　link2. php 运行效果

1.6 Sublime Text 编辑器的使用

使用 Sublime Text 编辑器可以非常方便地编写 PHP 代码。Sublime Text 编辑器可以从官方网站下载，本书使用的是 Sublime Text 3（Build 3143）版本。

直接按默认路径安装好 Sublime Text 即可。安装完成后，运行 Sublime Text，单击它的菜单 Project（工程）→Add Folder to Project…（将目录添加到工程），将 C:\win64_amp\apache\htdocs 文件夹添加到 Sublime Text 中，这样就可以非常方便地管理 Apache 的 WWW 根目录中的所有网站了，如图 1-95 所示。

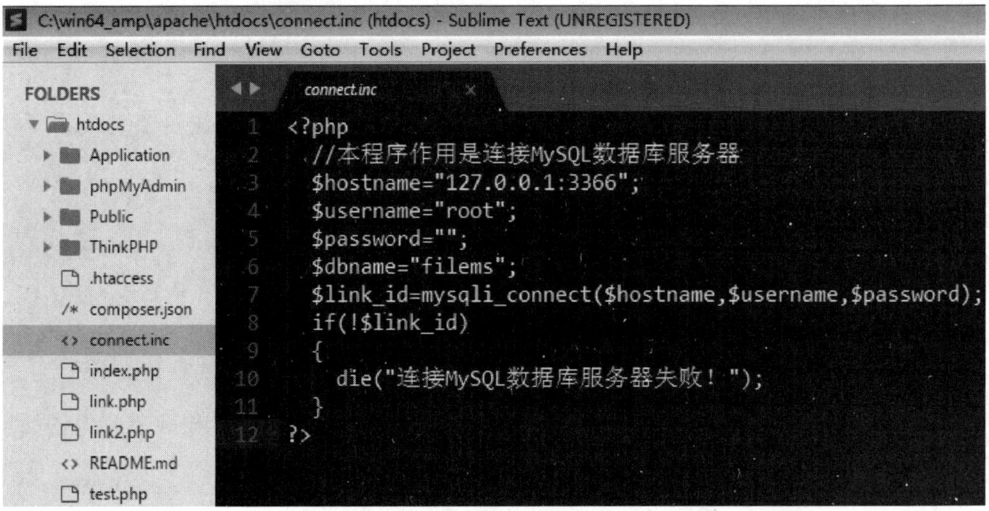

图 1-95　将 Apache 的 WWW 目录添加到 Sublime Text 编辑器中

第 2 章 安装与配置 Moodle 平台

Moodle 是用 PHP 语言编写的免费开源的课程管理系统，是应用广泛的网络教学平台之一。

2.1　安装 Moodle 3.11.10 程序

Moodle 3.11.10 是一个成熟稳定的版本，应用广泛。安装步骤如下。

（1）从 Moodle 官网下载 moodle 3.11.10 安装包。

（2）删除 C:\Program Files\Apache Software Foundation\Apache2.2\htdocs 文件夹中的所有文件。

（3）把 moodle-latest-311.zip 中 moodle 文件夹内的内容复制到 C:\Program Files\Apache Software Foundation\Apache2.2\htdocs 中，如图 2-1 所示。

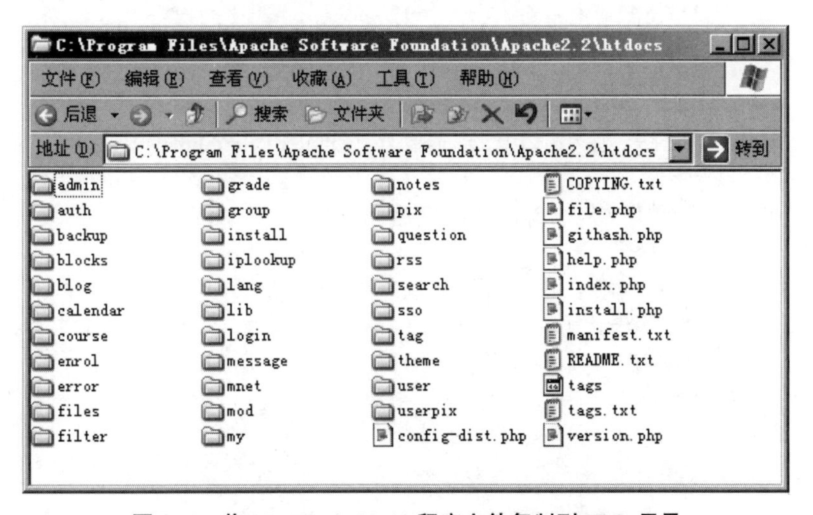

图 2-1　将 Moodle 3.11.10 程序文件复制到 Web 目录

（4）从 Moodle 官网下载中文语言包，再将语言包中的 zh_cn_utf8 文件夹复制到 C:\Program Files\Apache Software Foundation\Apache2.2\htdocs\lang 中，如图 2-2 所示。

图 2-2 复制中文语言包

（5）打开 C:\Program Files\Apache Software Foundation\Apache2. 2\htdocs\lang\zh_cn_utf8\langconfig. php 文件，把其中的“简体中文”字符修改为“Chinese（Simplified）”。再把上述文件另存为同名文件，但编码为 ANSI（这样日历就不会出现乱码），如图 2-3 所示。

图 2-3 把“简体中文”修改为“Chinese（Simplified）”

（6）将上传文件的主文件名修改为时间戳。

```
//主要作用是把文件主名修改成时间戳，这样彻底解决中文文件名问题。
//把文件名的主名、扩展名分开，扩展名保存在$ extension 里，主文件名保存在$ name 里
$ parts =explode ('.', $ this->files [$ i] ['name'] ) ;
if (count ($ parts) > 1) {//存在扩展名
  $ extension = '.'.array_pop ($ parts) ;
  $ name= implode ('.', $ parts) ;
}
else
{
  $ extension=" "; //扩展名为空字符串
```

```
    $ name=$ this->files [$ i] ['name'];
  }
  //将上传目标文件主名修改为 UNIX 时间戳，扩展名不变
  $ this->files [$ i] ['name'] =time () . $ extension;
```

将上面的代码复制在 Moodle 安装目录 C:\Program Files\Apache Software Foundation\Apache2.2\htdocs\lib 的 uploadlib.php 文件的 `if (move_uploaded_file ($ this->files [$ i] ['tmp_name'], $ destination.'/'.$ this->files [$ i] ['name'] ) )` 语句上方，如图 2-4 所示。

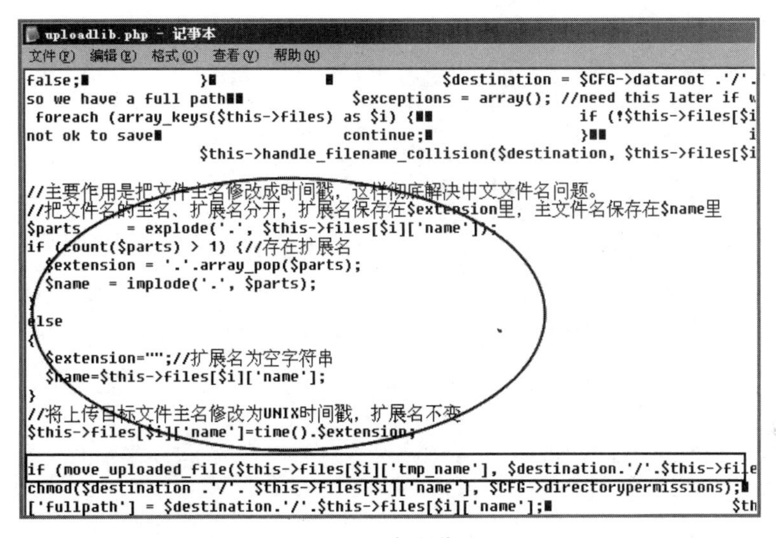

图 2-4　复制代码

（7）创建文件夹 D：\moodledata。

（8）在 IE 浏览器地址栏中输入 127.0.0.1/install.php，按回车键确认，进入 moodle 安装过程，先选择安装语言为“简体中文（zh_cn）”，如图 2-5 所示。单击 Next 按钮。

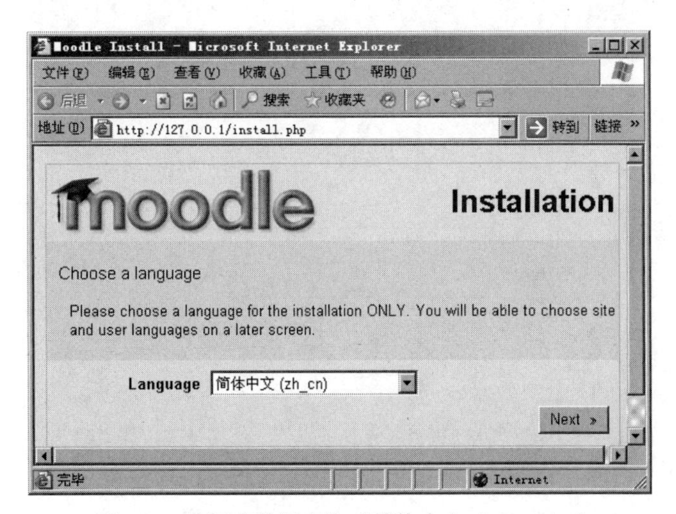

图 2-5　选择安装语言为“简体中文（zh_cn）”

（9）系统显示 PHP 设置通过，如图 2-6 所示。单击“向后”按钮。

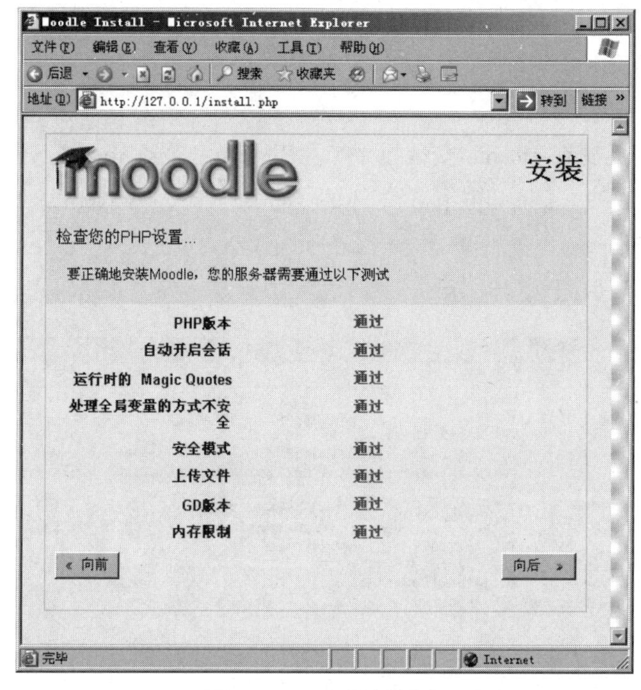

图 2-6　PHP 设置通过

（10）进入如图 2-7 所示界面，设置数据目录为“D：\moodledata”。单击“向后”按钮。

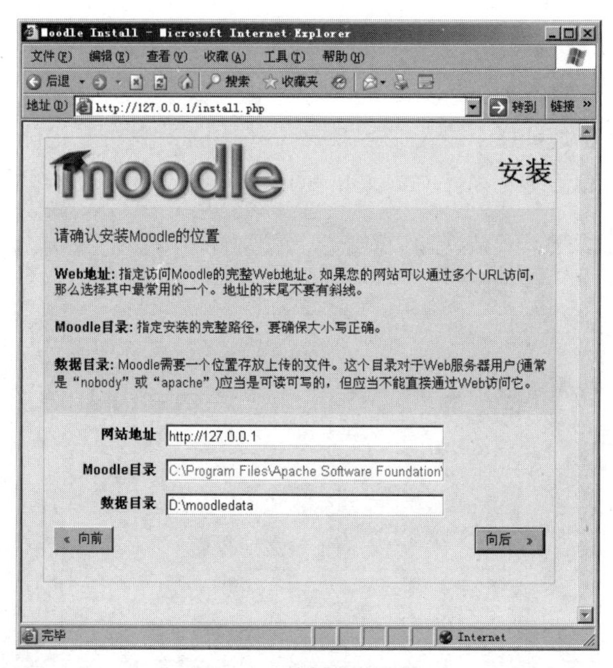

图 2-7　设置数据目录

（11）进入如图 2-8 所示界面，设置 MySQL 数据库连接信息。数据库驱动类型选择为“改进的 Mysql（mysqli）”，设置用户为 root，设置密码为 123。单击“向后”按钮。

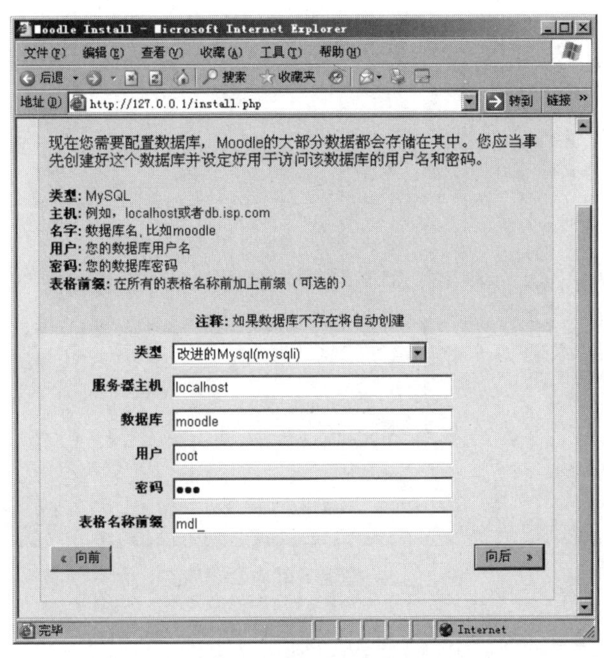

图 2-8　设置 MySQL 数据库连接信息

（12）进入如图 2-9 所示界面，通过服务器检查。单击“向后”按钮。

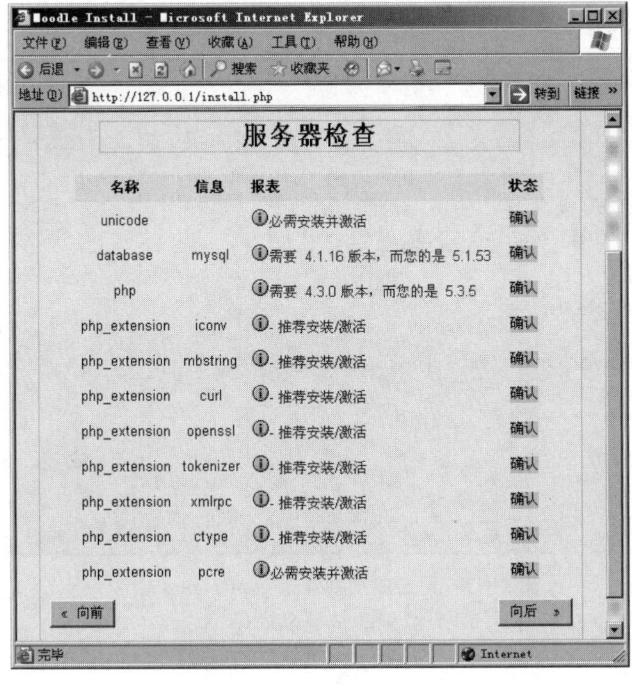

图 2-9　通过服务器检查

（13）进入如图 2-10 所示界面，提示下载中文语言包。

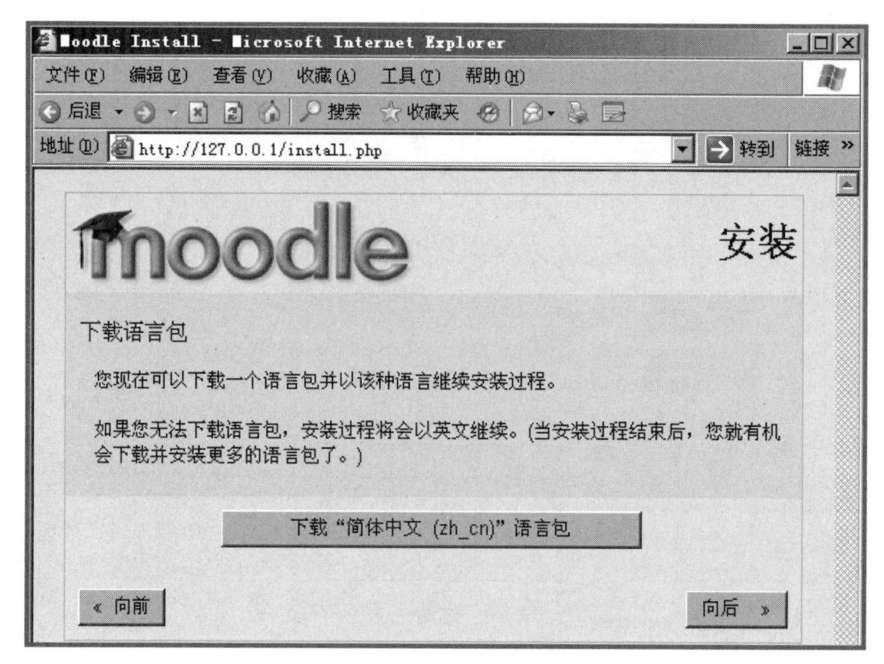

图 2-10　提示下载中文语言包

（14）由于我们先前已将中文语言包复制到 moodledata 文件夹，就不必再下载。所以，直接单击图 2-10 所示“向后”按钮，即成功创建 config. php 文件，如图 2-11 所示。单击“继续”按钮。

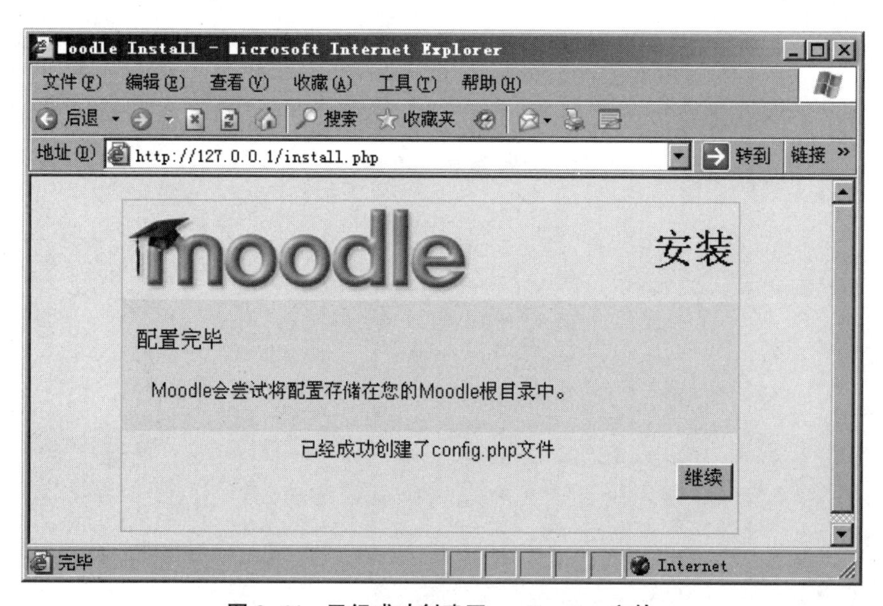

图 2-11　已经成功创建了 config. php 文件

（15）进入如图 2-12 所示界面，出现 GPL 许可协议。单击“是”按钮。

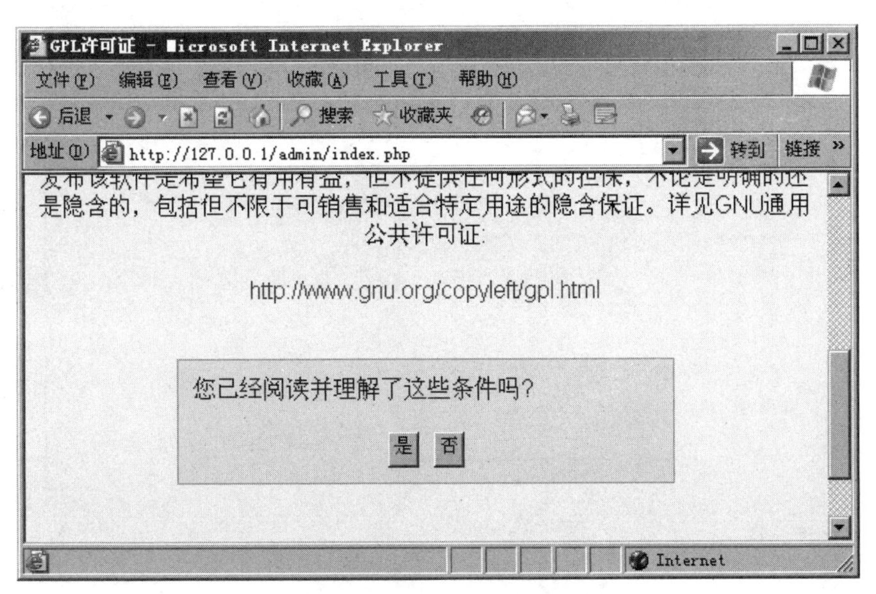

图 2-12　GPL 许可协议

（16）进入准备安装界面，如图 2-13 所示。勾选“无人值守操作”复选框，单击“继续”按钮。

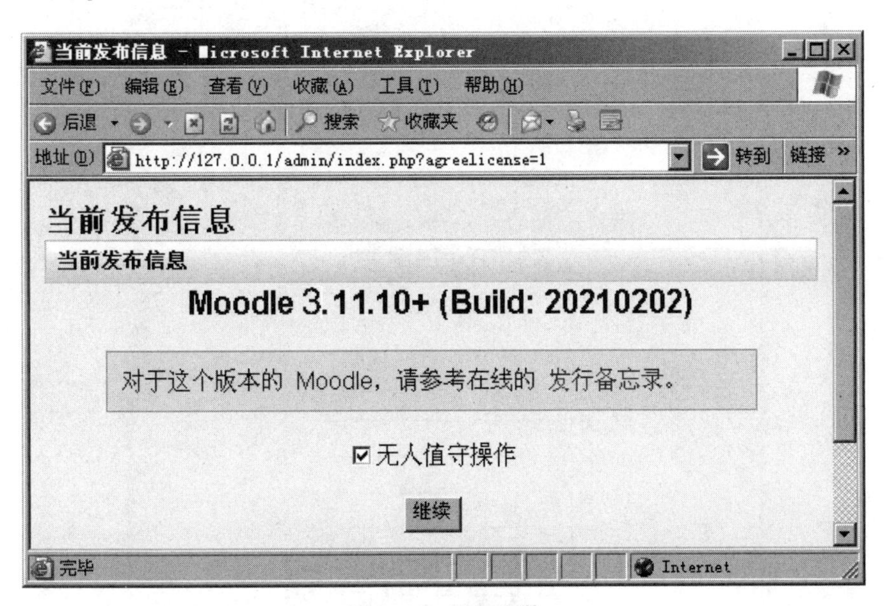

图 2-13　准备安装

（17）开始安装数据库，由于数据表多达几百个，需要几分钟时间。全部安装完成后，自动进入设置管理员账号界面，如图 2-14 所示。

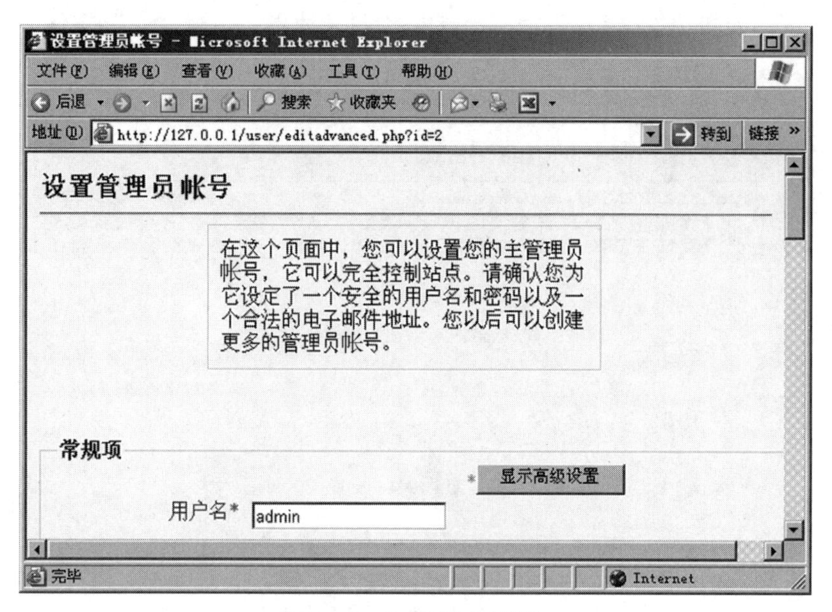

图 2-14　设置管理员账号

（18）根据提示设置管理员账号信息，如图 2-15 所示。

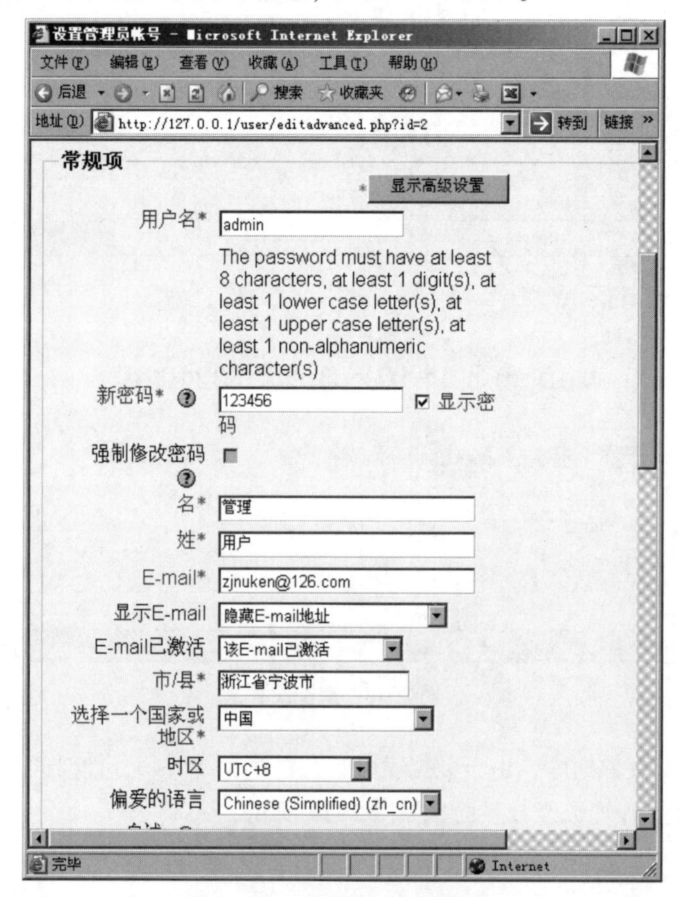

图 2-15　设置管理员账号信息

（19）单击“更改个人资料”按钮，设置首页信息，如图 2-16 所示。

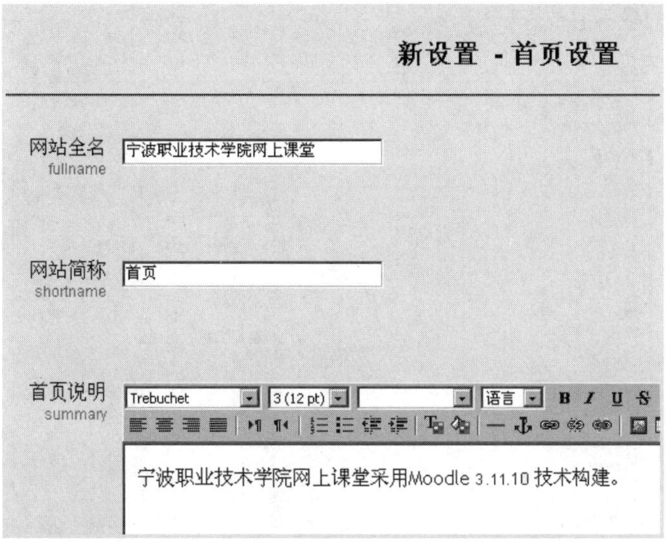

图 2-16　首页设置

（20）跟着安装向导，继续操作，直到显示出网站首页，单击“保存更改”按钮，Moodle 安装完成，如图 2-17 所示。

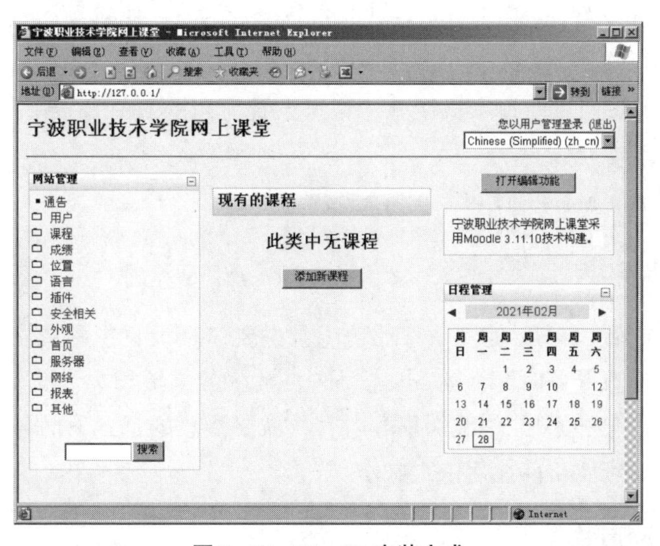

图 2-17　Moodle 安装完成

（21）设置邮件服务器。Moodle 需要向用户发送邮件，在 Windows 上先安装并运行 SMTP 邮件服务器；再使用 admin 用户登录 moodle，单击“网站管理”→“服务器”→“邮件”，设置 SMTP 主机（如“smtp.126.com”），SMTP 用户名（如“zjnuken”），以及 SMTP 密码。SMTP 用户名和密码分别是用户申请的 126 邮箱的用户名和密码，如图 2-18 所示。

注意，这里设置的 SMTP 主机一定要具有邮件转发功能。

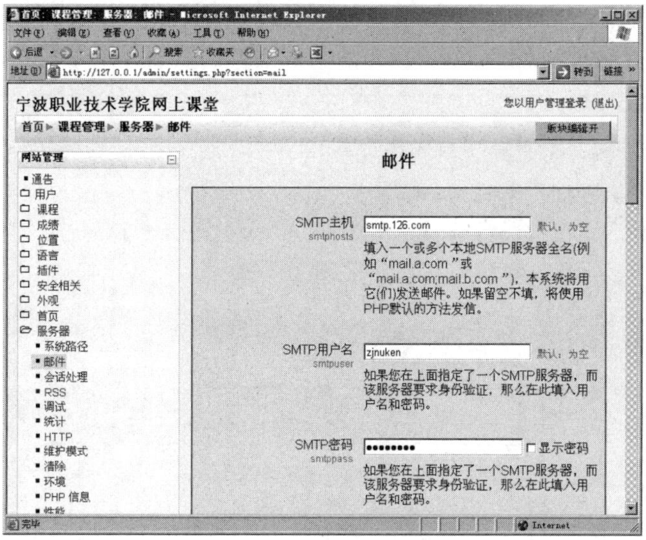

图 2-18　设置邮件服务器

（22）最后，指定 Moodle 的固定访问外网 IP。Moodle 只支持一个独立 IP，如申请的独立外网 IP 为 http：//61.164.87.150：5480/，那么，需将 C:\Program Files\Apache Software Foundation\Apache2.2\htdocs\ config.php 文件中的 `$CFG->wwwroot = 'http://127.0.0.1'` 修改为 `$CFG->wwwroot = 'http://61.164.87.150:5481'` 即可。由于我们目前在本机试验，这里设置为内网 IP `$CFG->wwwroot = 'http://10.82.53.254'`。

经过上述设置，Moodle 就可以正常运行了。

2.2　配置 Moodle

现在我们来配置 Moodle 的网站管理功能，主要包括设置主题风格、设置首页、设置邮件服务器、设置服务时区、Moodle 注册、cron.php 维护脚本、设置用户注册、上传用户、分配全局角色和添加/修改课程等内容。需要注意的是，下面各小节内容的安排前后是相关的，大家要从前往后依次操作。

1. 设置主题风格

设置主题风格的步骤如下：

（1）使用管理员账号 admin，密码 123456，登录 http：//10.82.53.254/login/index.php，如图 2-19 所示。

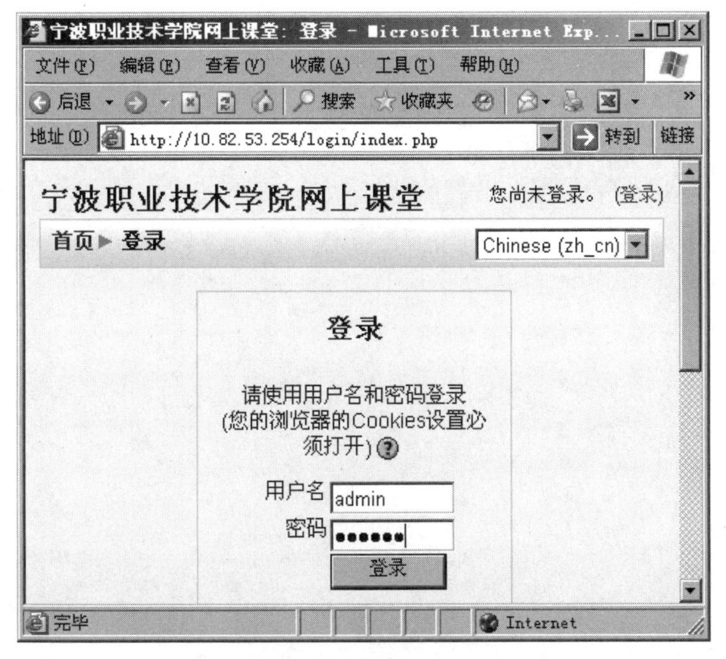

图 2-19　登录 Moodle

（2）登录之后，在“网站管理”版块中单击“外观”→“主题风格”→“主题选择器”菜单项，就可以预览多种主题风格，如图 2-20 所示。

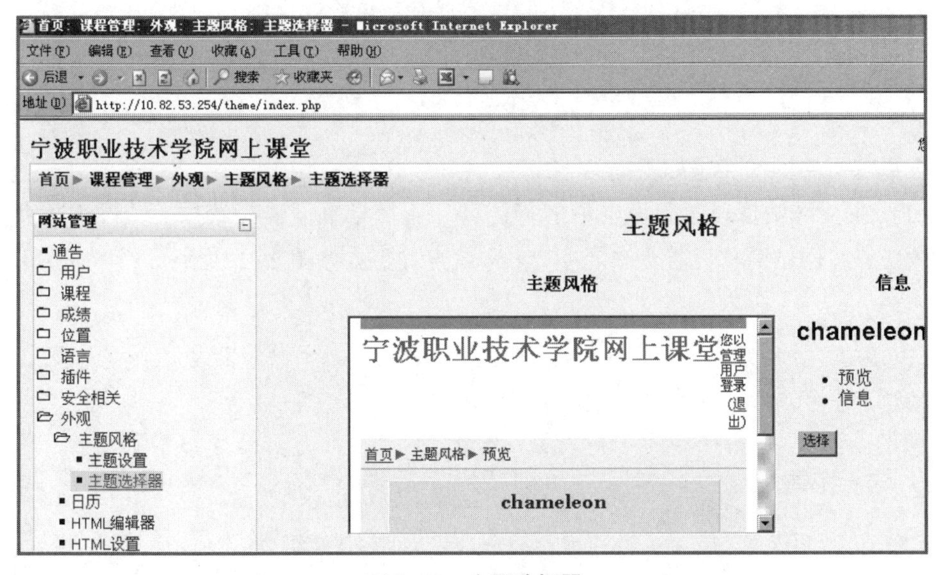

图 2-20　主题选择器

（3）单击图2-20中“选择”按钮，网站主题就修改为chameleon主题，如图2-21所示。

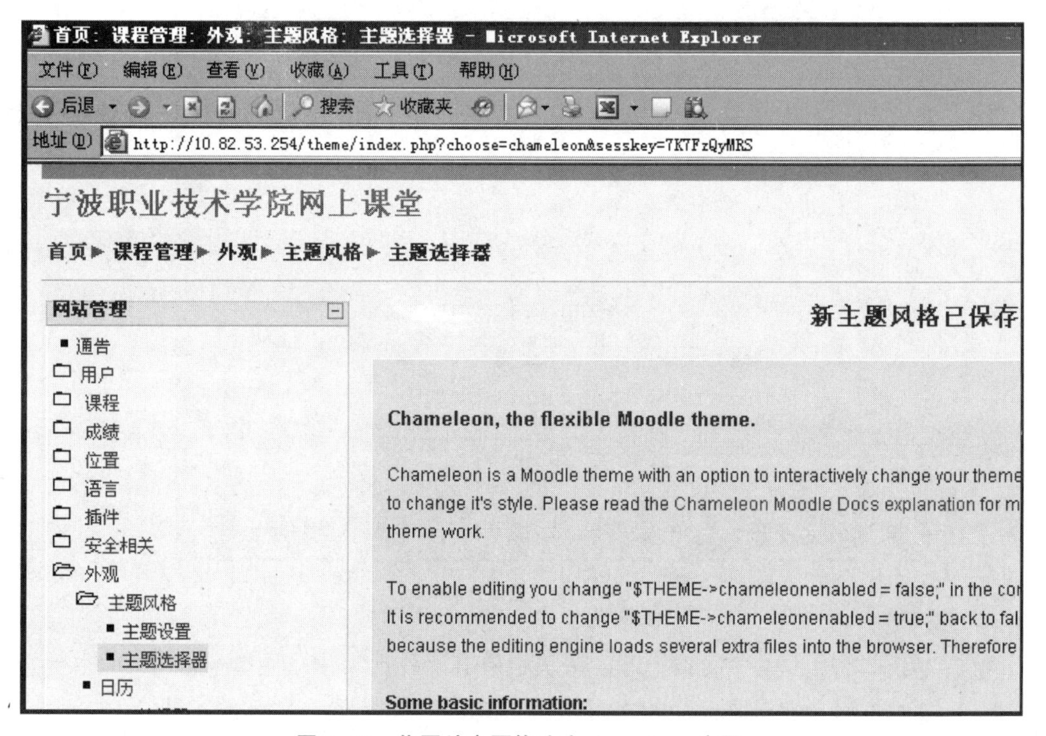

图 2-21　将网站主题修改为 chameleon 主题

2. 设置首页

设置首页的操作步骤如下。

（1）在“网站管理”版块中单击“首页”→“首页设置”菜单项，设置首页的文字和版块。将网站简称设置为“首页”，这点很重要，如图2-22所示。

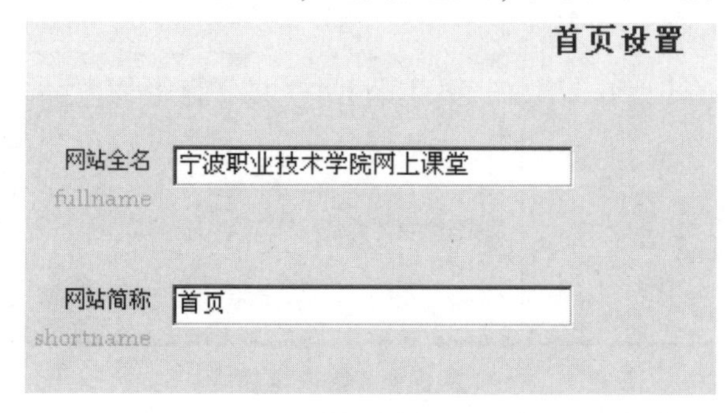

图 2-22　设置网站简称为“首页”

（2）勾选“包含标题栏”复选框，并把“首页”和“登录后显示的首页项”都设置为“显示类别列表”和“显示课程列表”，如图2-23所示。

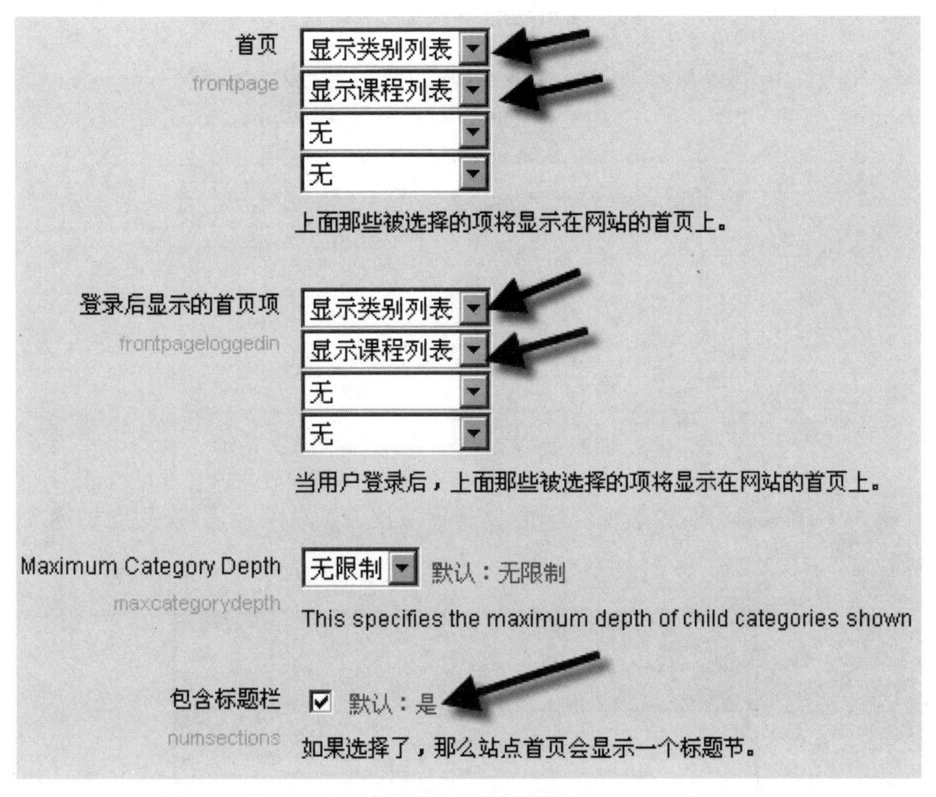

图 2-23　设置首页

（3）如图 2-24 所示，单击“首页设置”页面最下面的“保存更改”按钮，首页就设置好了。现在，我们来修改首页的版面布局，单击“首页”按钮，返回网站首页。

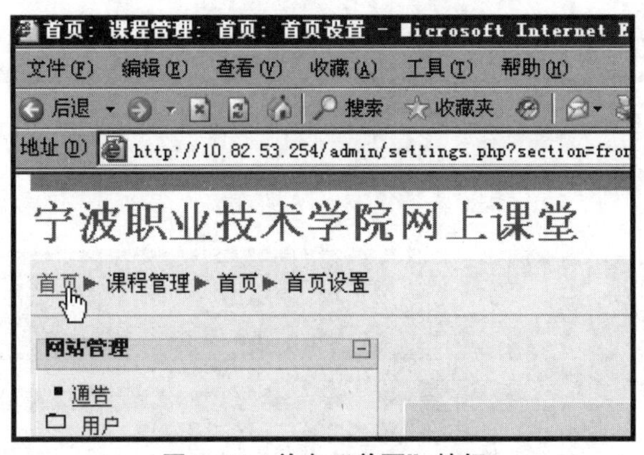

图 2-24　单击“首页”按钮

（4）单击首页右上方“打开编辑功能”按钮，如图 2-25 所示。

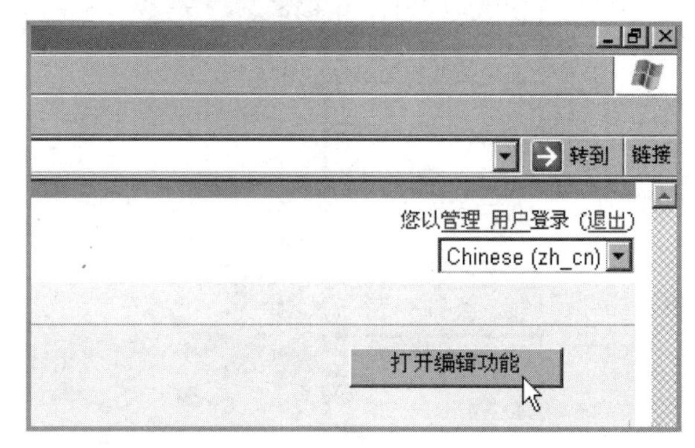

图 2-25　单击首页右上方“打开编辑功能”按钮

（5）现在来编排首页的版面。单击“删除”按钮，删除“课程/站点描述”，如图 2-26 所示。

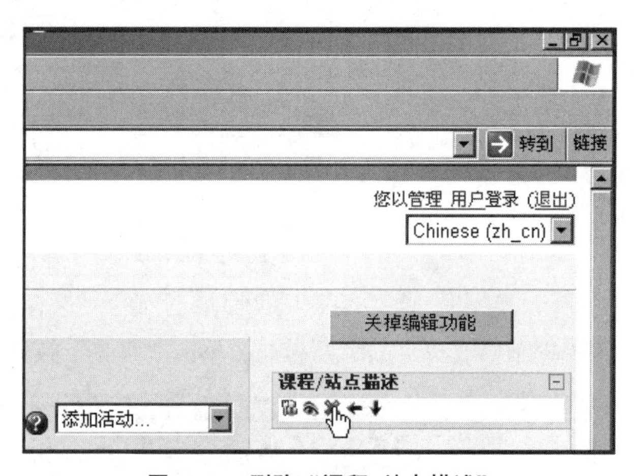

图 2-26　删除“课程/站点描述”

（6）单击“编辑概要”图标，如图 2-27 所示。

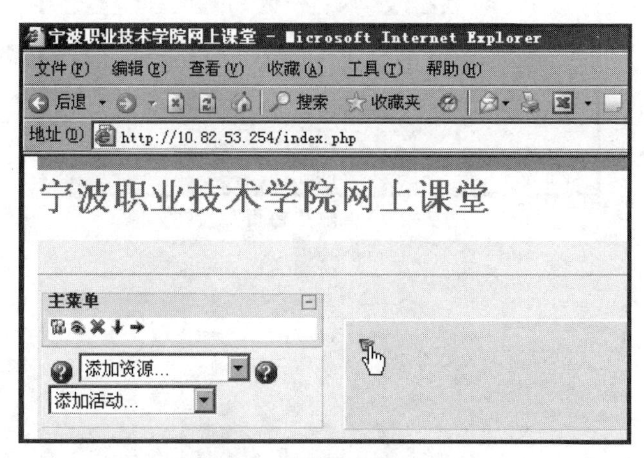

图 2-27　“编辑概要”图标

（7）输入一段概要信息，如图 2-28 所示。单击“保存更改”按钮，返回首页。

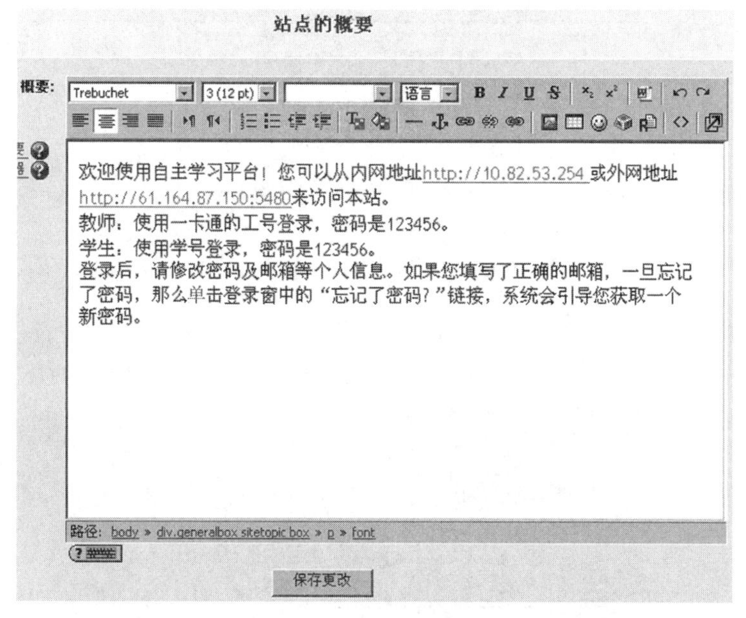

图 2-28　输入概要信息

（8）在首页主菜单“添加资源”下拉列表中选中“编写文本页”列表项，开始编辑一个文本文件，如图 2-29 所示。

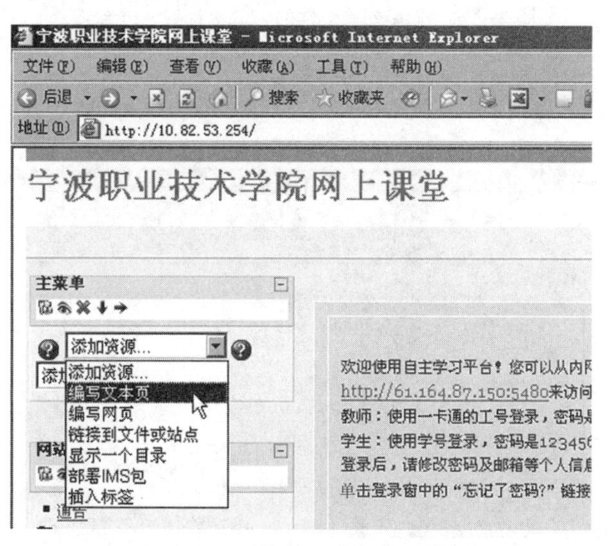

图 2-29　“编写文本页”列表项

（9）在“名称”文本框中输入“上传用户格式”，如图 2-30 所示。

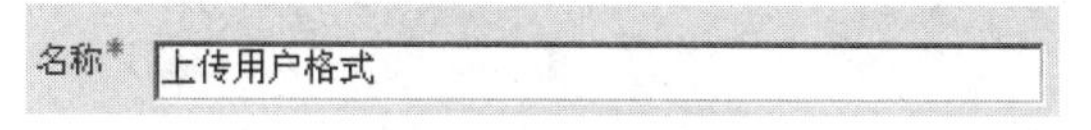

图 2-30　输入名称

（10）输入文本文件全文，如图 2-31 所示。

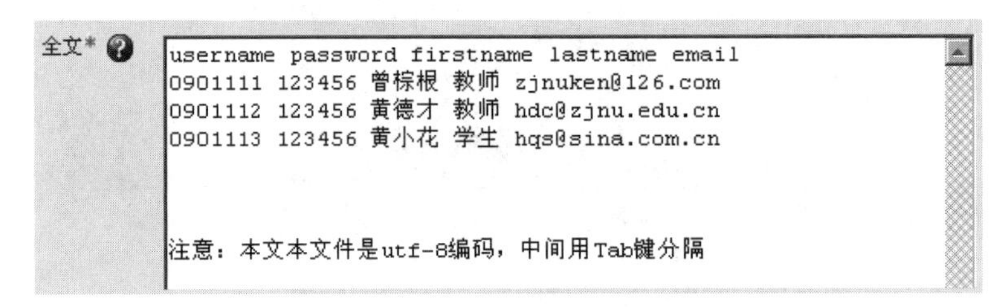

图 2-31　输入文本文件全文

（11）在“窗口”下拉列表中选中“新窗口”列表项，在“是否可见”下拉列表中选中“显示”列表项，单击“保存并返回课程”按钮，如图 2-32 所示。

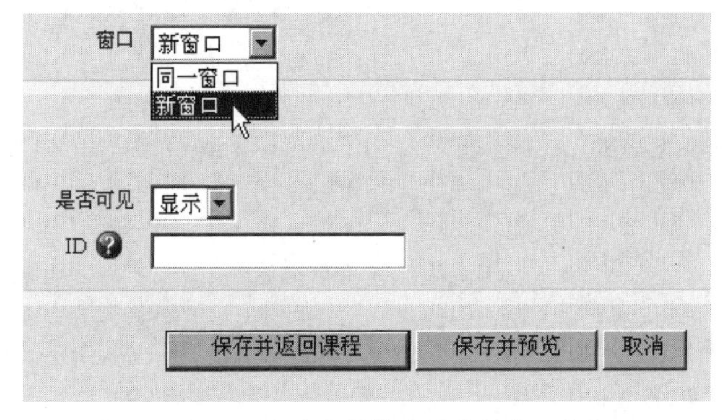

图 2-32　显示文本文件的方式为新建一个窗口

（12）在主菜单“添加资源”下拉列表中选中“链接到文件或站点”列表项，如图 2-33 所示。

图 2-33　链接到文件或站点

（13）在“名称”文本框中输入“Moodle 中文技术网”，如图 2-34 所示。

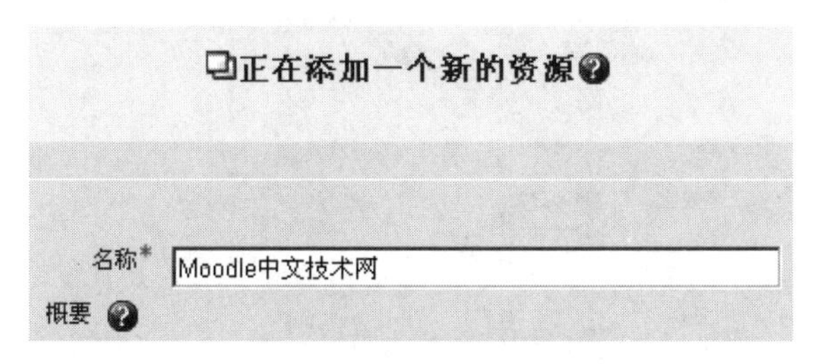

图 2-34　输入名称

（14）在“来自”文本框中输入要链接的站点的网址，如图 2-35 所示。

图 2-35　输入要链接的站点的网址

（15）在“窗口”下拉列表项中选中“新窗口”列表项，以新建一个窗口的方式显示该站点，如图 2-36 所示。单击页面下面“保存并返回课程”按钮，一个新链接就在首页上建成了。

图 2-36　选择“新窗口”

（16）在首页右下方的“版块”栏中的“登录”下拉列表项中，选中“登录”列表项，如图 2-37 所示。

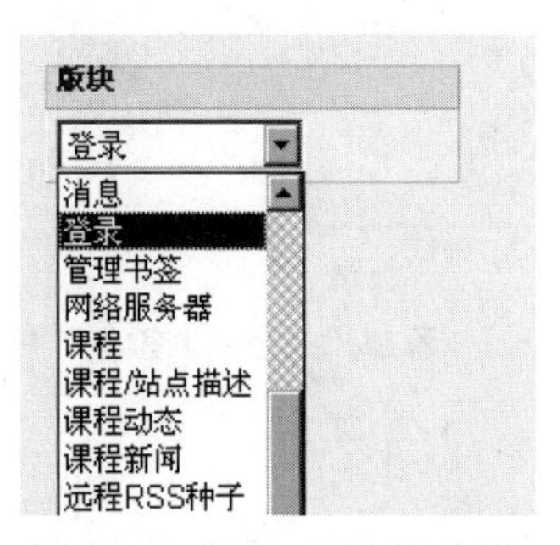

图 2-37　添加“登录”版块

（17）可以发现，在“版块”栏上方增加了“登录”栏，如图 2-38 所示。

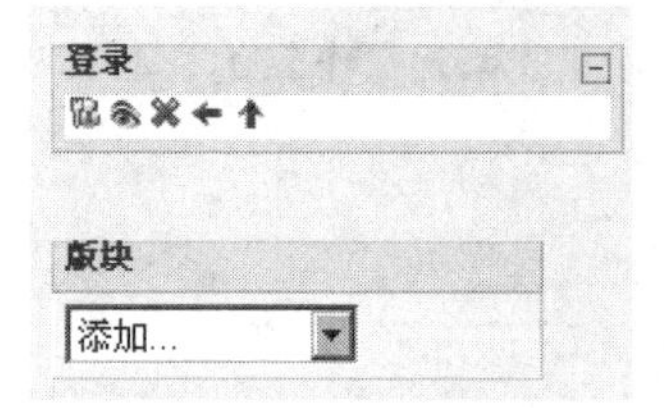

图 2-38　在“版块”栏上方增加了“登录”栏

（18）单击“登录”栏的“上移”图标，如图 2-39 所示。

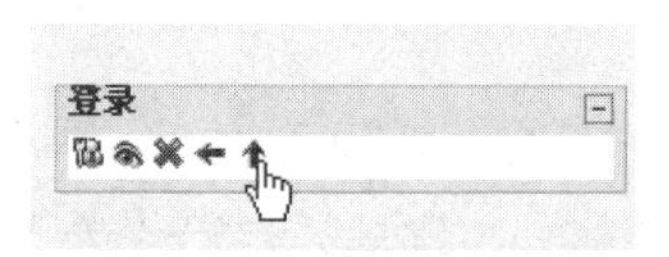

图 2-39　上移“登录”窗栏

（19）可以发现，“登录”栏移到“日程管理”栏的上方了，如图 2-40 所示。

图 2-40　“登录”栏移到“日程管理”栏的上方

（20）再在“版块”栏中的“添加”下拉列表项中，选中“远程 RSS 种子”列表项，即可添加“远程新闻种子”栏目，如图 2-41 所示。（RSS 是新闻频道、个人网站、博客、论坛等对外提供的一种 xml 文档，能快速订阅获取内容。）

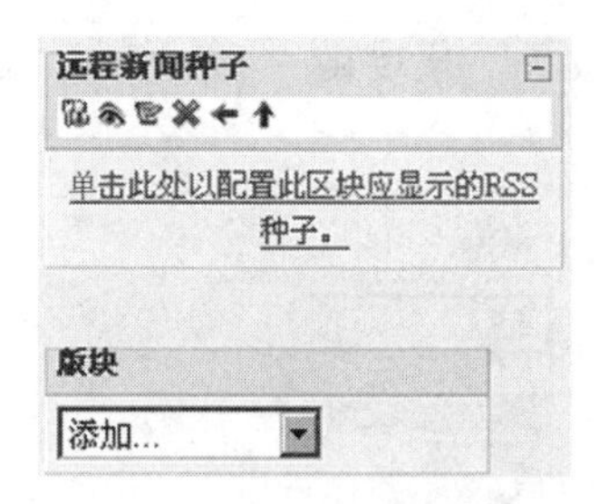

图 2-41　添加“远程新闻种子”栏目

（21）如图 2-42 所示，单击“远程新闻种子”栏目的“左移”图标，“远程新闻种子”栏目就被移动到了页面的左边。

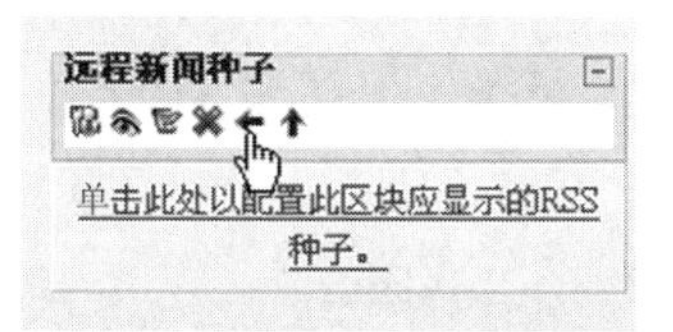

图 2-42　移动“远程新闻种子”栏目到页面左边

（22）单击“单击此处以配置此区块应显示的 RSS 种子”链接，如图 2-43 所示。

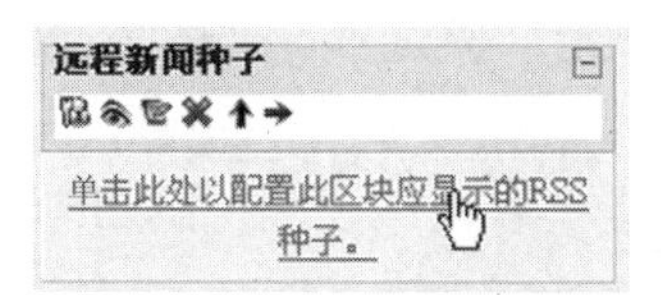

图 2-43　配置 RSS 种子

（23）在图 2-44 所示页面中，单击“修改新闻种子”链接。

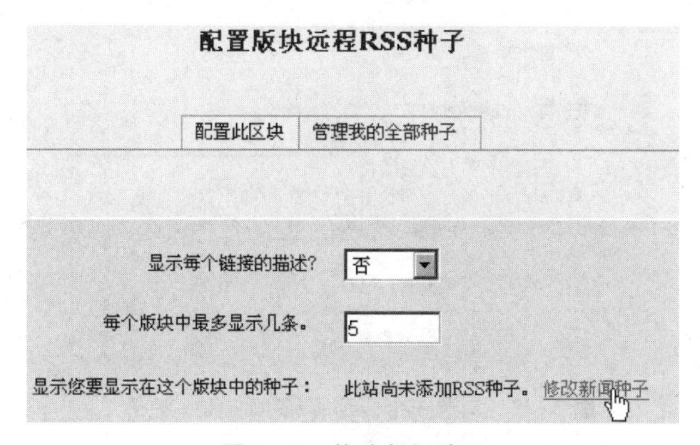

图 2-44　修改新闻种子

（24）找一个 RSS 种子填入到“添加新种子链接”文本框，单击“添加”按钮，如图 2-45 所示。

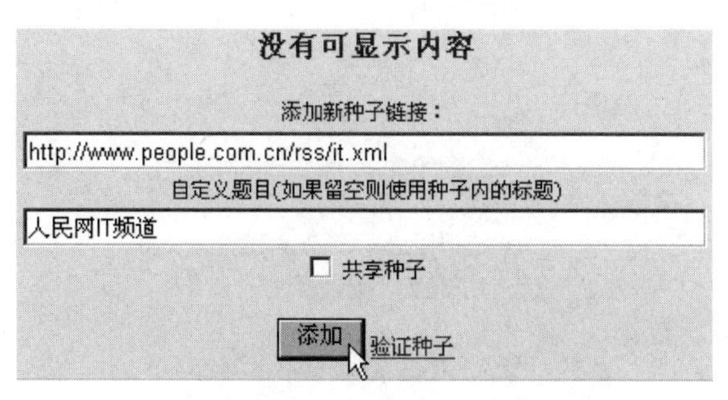

图 2-45　添加一个 RSS

（25）单击“配置此区块”链接，如图 2–46 所示。

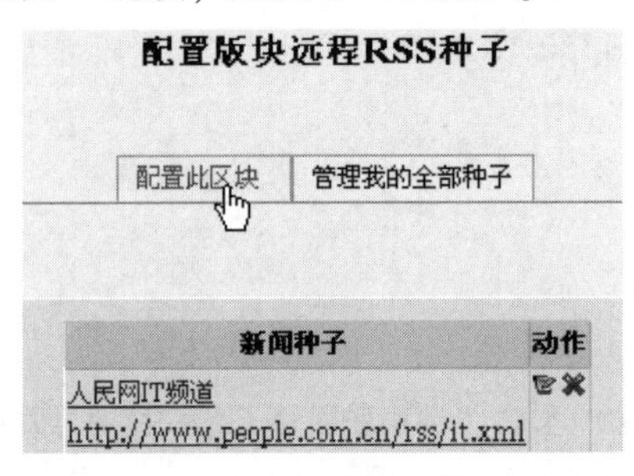

图 2–46　单击“配置此区块”选项卡

（26）再勾选“人民网 IT 频道”复选框，如图 2–47 所示。

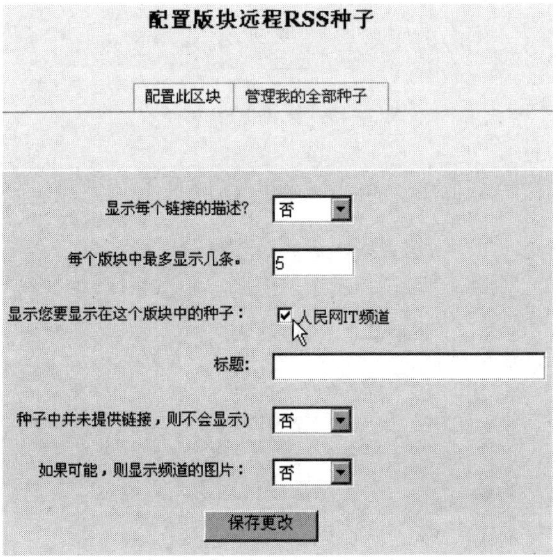

图 2–47　勾选一个要远程显示的 RSS 种子

（27）单击图 2–47 中“保存更改”按钮，该 RSS 种子当前所链接的新闻就显示出来了，如图 2–48 所示。

图 2–48　显示该 RSS 种子当前所链接的新闻

（28）要想修改各栏目中的内容，请直接单击栏目中的“设置”图标，即可重新设置，如图 2-49 所示。

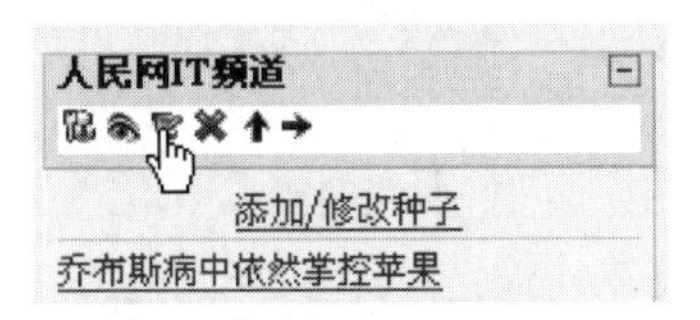

图 2-49　修改栏目内容

（29）要想不显示该栏目，请单击该栏目上的“隐藏”图标，如图 2-50 所示。

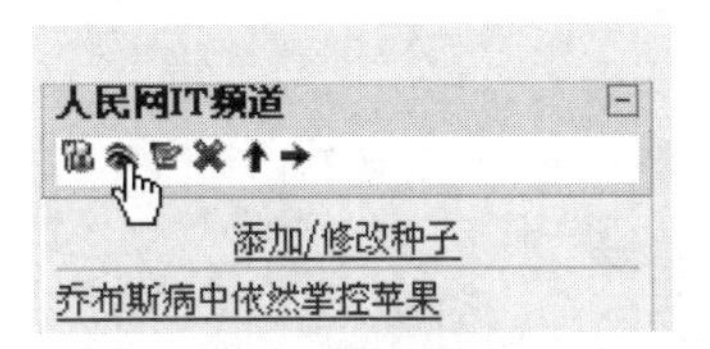

图 2-50　隐藏栏目

（30）现在，我们来添加“天气预报”栏目。单击“版块”中的“HTML”，如图 2-51 所示。

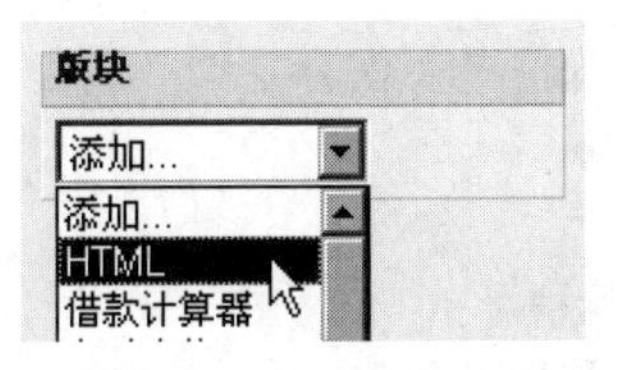

图 2-51　单击“版块”中的“HTML”

（31）再单击“设置”图标，如图 2-52 所示。

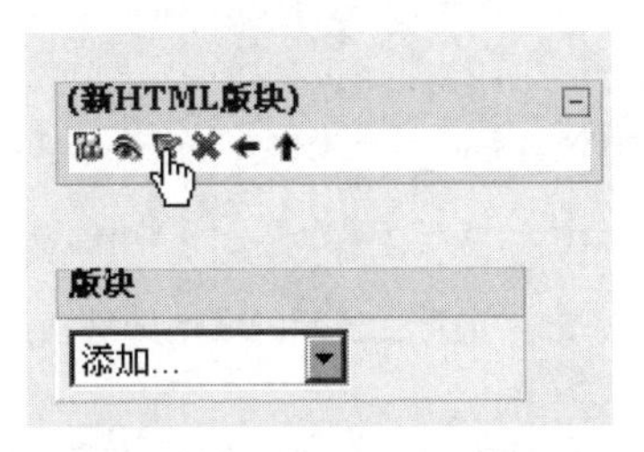

图 2-52　单击“设置”图标

（32）在“配置版块 HTML”页面中，先在“版块标题文本框”输入“天气预报”，再单击“切换到 HTML 代码模式”图标，如图 2-53 所示。

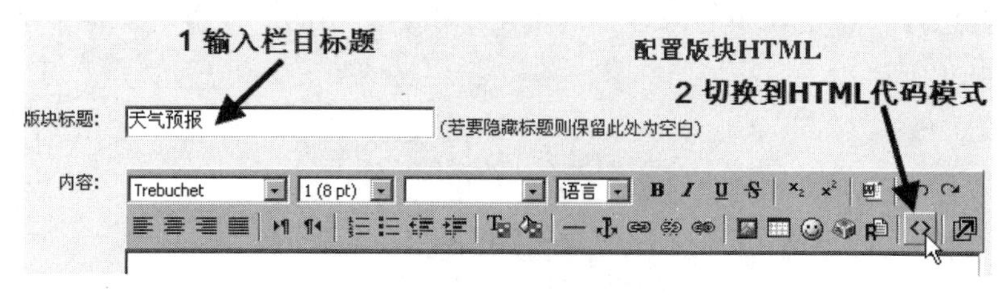

图 2-53　切换到 HTML 代码模式

（33）在 HTML 版块的内容文体区域中填入天气代码，如图 2-54 所示。

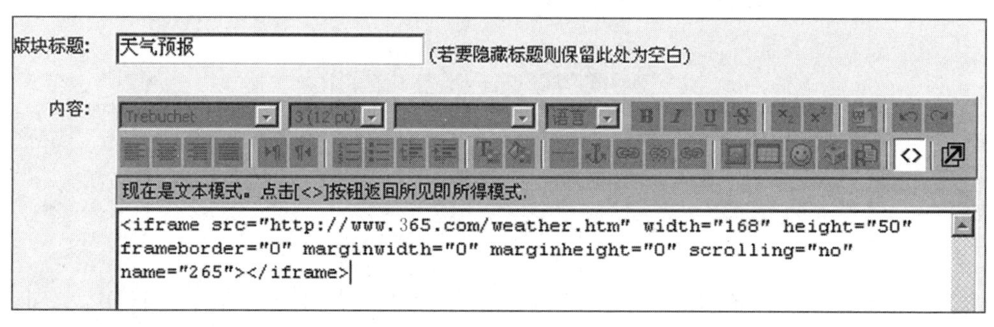

图 2-54　在 HTML 文本区域中填入天气代码

（34）单击图 2-54 所示页面底端“保存更改”按钮，在主页上就可以看见本地的天气预报，如图 2-55 所示。

图 2-55　主页上显示的本地天气预报

（35）利用 HTML 版块，还可以加入时钟、搜索等功能，大家上网找找代码，复制到此版块中就可以。另外，其他版块的配置方法都与上述方法类似。退出 admin 用户的登录，就以可看到网站的配置效果，如图 2-56 所示。

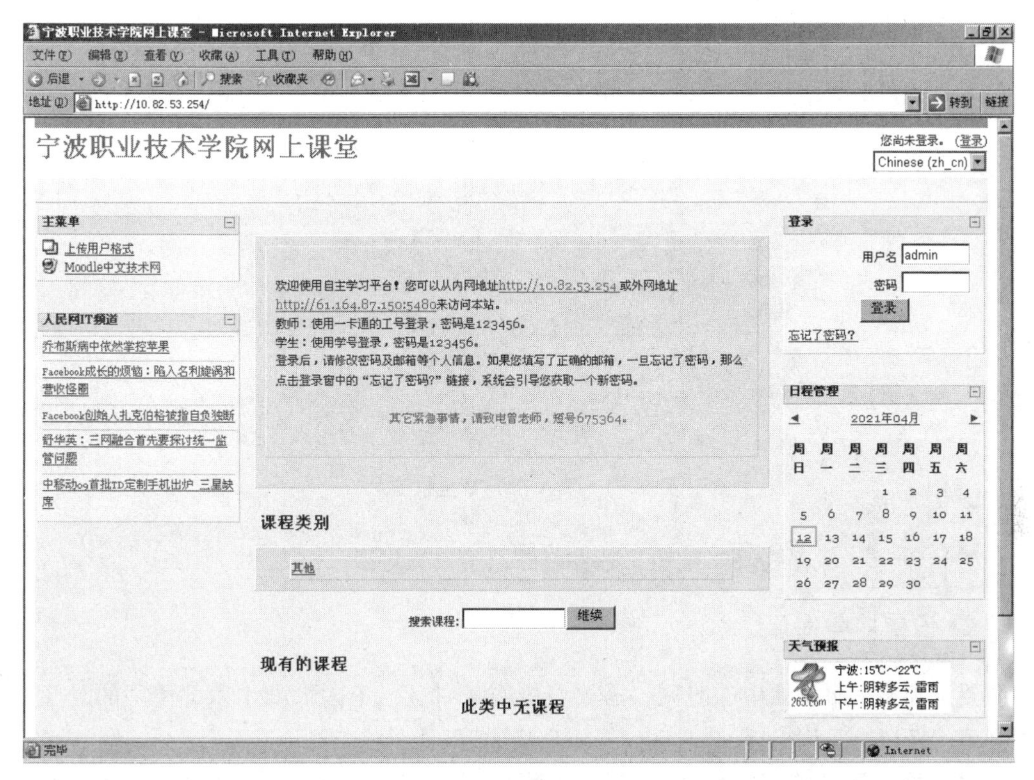

图 2-56　网站主页效果

3. 设置邮件服务器

Moodle 系统具有邮件发送的功能，比如，用户忘记了密码，Moodle 系统会通过发送邮件的方式引导用户获得一个新密码；当网站的帖子有新的回复时，Moodle 系统也会发送通知邮件到电子邮箱。为了正确运行发送邮件的功能，必须设置好邮件服务器。具体步骤如下。

（1）申请一个电子邮箱作为 SMTP 主机。QQ 电子邮箱免费支持 SMTP 转发，比较好用。这里以 zjnuken@ 126. com 电子邮箱为例。

（2）打开前面建设好的 Moodle 平台，用 admin 用户名登录 Moodle 系统后，在“网站管理”版块中，单击“服务器”→“邮件”菜单项，在“SMTP 主机”文本框输入“smtp. 126. com”，在“SMTP 用户名”文本框输入“zjnuken”；在“SMTP 密码”文本框中输入 zjnuken@ 126. com 电子邮箱的密码，其他地方保持不变，如图 2-57 所示。

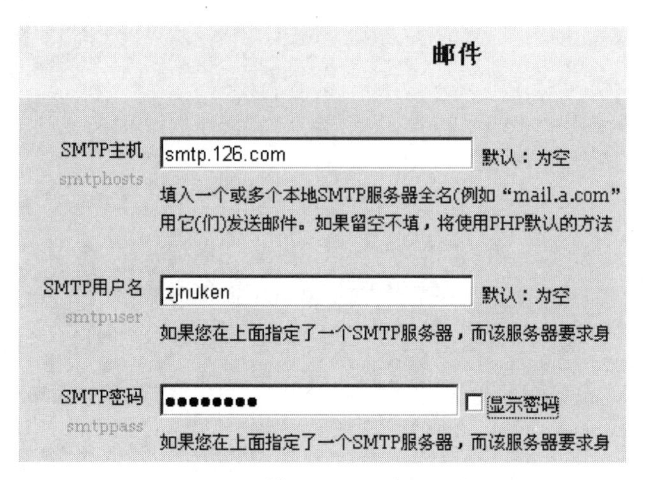

图 2-57　填入 SMTP 主机信息

（3）单击“保存更改”按钮，邮件服务器就设置好了。

4. 设置服务时区

要正确显示服务器中的时间，需要设置服务时区，中国大陆中东部使用的时区是东 8 区，所以，采用 UTC+8 时区。操作步骤如下：

（1）在“网站管理”版块中，单击“位置”→“位置设置”菜单，在“默认时区”下拉列表中选择 UTC+8；在“强制默认时区”下拉列表中选择 UTC+8；在“默认的国家/地区”下拉列表中选择“中国”，如图 2-58 所示。

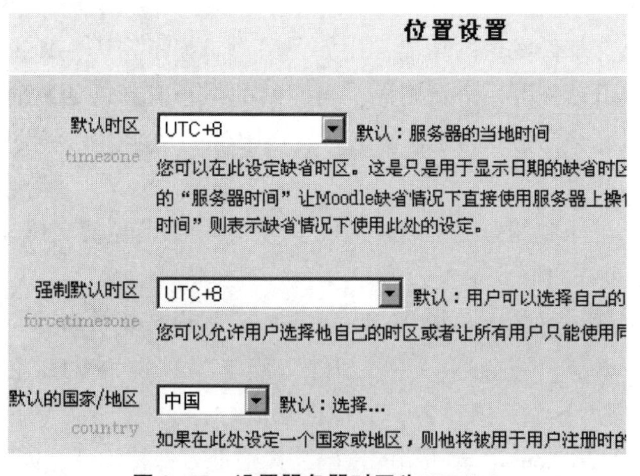

图 2-58　设置服务器时区为 UTC+8

（2）单击“保存更改”按钮，服务时区就设置好了。

5. Moodle 注册

如果 Moodle 具有一个固定的外网 IP 地址，那么最好对 Moodle 进行注册，这样便于网站的宣传，也能第一时间获得 Moodle 官方的重要邮件。Moodle 注册时，必须确保是使用外网访问 Moodle 网站，步骤如下。

（1）在“网站管理”版块中，单击“通告”菜单，可以看到页面右侧有一个“Moodle 注册”按钮，如图 2-59 所示。单击“Moodle 注册”按钮，弹出相关信息填写界面。

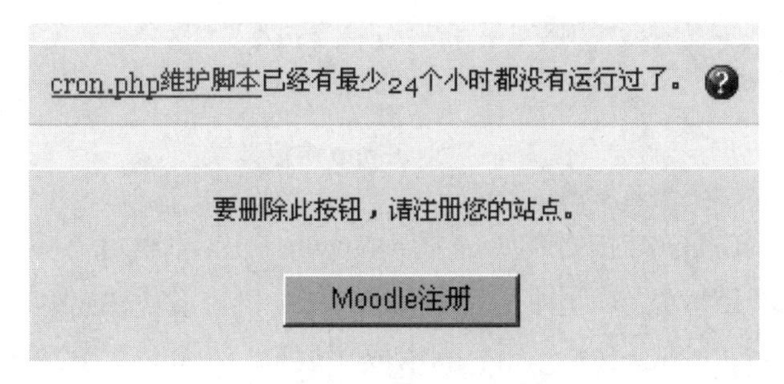

图 2-59　Moodle 注册

（2）填写好网站的相关信息后，单击“发送注册信息到 moodle. org”按钮，就注册成功了，如图 2-60 所示。注意，如果此时通过内网访问 Moodle，则不能注册成功。

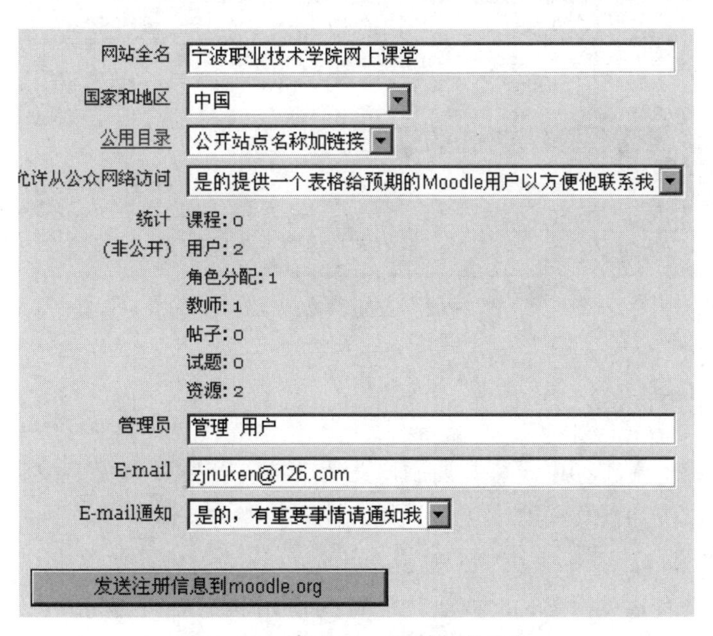

图 2-60　填写 Moodle 的相关信息

6. cron. php 维护脚本

Moodle 系统的运行状态数据需要定期去分析、统计，该功能写在 Moodle 网站的 cron. php 程序中，但这个程序不能自动运行，需要用户周期性地调用该程序。具体操作步骤如下。

（1）在“网站管理”版块，单击“通告”菜单，在页面右边可以看到类似“cron. php 维护脚本已经有最少 24 个小时都没有运行过了。”的信息，如图 2-61 所示。

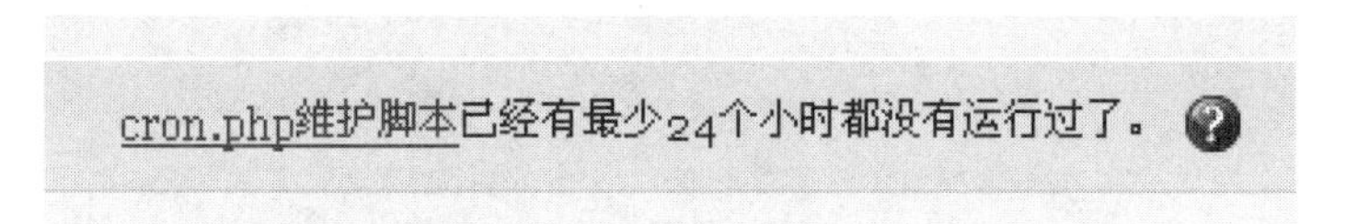

图 2-61　cron. php 维护脚本

（2）单击“cron. php 维护脚本”链接，Moodle 就自动运行 cron. php 程序了，这个过程有时比较长，会达到 5 分钟。运行完毕后，列出信息的倒数第二行会有一句“Cron script completed correctly”（Cron 脚本成功运行），如图 2-62 所示。

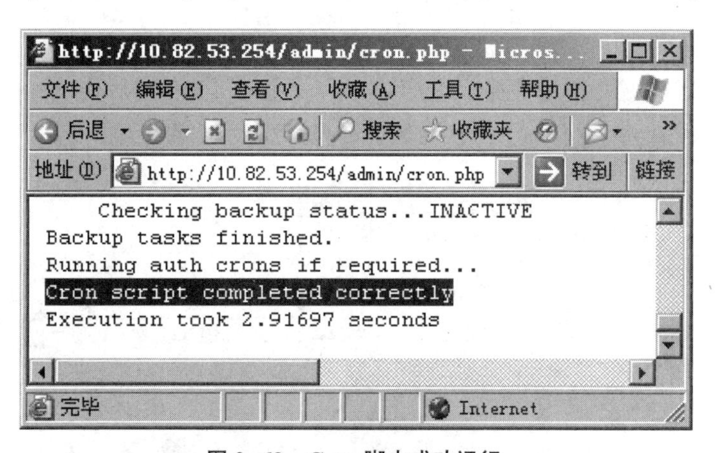

图 2-62　Cron 脚本成功运行

7. 设置用户注册

在默认情况下，Moodle 没有开通用户注册功能。若要开通用户注册功能，首先要确保 Moodle 系统能正常发送邮件。开通用户注册功能的具体步骤如下。

（1）在“网站管理”版块中，单击“用户”→“身份验证”→“管理授权”菜单项，再将页面右边的“Email 验证”设置为使用状态（即显示一个睁开眼睛的图标），如图 2-63 所示。

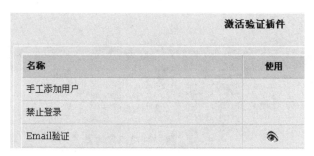

图 2-63　激活验证

（2）再在“自己注册”下拉列表中选择“Email 验证”选项，如图 2-64 所示。

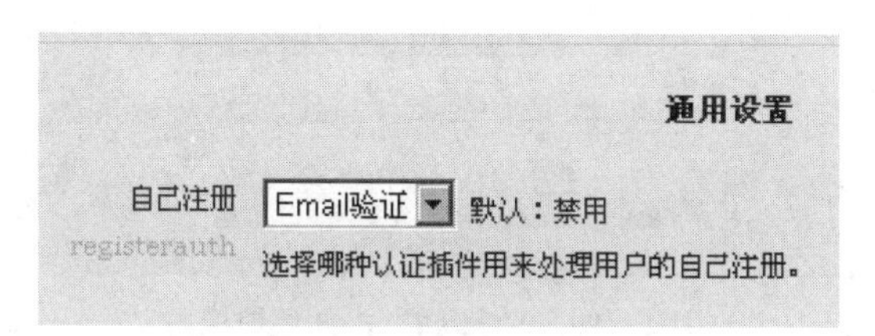

图 2-64　允许自己注册

（3）再单击“保存更改”按钮，就设置好了自己注册功能。

（4）现在，退出 admin 的登录，可以看见，在主页的“登录”中，就会出现“开始注册”按钮，访客就可以自己注册了。如图 2-65 所示。

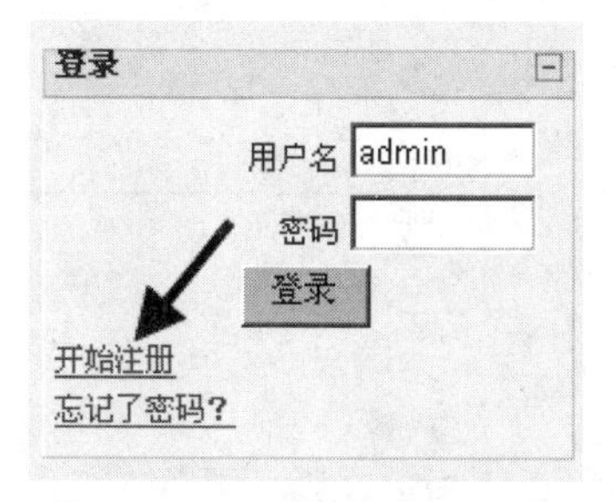

图 2-65　出现“开始注册”按钮

8. 上传用户账户

用户账户可以通过上传文本文件的方式加入 Moodle 系统中，不需要自己注册。上传用户账户的步骤如下。

（1）把要上传的用户账户写在一个文本文件 uploadusers. txt 里，按 username、password、firstname、lastname、email（用户名、密码、名，姓，电子邮箱）这几个字段的顺序，以 Tab 键隔开，如图 2-66 所示。这里特别提醒一点，username（用户名）字段一旦写入后，普通用户就不能再修改它了。另外，为了方便，username 一般填入工号或学号，firstname 一般写人的全名，而 lastname 则写作“教师”或“学生”，这样对中文用户比较合理。

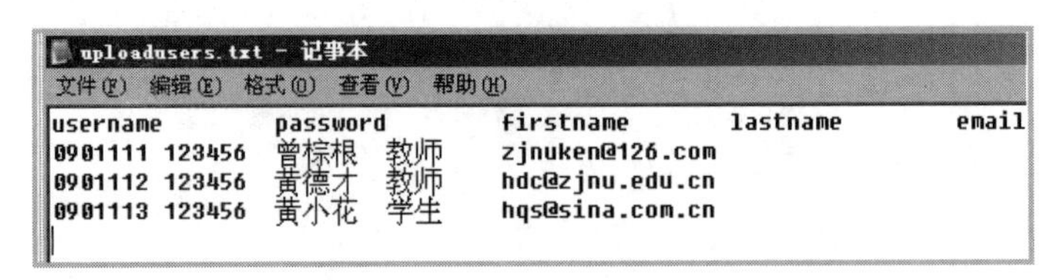

图 2-66　用户账户编写格式

（2）在文本文件中单击“文件”→“另存为”菜单项，在“编码”下拉列表中选择 UTF-8 选项，如图 2-67 所示。

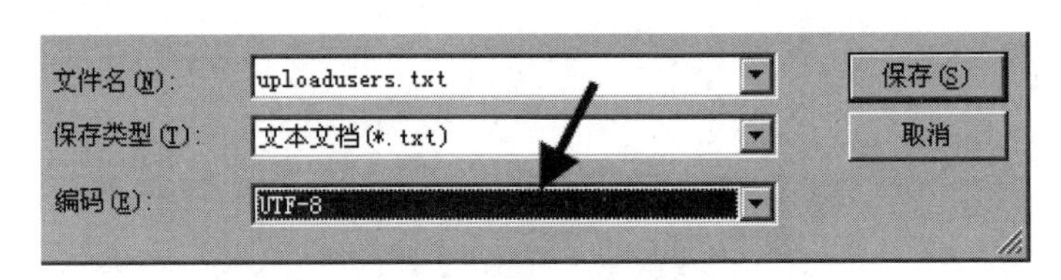

图 2-67　文件以 UTF-8 编码保存

（3）在“网站管理”版块中，单击“用户”→“帐户”→“上传用户”菜单项，在页面右边的文件中，选择刚刚编辑好的 C:\uploadusers.txt 文件，在“CSV 分隔符”下拉列表中选择“\t”（即 Tab 键），如图 2-68 所示。

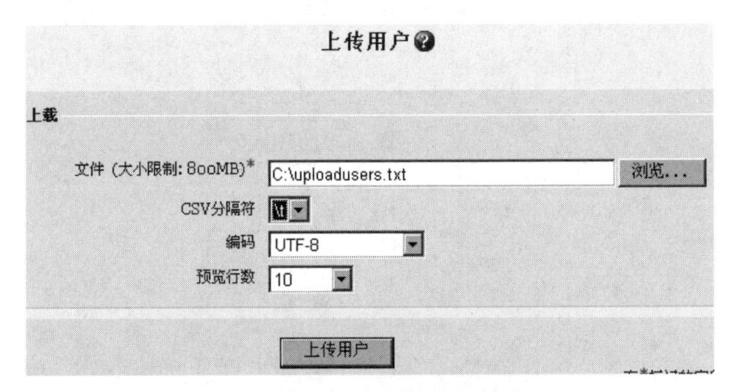

图 2-68　“上传用户”界面

（4）单击图 2-68 所示“上传用户”按钮，显示如图 2-69 所示“预览”页面。

预览

username	password	firstname	lastname	email
0901111	123456	曾棕根	教师	zjnuken@126.com
0901112	123456	黄德才	教师	hdc@zjnu.edu.cn
0901113	123456	黄小花	学生	hqs@sina.com.cn

预处理记录数：3

图 2-69　显示账户预览

(5) 单击“预览”页面底下的“上传用户”按钮，文本文件中的账户就创建到数据库中，如图 2-70 所示。

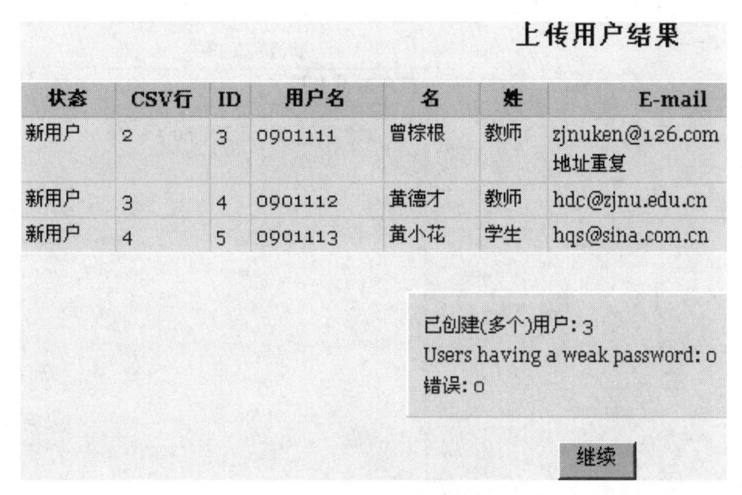

图 2-70　用户上传成功

9. 分配全局角色

接下来，给教师分配“课程创建者”的全局角色，这样，教师登录后就可以自行创建新课程。

操作步骤如下。

(1) 在“网站管理”版面中，单击“用户”→“权限”→“分配全局角色”菜单项，再单击页面右边的“课程创建者”链接，如图 2-71 所示。

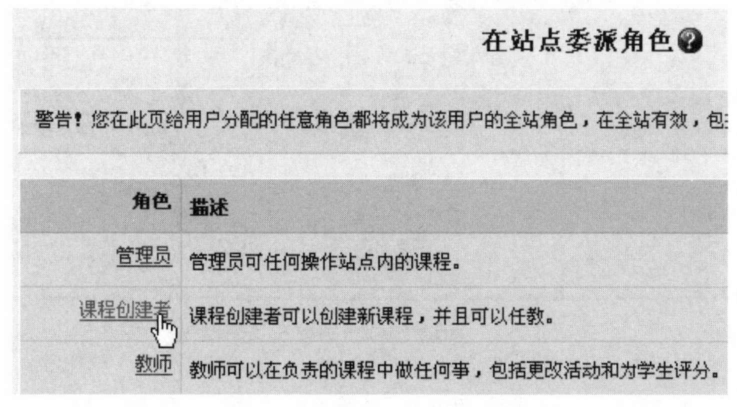

图 2-71　“课程创建者”链接

（2）在搜索文本框中输入“教师”，并单击“搜索”按钮，结果如图 2-72 所示。

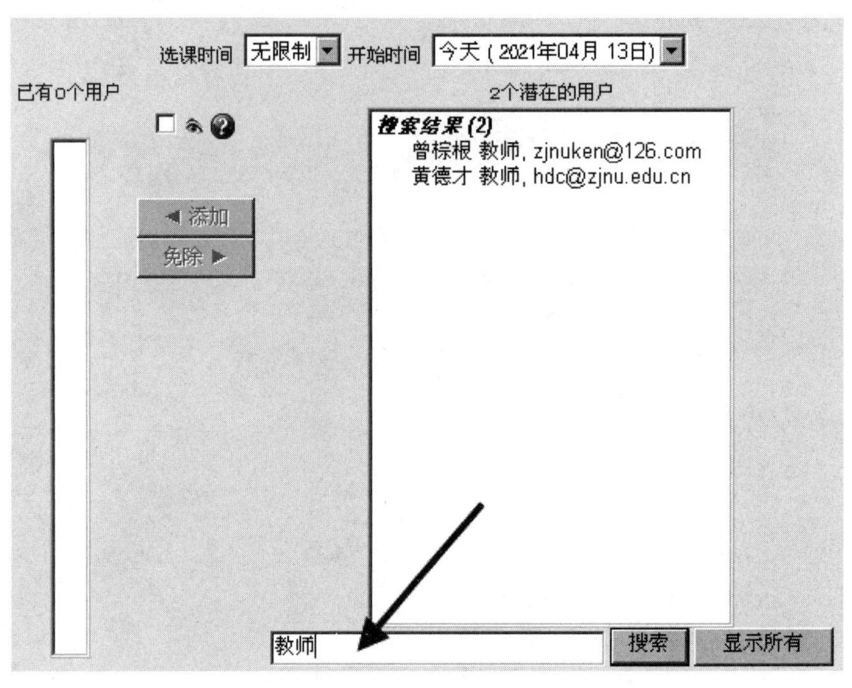

图 2-72　搜索教师

（3）把教师都添加到左边的框中，这样，他们就具备了“课程创建者”的全局权限，如图 2-73 所示。

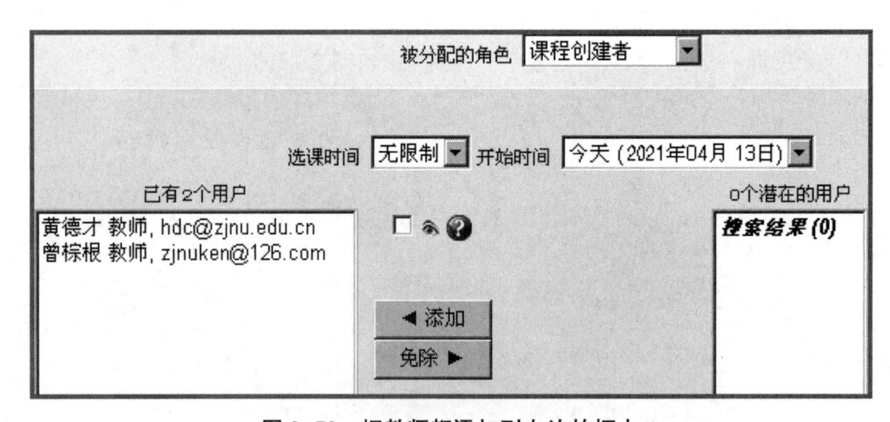

图 2-73　把教师都添加到左边的框中

10. 添加/修改课程

Moodle 系统管理的课程很多，最好对课程进行分类，这就得建立课程的类别。建立课程的类别方法很简单，在“网站管理”版块中，单击“课程”→“添加/修改课程”，即可通过页面右边“添加新类别”按钮建立课程类别，如图 2-74 所示。

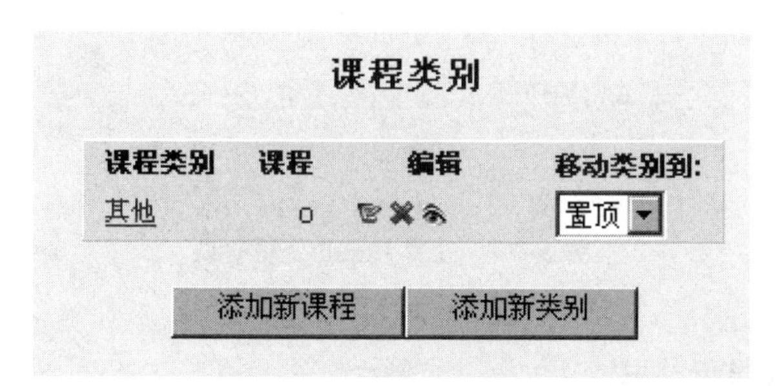

图 2-74　添加课程类别

注意，一般情况下，admin 超级用户不会去“添加新课程”，而由具有“课程创建者”权力的教师去创建课程，或者由用户申请创建课程。

11. 设置密码规则

在 Moodle 系统中可以自由设置密码规则。单击“首页”→“网站管理”→“安全相关”→“网站策略”，即可设置密码规则，如图 2-75 所示。

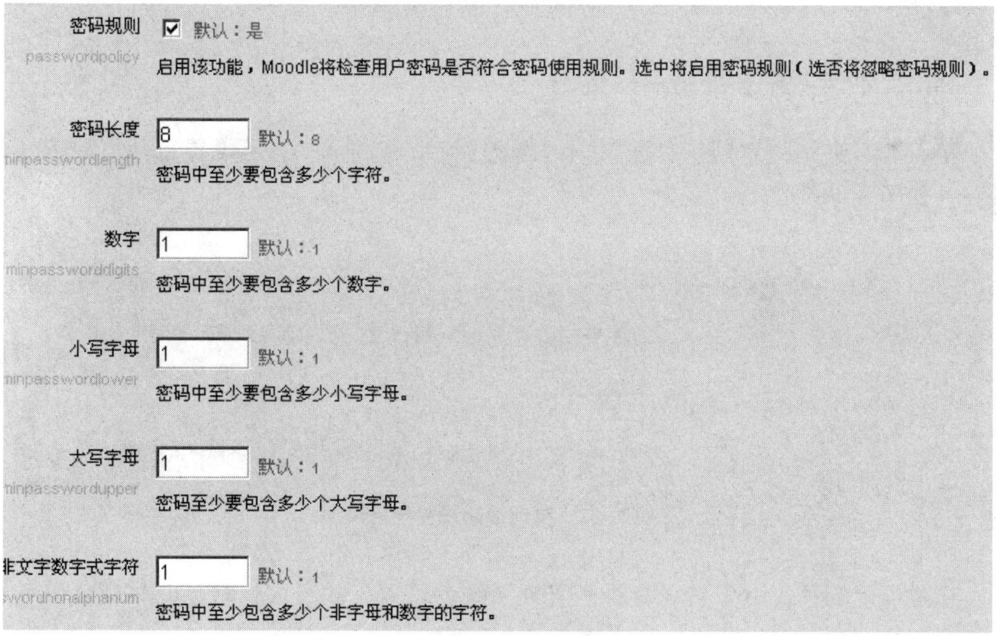

密码规则　默认：是
passwordpolicy
启用该功能，Moodle将检查用户密码是否符合密码使用规则。选中将启用密码规则（选否将忽略密码规则）。

密码长度　8　默认：8
minpasswordlength
密码中至少要包含多少个字符。

数字　1　默认：1
minpassworddigits
密码中至少要包含多少个数字。

小写字母　1　默认：1
minpasswordlower
密码中至少要包含多少小写字母。

大写字母　1　默认：1
minpasswordupper
密码至少要包含多少个大写字母。

非文字数字式字符　1　默认：1
swordnonalphanum
密码中至少包含多少个非字母和数字的字符。

图 2-75　设置密码规则

12. 设置 Email 变更确认

单击“首页”→“网站管理”→“安全相关”→“网站策略”，还可以设置 Email 变更时是否要确认，如图 2-76 所示。

图 2-76　设置 Email 变更确认

13. 设置姓名显示格式

单击“首页”→“网站管理”→“安全相关”→“网站策略”，还可以设置网站姓名显示格式，英语中 firstname 就是指名字，而 lastname 就是指姓氏。我们一般设置全名格式为“姓 + 名”的格式，如图 2-77 所示。

图 2-77　全名格式设置

14. 自动清除未登录用户设置

单击“首页”→“网站管理”→“服务器”→“清除”，可设置自动清除未登录用户，如图 2-78 所示。

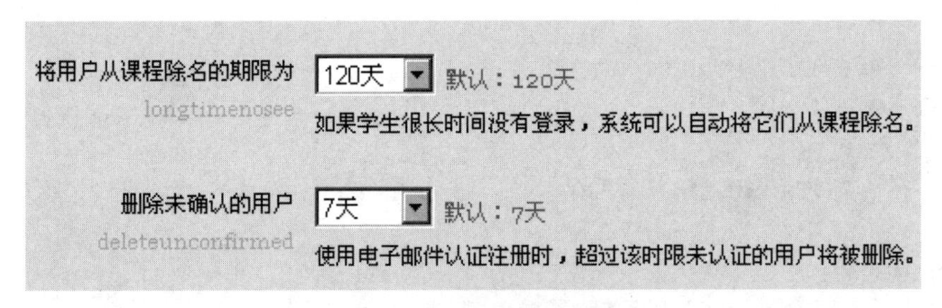

图 2-78　自动清除未登录用户

通过以上配置，一个 Moodle 课程管理系统就可以正式投入运行了。教师可以登录该系统创建课程，学生则可以登录该系统选修课程。

由于 Moodle 是一个开源的 LAMP 架构的软件，大家还可以结合自身的应用情况，利用前面学到的 PHP 开发技术对 Moodle 进行二次开发，也可以通过分析 Moodle 代码的方式，学习更多、更深的 PHP 开发技术。

2.3　教师如何创建课程

Moodle 平台是以“课程”形式管理课题、文档和网络课程的，所以任何一个独立的项目，都需创建一门“课程”。创建课程具体步骤如下。

（1）单击网站左下方的“添加/修改课程”链接，如图 2-79 所示。

图 2-79　“添加/修改课程”链接

（2）在网页最底部，单击“添加新课程”按钮，如图 2-80 所示。

图 2-80　“添加新课程”按钮

（3）进入如图 2-81 所示“编辑课程设定”界面。大家可参照图 2-81 中“PHP 程序设计”课程的参数进行设定。注意，格式一般选“星期格式”。

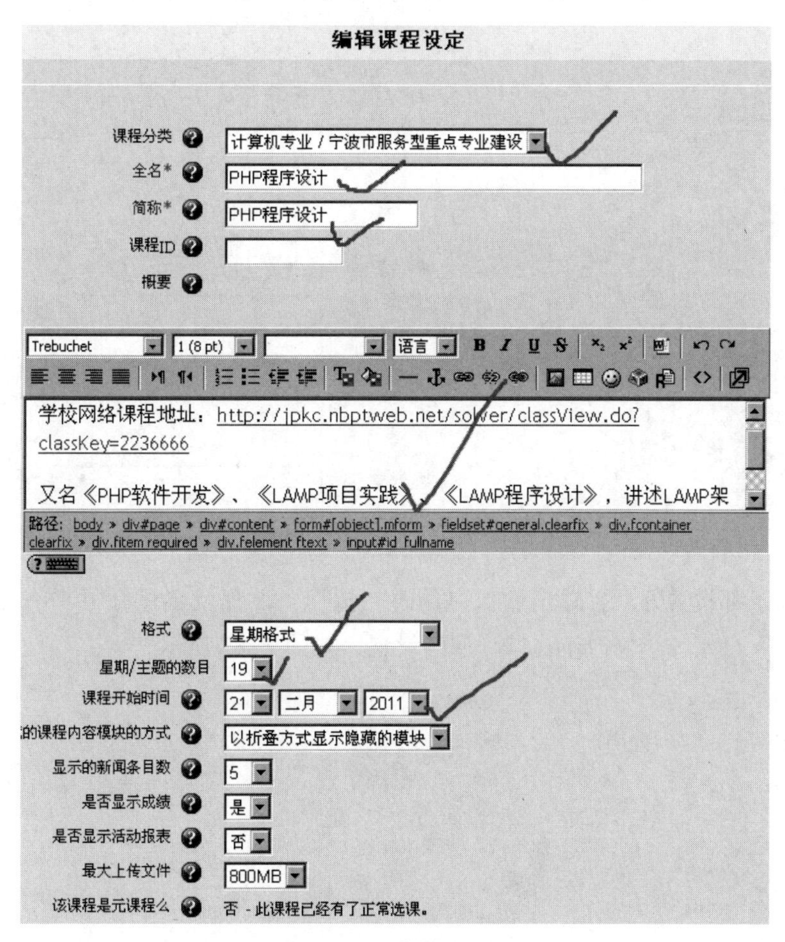

图 2-81　编辑课程设定

（4）再设置其他选项。可参照图 2-82 所示参数，对课程其他选项进行设置。选项中的“访客”是指没有登录本系统的网上浏览用户，即游客。

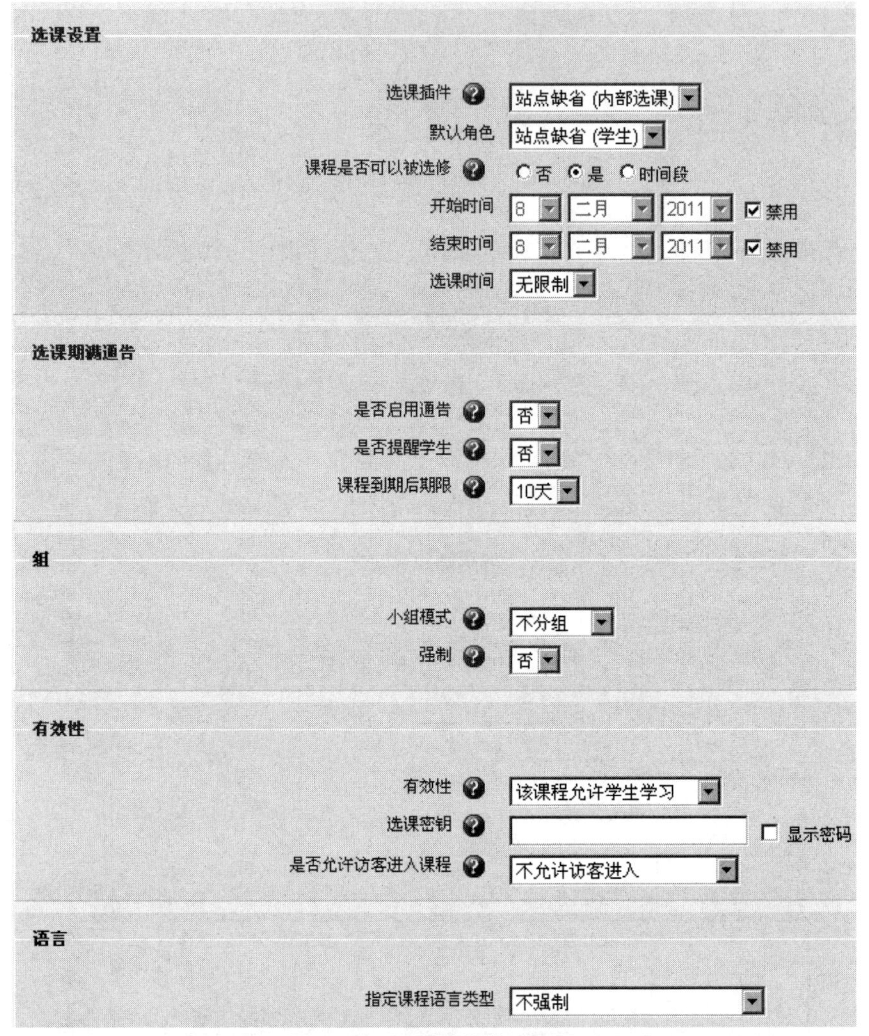

图 2-82　课程的其他设置项

（5）以上都设置好后，单击“保存更改”按钮，课程就创建好了。单击网页左下方的“设置”链接，可修改上述课程属性设置，如图 2-83 所示。

图 2-83　“设置”链接

（6）接下来就可以对课程进行编辑，把资源和活动加进去，丰富课程内容。单击“打开编辑功能”链接，即可对课程进行编辑，如图 2-84 所示。

图 2-84　“打开编辑功能”链接

（7）添加资源。资源有好多种，如图 2-85 所示，包括添加标题、上传文件等。如果要上传一个文件，那么就选择“链接到文件或站点”。文件上传后，主文件名会被修改为 Unix 时间戳，即从 1970 年 1 月 1 日 0 时 0 分 0 秒到上传时刻所经历的秒数。文件上传成功后也可以修改文件名，切记：文件或文件夹的名称不能包含汉字，只能为数字或英文字母。

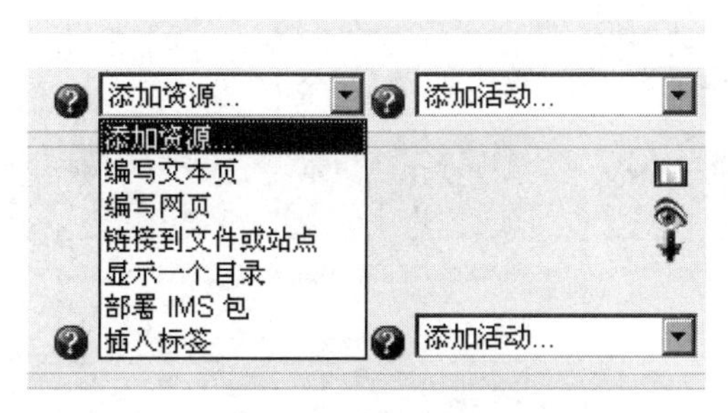

图 2-85　添加资源

（8）添加活动。所谓活动，可理解为有交互性质的项目，如作业、考试、讨论等。活动有好多种，如图 2-86 所示，Moodle 平台能实现大部分先进的教育技术理念。Moodle 平台还具有大量实用的第三方插件，大家可根据需要选用。

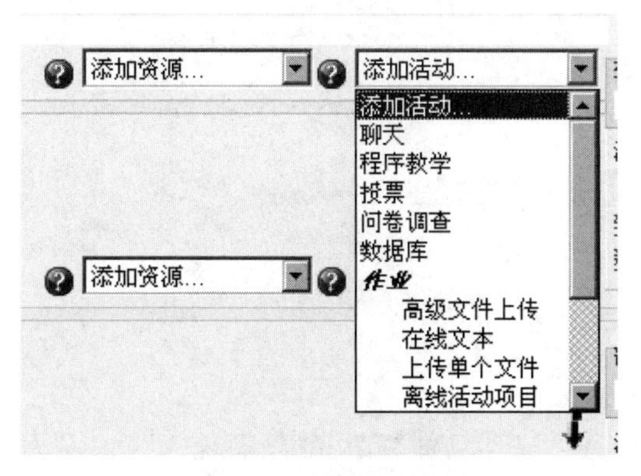

图 2-86　添加活动

（9）条目控制图标→ ✎ ✖ 👁。→是指条目移到右边；✎是指编辑这个条目；✖是指删除这个条目；是指隐藏这个条目（学生看不到，如果需要让学生看到，再单击它就行）。

（10）版块控制图标。是指显示/隐藏这一版块；是指编辑这一版块；是指删除这一版块；是指移动这一版块的位置到网页左边；是指将本版块与上面版块交换位置；是指将本版块与下面版块交换位置。

（11）加上资源和活动后，课程内容就丰富了。单击“关掉编辑功能”链接（如图 2-87 所示），关掉编辑功能后，就可以看到实际效果。

图 2-87　“关掉编辑功能”链接

（12）关掉编辑功能后的实际效果如图 2-88 所示。

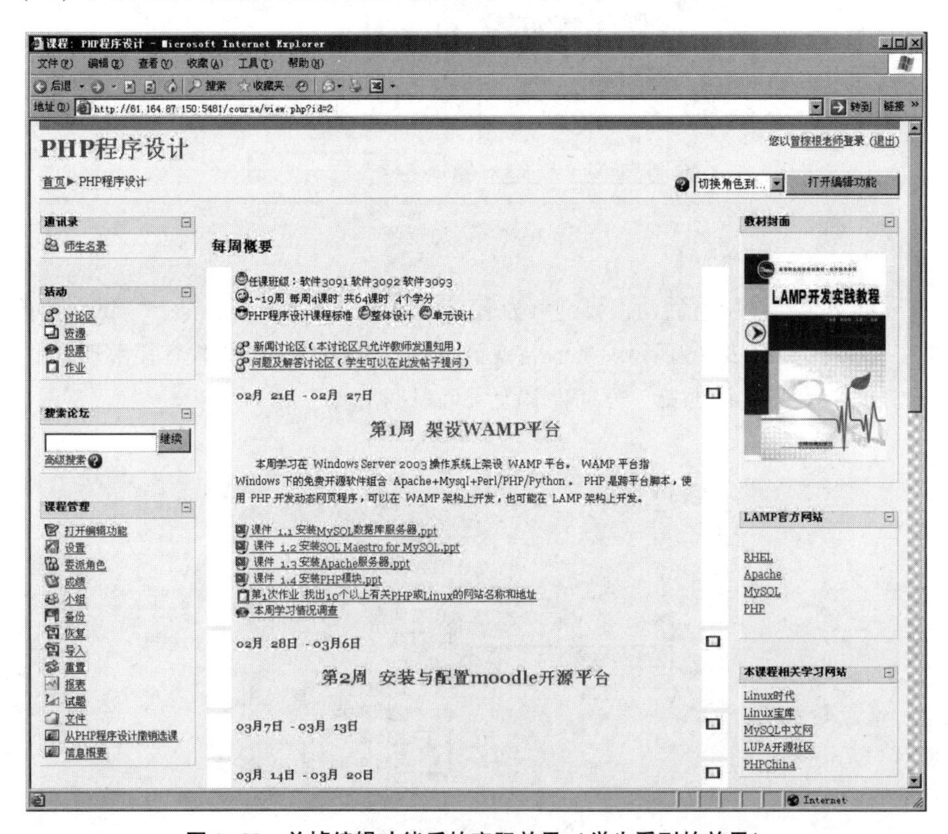

图 2-88　关掉编辑功能后的实际效果（学生看到的效果）

另外：

在“课程格式设置”界面，可以选择合适的课程格式。如图 2-89 所示。

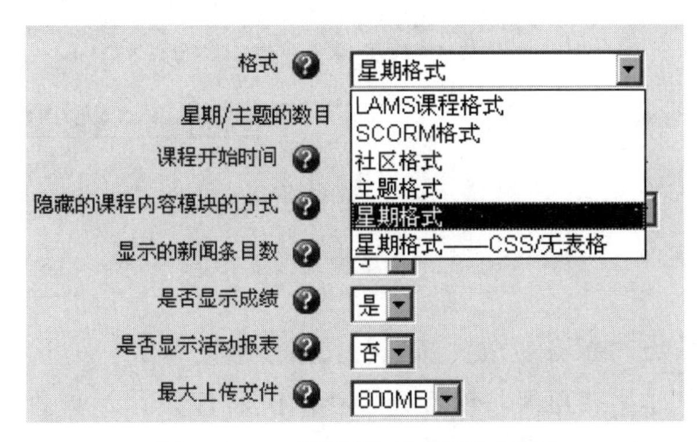

图 2-89　“课程格式设置”界面

如果不愿意不相关的人看到课程，也可以在课程设置里设置访问密码，如图 2-90 所示。

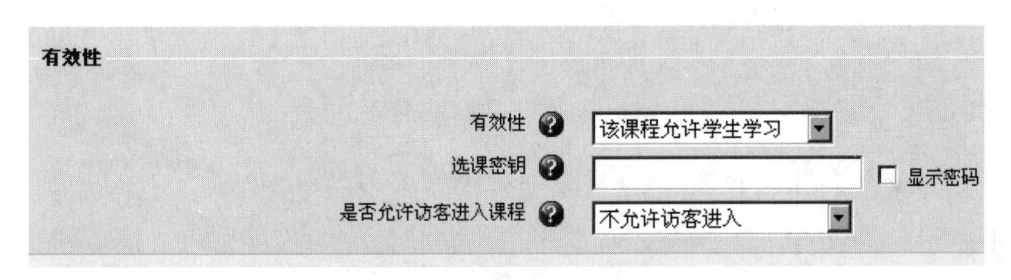

图 2-90　设置访问课程的密码

2.4　如何按班级把学生拉入到课程中

为了便于管理，可以一次性把学生按班级加入某一门课程中。以“PHP 程序设计”课程为例，本学期有三个班的学生学这门课程：软件 3091 班、软件 3092 班和软件 3093 班。具体操作方法如下。

（1）单击“设置”链接，进入课程设置。

（2）设置选课密钥，不允许未开此课程的班级的学生加入课程，如图 2-91 所示。

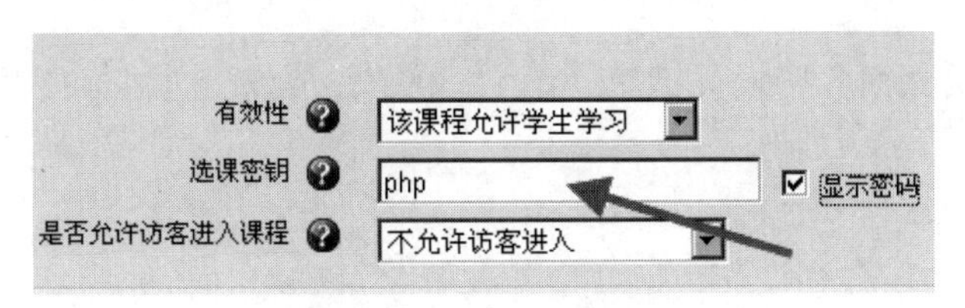

图 2-91　设置选课密钥

如果有未开此课程的班级的学生想加入这门课，则会出现如图 2-92 所示信息。

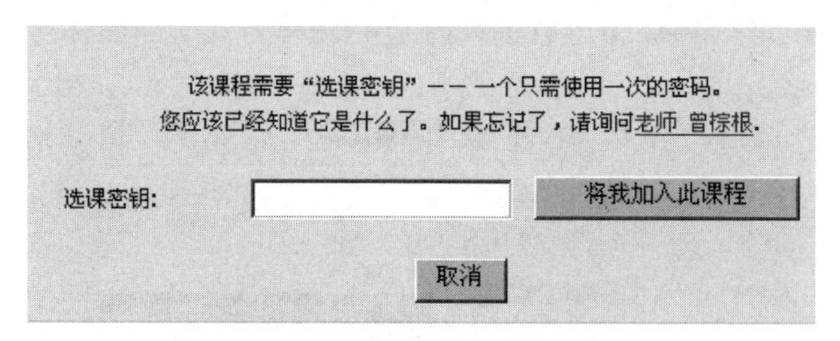

图 2-92　需要输入选课密钥

（3）单击页面下方“保存更改”按钮，设置生效。

（4）现在我们把学生按班级一次性拉入“PHP 程序设计”课程中。单击“委派角色”链接，如图 2-93 所示。

图 2-93　“委派角色”链接

（5）单击“学生”链接，委派学生角色，如图 2-94 所示。

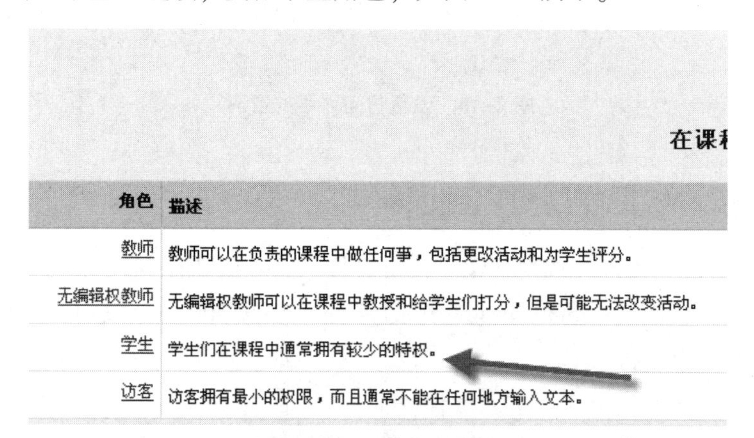

图 2-94　“学生”链接

（6）在出现的页面中搜索关键字“软件 3091”，出现软件 3091 班所有学生名单，如图 2-95 所示。

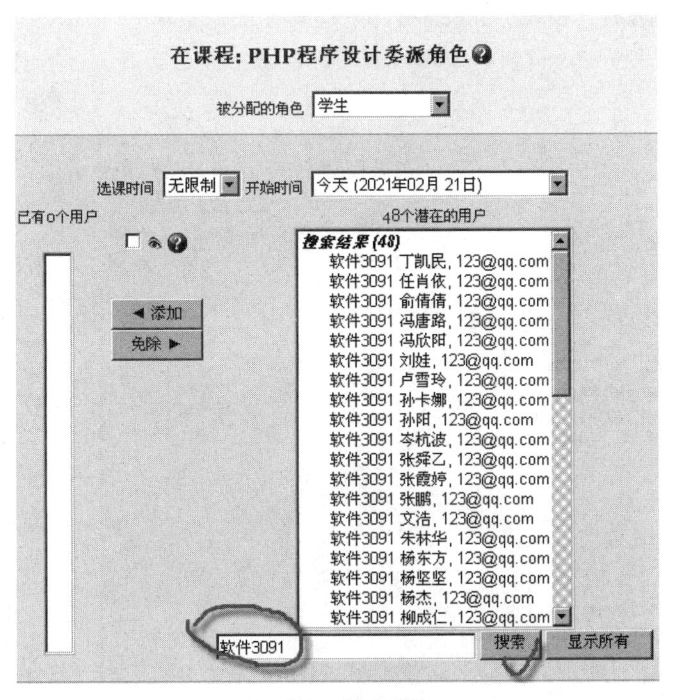

图 2-95　搜索学生

（7）把软件 3091 班所有学生都选定，如图 2-96 所示。

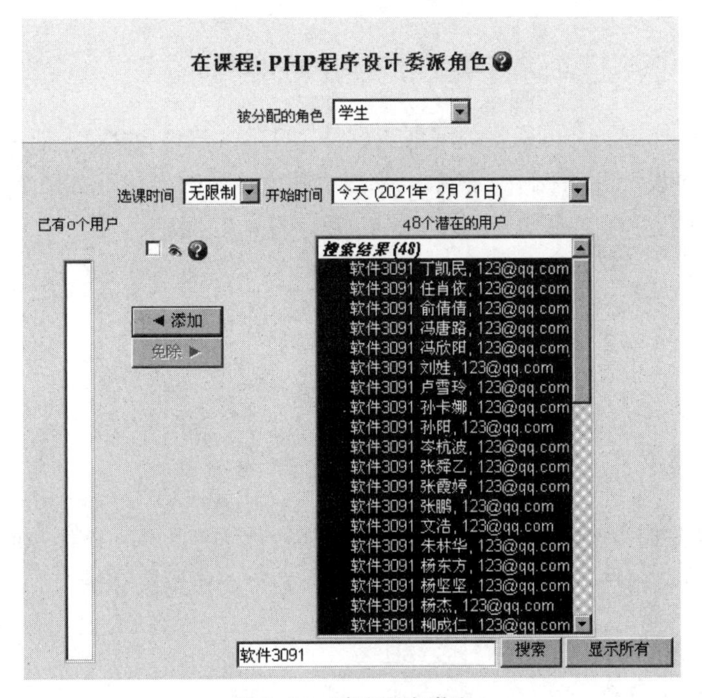

图 2-96　选定所有学生

（8）单击“添加”按钮，就把软件 3091 班学生都拉到“PHP 程序设计”课堂里去了，如图 2-97 所示。

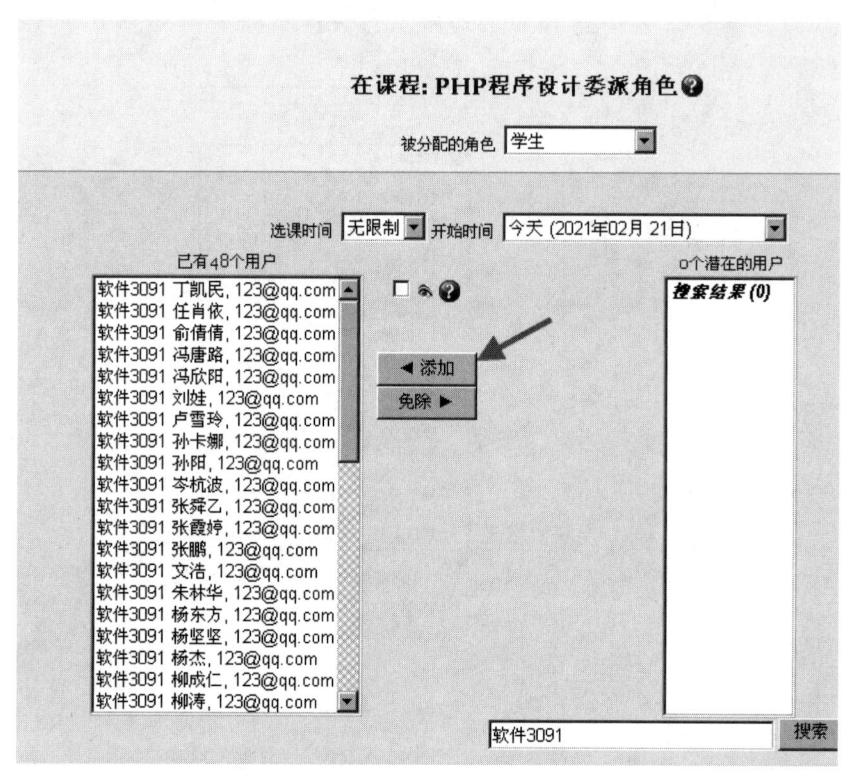

图 2-97　添加学生到组中

（9）使用同样方法，再搜索关键字“软件 3092”“软件 3093”，把这两个班学生也拉入“PHP 程序设计”课程中。然后，单击“师生名录”链接（如图 2-98 所示），便可以看到这三个班学生名单均已加入“PHP 程序设计”课程。

图 2-98　“师生名录”链接

为了便于管理，接下来将这三个班分为“软件 3091”“软件 3092”和“软件 3093”三个组。分组后，像交作业这样的任务，系统会按组区分。

2.5　一门课程中如何将学生分组

一门课程中，可以把一个班级的学生分成若干小组，也可以把不同班级的学生按班级分组。

下面以“PHP 程序设计”课程为例，介绍如何将学习该课程的学生按班级分组。“PHP 程序设计”课程共有三个班：软件 3091、软件 3092 和软件 3093。

具体操作步骤如下。

（1）进入“PHP 程序设计”课程。

（2）单击网页左下方的“设置”链接。

（3）进入编辑课程设定页面，在“小组模式”下拉列表中选择“分隔小组”，在“强制”下拉列表中选择“是”，如图 2-99 所示。

图 2-99　设置分隔小组

（4）单击“保存更改”按钮，回到课程。再单击网页左下方的“小组”链接，如图2-100 所示。

图 2-100　“小组”链接

（5）单击“创建小组”按钮，如图 2-101 所示。

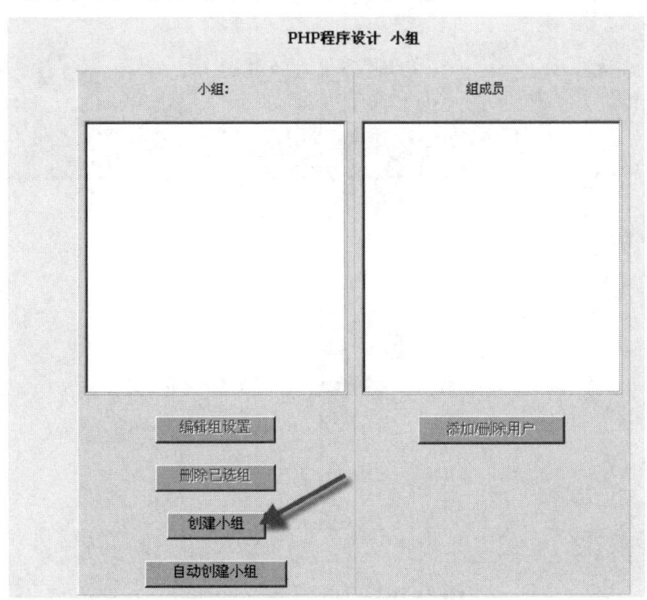

图 2-101　“创建小组”按钮

（6）在“组名”文本框中输入“软件 3091”，设置好选课密钥等属性，如图 2-102 所示。单击“保存更改”按钮，组“软件 3091”就创建成功。

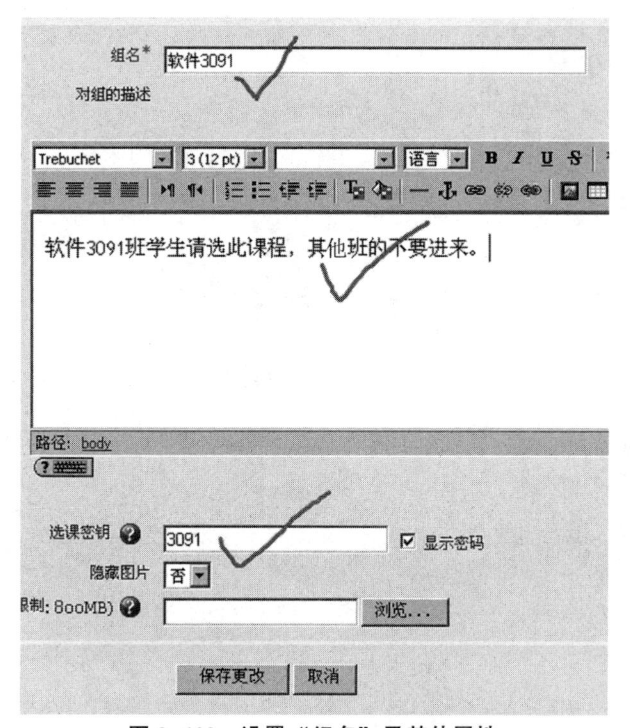

图 2-102　设置“组名”及其他属性

（7）按上述方法继续创建“软件 3092”和“软件 3093”两个组，如图 2-103 所示。

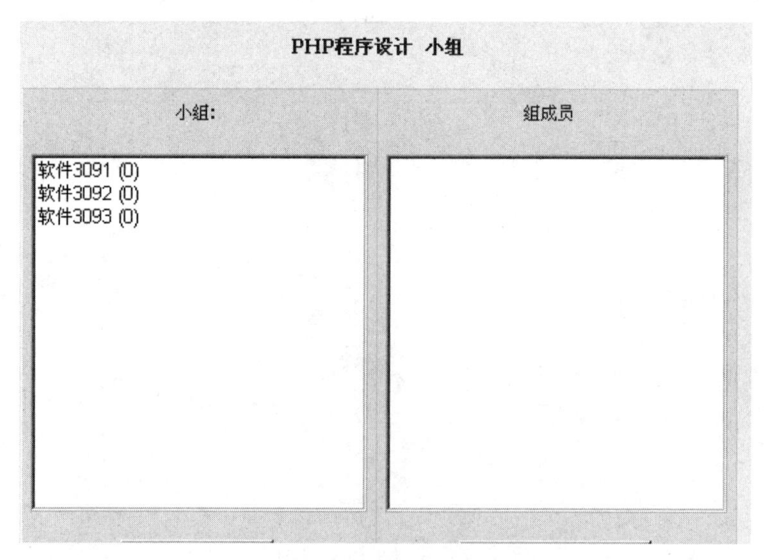

图 2-103　创建了三个小组

（8）现在把学生拉入相应的组中。如图 2-104 所示，单击“软件 3091（0）”，再单击“添加/删除用户”按钮。

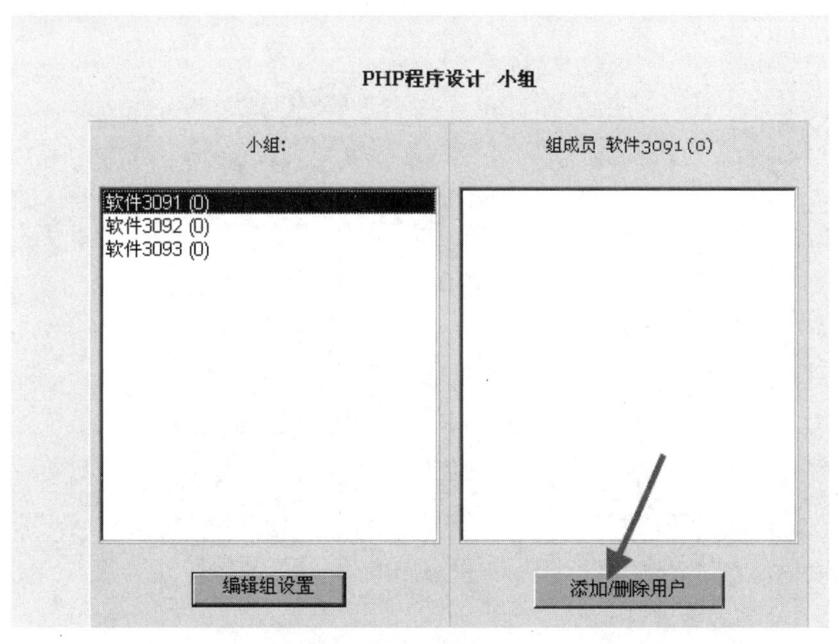

图 2-104　添加组成员

（9）进入如图 2-105 所示界面，右侧的候选成员表中列出了“PHP 程序设计”课程中的所有成员。在“搜索”文本框中输入关键字“软件 3091”，单击搜索按钮。

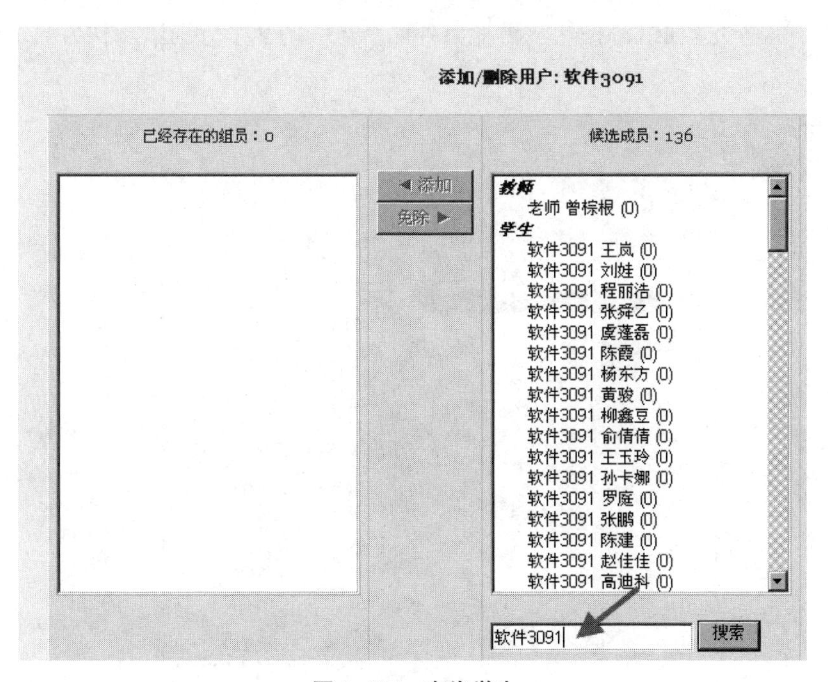

图 2-105　查找学生

（10）搜索到软件 3091 班的所有学生名单后，再单击“添加”按钮，便把“PHP 程序设计”课程中软件 3091 班的所有学生加入了“软件 3091”组中，如图 2-106 所示。

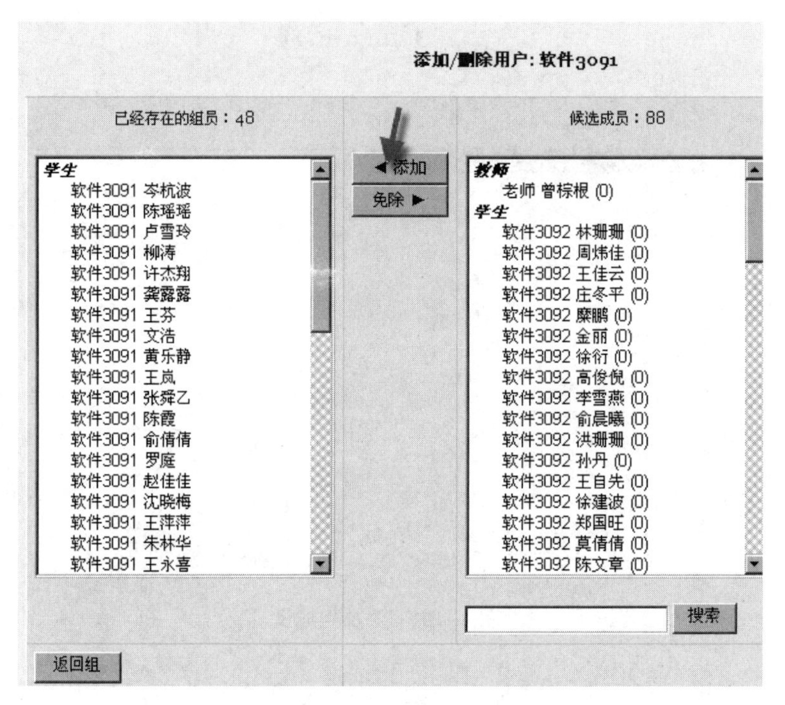

图 2-106　添加学生到组中

（11）单击“返回组”按钮，再把另外两个班级的学生分别添加到另两个组中，如图 2-107 所示。

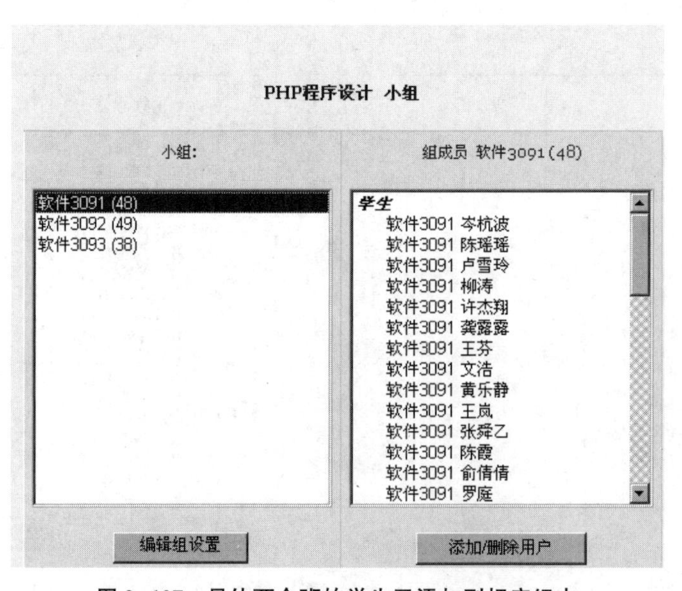

图 2-107　另外两个班的学生已添加到相应组中

（12）这样，组就分好了。在师生名录中，可以看到分组的情况，如图 2-108 所示。

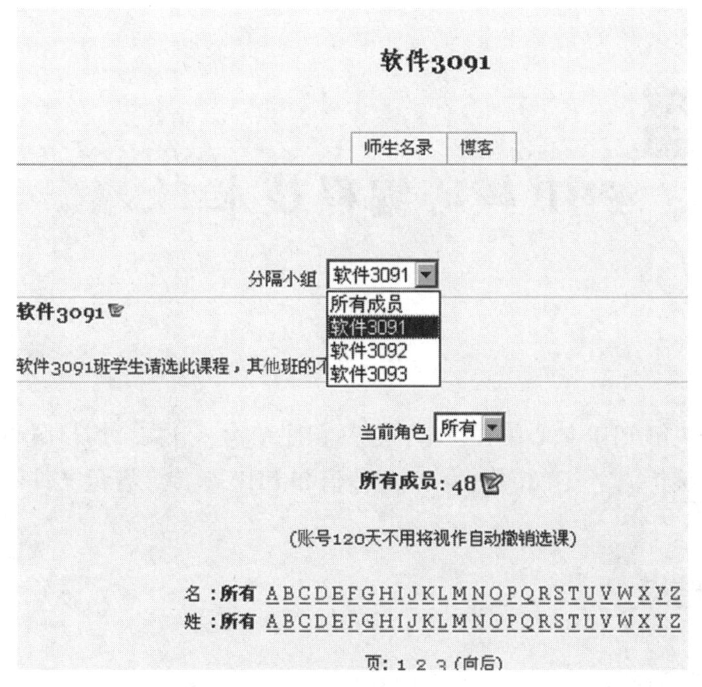

图 2-108　查询分隔小组

至此，Moodle 网络课程平台就可以使用了。

第3章

PHP 核心编程技术

本章详细讲解 PHP 核心编程技术，包括顺序结构、分支结构与循环结构、PHP 读写文件、超链接传值、表单传值、session 传值和 PHP 上传大容量文件等方面的程序设计技术。

3.1 顺序结构

3.1.1 背景知识

PHP 语法风格与 C 语言类似，可以进行面向过程的程序设计，完成顺序结构程序设计、分支结构程序设计和循环结构程序设计；此外，PHP 语言又类似于 Java 语言，具备面向对象程序设计能力。

PHP 语法风格虽然类似 C 语言，但二者也有区别：

（1）PHP 变量不定义也可以直接使用，C 语言变量要先定义再使用；

（2）PHP 变量前有一个 $ 符号；

（3）PHP 字符串可以使用【" 】或【' 】界定。双引号内能识别 $ 变量，单引号内无法识别。PHP 字符串连接用【.】号，不要用【+】号。

（4）PHP 回车符用【
】，不要用【\n】。

（5）PHP 向浏览器输出可以采用【echo】命令或【printf】函数。

（6）PHP 语句结束后要加【;】号。

（7）PHP 中终止进程往下执行，使用【die（""）;】语句即可。

（8）PHP 的 if、for 和 while 语法与 C 语言完全一样。

（9）PHP 脚本插在 HTML 代码中，以【<? php】开始，以【? >】结束，并且这两个标记都要单独写在该行的最左边位置上。

（10）PHP 程序的编写与保存方式，无论是使用 Sublime Text 还是记事本编写 PHP 代码，保存时都要选择 utf-8 编码，文件命名为【* .php】。

（11）PHP 是向客户端浏览器输出 HTML 标记，向服务器端存取数据库及文件。

3.1.2 编程范例

范例 1：输出变量值。

```
<? php
  //使用三个变量：$ a 和$ b 是数值型；$ c 是字符串类型。
  $ a=10;
  $ b=20;
  $ c="Hello, world! ";
  //双引号界定，能区分变量
  echo "变量值：$ a<br>";
  //单引号界定字符
  echo '变量值：$ a<br>';
  //printf 函数带参数输出
  printf ('$ a=% d  $ b=% d $ c=% s<br>', $ a, $ b, $ c) ;
? >
```

范例 1 的运行结果如图 3-1 所示。

图 3-1　范例 1 运行结果

范例 2：区分字符串连接符与加号。

```
<? php
  $ a=10;
  $ A=20;
  echo $ a+$ A. $ a. $ A. "<br>";
  echo "$ a+$ A. $ a. $ A. <br>";
  echo '  $ a+$ A. $ a. $ A. <br>'  ;
  //显示当前时间
  echo "当前时间：". date ("m-d-Y H: i: s") . "<br>";
  //显示 Unix 时间戳，即
  echo "Unix 时间戳：". time () . '  <br>'  ;
? >
```

范例 2 的运行结果如图 3-2 所示。

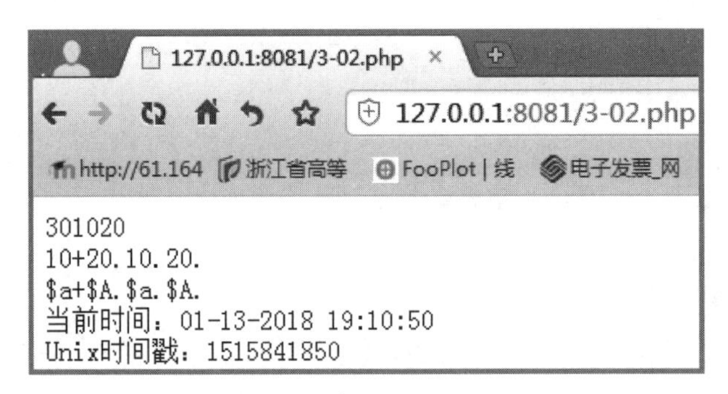

图 3-2　范例 2 运行结果

范例 2 中，time( ) 函数返回的是 Unix 时间戳，即自 1970 年 1 月 1 日 0 时 0 点 0 分到该函数调用时所经历的时间总秒数，它是一个时间尺度。

3.2　分支结构与循环结构

3.2.1　背景知识

PHP 分支结构采用 if 语句，循环结构采用 for 语句和 while 语句，其语法特点都与 C 语言完全相同。在编写分支结构和循环结构时，还必须清楚 PHP 中算术运算、关系运算和逻辑运算三种运算的性质。

（1）算术运算：算术运算的运算符号为+　-　*　/（与 C 语言的除不同，PHP 中两个整数相除会保留小数。如 echo 5/3；打印结果为 1.6666666666667），%表示取余（如 echo 5%3；结果为 2）。

（2）关系运算：即比较运算，结果总是一个逻辑常量（是，否；真，假；yes，no；true，false）。关系运算的运算符号为：>>=　==　<<=　!=。

（3）逻辑运算：两个逻辑常量之间的运算，结果总是一个逻辑常量（是，否；真，假；yes，no；true，false），运算符号为：&&（与），‖（或），!（非），下面这几个是日常生活中经常用到的逻辑运算：

①一班的班干部今天晚上来开会，便是一个逻辑与的例子，首先是一班的学生，其次是班干部，这两个条件都满足，结果才算是满足，即逻辑真。

②一班或二班的同学今天晚上来拍照，便是一个逻辑或的例子，可以是一班的学生，也可以是二班的学生，符合一个条件结果就满足，即逻辑真。

③不是一班的学生今天晚上来上课，便是一个逻辑非的例子，只要不是一班的学生即满足条件，即逻辑真。

3.2.2　编程范例

范例3：die（）函数的应用。

```
 PHP的die () 函数应用<br>
<hr>
<? php
  $ a=10;
  if ($ a==10)
   {
    die ('$ a的值是10，程序执行到本句终止！') ;
   }
? >
HTML标记语言与PHP脚本块是可以混合在一块的。<br>
```

范例3的运行结果如图3-3所示。

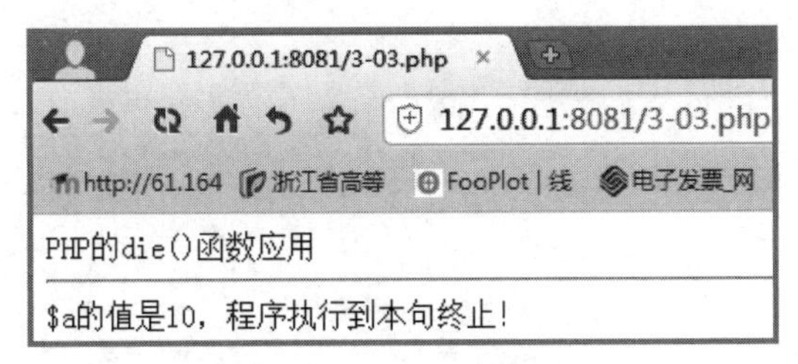

图3-3　范例3的运行结果

范例4：循环语句的应用。

```
 <? php
  $ i=1;
  for ($ i=1; $ i<=10; $ i++)
   {
    echo $ i."<br>";
   }
  echo '  $ i='  .$ i."<br>";
  $ i=20;
  while ($ i>=5)
   {
    if ($ i! =5) echo $ i.", ";
    else echo $ i;
    $ i--;
   }
  echo '  <br>$ i='  .$ i."<br>";
? >
```

范例4的运行结果如图 3-4 所示。

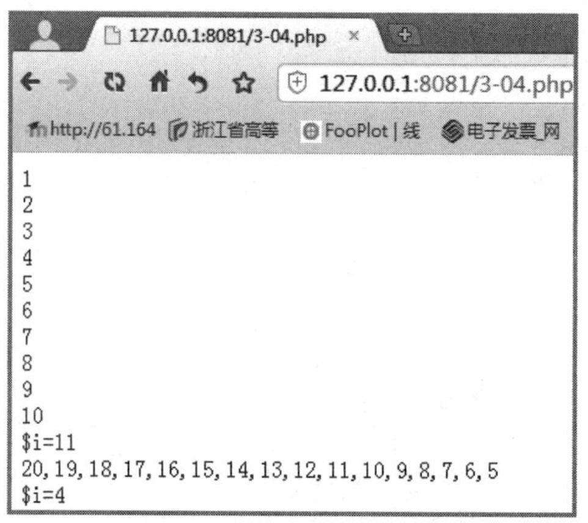

图 3-4　范例 4 的运行结果

范例 5：列出［1000，2020］区间中所有的闰年。

闰年应符合以下两个条件之一：

（1）该年份能被 4 整除，但不能被 100 整除；

（2）该年份能被 400 整除。

判断是否是闰年的代码：

```
<? php
 for ($ i=1000; $ i<=2020; $ i++)
  {
   if ( ($ i% 4==0 && $ i% 100! =0) || ($ i% 400==0) )
     echo $ i.", ";
  }
? >
```

上述代码先输出一个年份，再输出一个逗号，这样输出行最后会有一个逗号。对上述代码进行如下改进，使得输出行最后不会出现逗号：

```
<? php
 $ c=0;
 for ($ i=1000; $ i<=2020; $ i++)
  {
   if ( ($i%4==0 && $i%100! =0) || ($i% 400==0) )
    {
     $ c++;
     if ($ c==1) echo $ i;
     else echo ", ". $ i ;
    }
  }
? >
```

进一步改进：若要一行只打印 10 个年份，其修改如下：

```
<? php
 $ c=0;
 for ($ i=1000; $ i<=2020; $ i++)
  {
   if (   ($ i% 4==0 && $ i% 100! =0)    ||   ($ i% 400==0)   )
    {
     $ c++;
     //每一行：第一个打印本身，其余都先打印逗号再打印本身
     //每一行最后一个还要打印一个回车符
     if ($ c% 10==1) echo $ i;
     else if ($ c% 10==0) echo ", " . $i . "<br>";
     else echo ", " . $i;
    }
  }
?>
```

范例 6：在客户端浏览器中打印出［100，999］区间中的水仙花数。水仙花数举例，$153=1^3+5^3+3^3$。

```
<? php
 for ($ i=100; $ i<=999; $ i++)
  {
   $ i3=floor ($ i/100) ;
   $ i2=floor ($ i/10) % 10;
   $ i1=$ i % 10;
   if ($ i3* $ i3* $ i3 + $ i2* $ i2* $ i2 + $ i1* $ i1* $ i1 == $ i)   echo
$ i."<br>";
  }
?>
```

注意：

/除法不能除尽，整数部分和小数部分都会保留，用 floor（）函数向下取整即可。

%取余是正常的，不会出现问题。

【扩展知识】

3.1 节和 3.2 节介绍的都是 PHP 的面向过程的编程功能，其实，PHP 解释器当中内置了完善的面向对象程序设计功能。下面举两个范例代码加以说明。

范例 7：PHP 类的定义与应用（一）。

```
<? php
class Counter
{
  //静态成员，只属于类，不属于对象
  public static $ count = 0;
  //构造函数
  function __construct ()
   {
    //由于静态成员不属于任何一个对象，只能由类直接引用，因而没有 this 指针，此名
不能写成 $ this->count++;
    self: : $ count++;
  }
  //析构函数
  function __destruct ()
   {
    //或用 Counter: : $ count--;    但用类名 Counter 不好，如果类名之后更名了，
这行代码也必须修改
    self: : $ count--;
    echo "我被销毁了！<br>";
  }
  //成员函数
  function getCount ()
   {
    return self: : $ count;
  }
}

//在建立任何一个对象前，可直接从类引用类的静态成员 count
echo Counter: : $ count . "<br>";

//建立第一个实例
$ c = new Counter () ;

//输出 1
print ($ c->getCount () . "<br>") ;

//建立第二个实例
$ c2 = new Counter () ;

//不能通过对象调用类的静态成员

//echo $ c->count . "<br>";
```

```
//输出 2
print ( $ c->getCount ( ) . "<br>") ;

//销毁实例。设置对象值为 NULL，立即销毁该对象，自动执行析构函数，但静态成员仍
存在。
$ c2 = NULL;

//输出 1，虽然$ c 对象被销毁了，仍然可读出类的静态成员 count
print ($ c->getCount () . "<br>") ;

? >

<? php

  echo "再输出一点东西<br>";

  //本页面一结束，本页创建的所有 PHP 对象都被自动销毁，自动执行析构函数

? >
```

范例 8：PHP 类的定义与应用（二）。

```
//People. php 程序
<? php
class People
{
  public $ name;
  public $ age;
  function __construct ($ name, $ age)
   {
    $ this->name=$ name;
    $ this->age=$ age;
   }
  function __destruct ()
   {
    echo "对象已析构了！<br>";
   }
  function intro ( )
   {
    return "我的名字叫" . $ this->name . "，今年" . $ this->age ."岁。<br>";
   }
}
? >
```

```
//test.php 程序
<? php
require ("People.php") ;
$ people=new People ("曾棕根", 40) ;
echo $ people->intro () ;
$ people->name="茹洁";
$ people->age=21;
echo $ people->intro () ;
? >
```

3.3 PHP 读写文件

3.3.1 背景知识

PHP 能够直接与操作系统交互，提供了强大的磁盘文件读写功能。以下是 PHP 读写文件有关的几个函数：

file_get_contents（）函数是用来将文件的内容读入到一个字符串中的首选方法。函数原型为：string file_get_contents（ string filename [, int use_include_path [, resource context]] ）。

而 file_put_contents（）函数则是将数据写入文件的方法。函数原型为：int file_put_contents（ string filename, string data [, int flags [, resource context]] ）。

判断一个文件是否存在，采用 file_exists 函数。函数原型为：bool file_exists（ string filename）。

PHP 字符串替换函数原型为：str_replace（search, replace, subject）。

3.3.2 编程范例

范例 9：读文件。

```
shownews.php
<? php
  $ c=file_get_contents ("news.txt") ;
  echo $ c;
? >
```

下面是新闻内容，文件名为 news. txt，注意用记事本打开后再“另存为”，编码格式为 utf-8。

少年时的牛顿并不是神童，他成绩一般，但他喜欢读书，喜欢看一些介绍各种简单机械模型制作方法的读物，并从中受到启发，自己动手制作些奇奇怪怪的小玩意，如风车、木钟、折叠式提灯，等等。

上文给出的程序，并不能有效显示原文本文件中的回车符和空格。下面对程序进行修改，将文本回车换行和空格的效果显示在网页中。此处，利用了 PHP 字符串替换函数原型：str_replace（search，replace，subject），程序代码如下：

```
<? php
  $ c=file_get_contents ("news.txt") ;
  //将文本里的回车换行符 [ \r\n] 替换成 HTML 里能识别的 [<br>]
  $ c1=str_replace ("\r\n","<br>", $ c) ;
  //将文本里的空格符 [ ] 替换成 HTML 里能识别的 [ ]
  $ c2=str_replace (" ","  ", $ c1) ;
  echo $ c2;
? >
```

范例 10：写文件。

编写一个程序，将“你好，PHP!”写入 WWW 根目录下的 1.txt 文件。代码如下：

```
<? php
file_put_contents ("1.txt","你好，PHP! ") ;
? >
```

范例 11：编写一个网页访问量统计程序。

编写一个简单的网页访问量统计程序 count.php，要求能统计网页访问量，访问量写在 Web 根文件夹下的 count.txt 文件中，每次页面刷新时，在网页上显示该网页的访问次数。代码如下：

```
<? php
 $ count=0;
 if (file_exists ("count.txt") )
  {
   $ count=file_get_contents ("count.txt") ;
  }
 $ count++;
 echo "访问量：". $ count;
 file_put_contents ("count.txt", $ count) ;
? >
```

3.4　超链接传值

3.4.1　背景知识

客户端向服务器传值有三种方式：超链接传值、表单传值和 session 传值。本节学习超链接传值。超链接传值就是把要传的值写在超链接中，该超链接的转跳页面可以从此链接中获取传值。

注意，如果超链接中包含全角字符（如汉字）或空格等特殊字符，需先用 urlencode 函数进行编码，其函数原型为：string urlencode (string str)，它返回字符串，此字符串中几乎所有非字母数字字符都将被替换成百分号（%）后跟两位十六进制数，空格则编码为加号（+）。

处理页面采用 $ _GET [“超链接变量名”] 命令来获取超链接中的传值，浏览器内建了解码功能，会自动采用 urldecode 函数对传值进行解码。

超链接传值方法，这种传值方法的特点是，要传的值本身暴露在超链接中，不太安全，所以一般只用来传输一些可以公开的值，如可以让用户浏览的文章的 ID 号。

3.4.2 编程范例

范例 12：文章 id 的超链接传值。

```
//3-6.php
<? php
  $ id=1;
  echo "<a href=do.php? id=$ id target=_blank>查看文章 1</a>";
? >
do.php
这是 do.php 网页<br>
<? php
  $ myid=$ _GET ['id'];
  echo "id 号为：". $ myid;
? >
```

范例 13：使用超链接传值打开相应编号的文本文件。

```
//3-6.php
<? php
  $ id=1;
  echo "<a href=do.php? id=$ id target=_blank>查看文章 1</a><br>";
  $ id=2;
  echo "<a href=do.php? id=$ id target=_blank>查看文章 2</a><br>";
? >
do.php
这是 do.php 网页<br>
<? php
  $ myid=$ _GET ['id'];
  $ c=file_get_contents ("$ myid". ".txt") ;
  //将文本里的回车换行符 [ \r \n] 替换成 HTML 里能识别的 [<br>]
  $ c1=str_replace ("\r \n", "<br>", $ c) ;
  //将文本里的空格符 [ ] 替换成 HTML 里能识别的 [ ]
```

```
    $ c2=str_replace (" ","  ",$ c1) ;
    echo $ c2;
  ? >
```

范例 14：超链接传汉字需要先使用 urlencode 编码，使用浏览器能看到编码效果。

```
 //3-6.php
  <? php
    $ id=1000;
    $ name="蒋洋洋";
    //超链接传全角字符，必须先用 urlencode 函数编码
    $ name=urlencode ($ name) ;
    $ addr="Ningbo Zhejiang";
    $ addr=urlencode ($ addr) ;
    echo "<a href=do.php? id=$ id&name=$ name&addr=$ addr>用鼠标单击这里</a
>";
  ? >

  do.php
  这是 do.php 网页<br>
  <? php
    $ id=$ _GET ["id"];
    $ name=$ _GET ["name"];
    $ addr=$ _GET ["addr"];
    echo $ id."  ".$ name."  ".$ addr;
  ? >
```

3.5 表单传值

3.5.1 背景知识

表单传值是 PHP 常用的传值方式之一，常见的 HTML 表单元素有文本框、单选按钮、下拉列表、多选按钮和多行文本框。

用 POST 方法将文本框发送给 PHP 处理程序后，PHP 处理程序采用 $_POST ["表单变量名"] 来获取表单传值。

表单处理页面如果从数据库中获取了数据，将刷新处理页面以从数据库中获取新数据，会产生刷新表单刷新失效的问题。针对这种问题的解决办法是，在处理页面中将表单中的值获取后，再将它们存到 session 变量中，然后，再使用 session 变量从数据库中获取数据。

3.5.2 编程范例

范例 15：通过表单收集用户姓名。

如果没有填写表单的 method，默认为采用 get 方法发送表单，效果与 method = get 一样。使用 get 方法传送表单，表单元素变量名以？的形式出现在浏览器地址栏中；而 method = post 方式中，表单元素名称及值不会出现在浏览器地址栏中。

```
//3-7-1. php
<form action=do. php method=post>
姓名：<input type=text name=myname><br>
<input type=submit value='确定'>
</form>

do. php
<? php
$ name= $ _POST ['myname'];
echo '你的名字叫：'. $ name;
? >
```

范例 16：获取表单传值，将获取的信息追加性写入文本文件并回车，同时编写 show. php 来显示所有征友原因。

```
//3-7-2. php
征友原因<br>
<form action=do. php method=post>
<textarea name=why cols=50 rows=5>在这里输入征友原因</textarea><br>
<input type=submit value=' 确定' >
</form>

//do. php
<? php
$ why=$ _POST [' why' ];
echo $ why;
file_put_contents ("why. txt", $ why. "\r \n", FILE_APPEND) ;
? >

//show. php
<? php
$ c=file_get_contents ("why. txt") ;
$ c1=str_replace ("\r \n", "<br>", $ c) ;
$ c2=str_replace (" ", "  ", $ c1) ;
echo $ c2;
? >
```

范例 17：使用丰富的 HTML 元素编写征友表单。

```
//3-7-3.php
征友登记
<form method=post action=do.php>
姓名：<input type=text name=name value='蒋洋洋' size=10><br>
性别：<input type=radio name=sex value=0 checked>女
<input type=radio name=sex value=1>男<br>
地区：
<select name=addr>
<option value =0>温州</option>
<option value =1>宁波</option>
<option value =2>金华</option>
<option value =3>绍兴</option>
<option value =4>杭州</option>
</select><br>
爱好：
<input name=hobby1 type=checkbox value=1>音乐
<input name=hobby2 type=checkbox value=2>运动
<input name=hobby3 type=checkbox value=3>美食<br>
征友原因：<br>
<textarea name=why cols=50 rows=5>
想找一个人
一起去图书馆看书!
</textarea><br>
<input type=submit value="发送">
<input type=reset value="重置">
</form>

do.php
<? php
$ name=$ _POST ["name"];
$ sex=$ _POST ["sex"];
$ addr=$ _POST ["addr"];
$ hobby1=$ _POST ["hobby1"];
$ hobby2=$ _POST ["hobby2"];
$ hobby3=$ _POST ["hobby3"];
$ why=$ _POST ["why"];

echo $ name."<br>";

if ($ sex==0) echo "女<br>";
else if ($ sex==1) echo "男<br>";
```

```
if ($ addr==0) echo "温州<br>";
else if ($ addr==1) echo "宁波<br>";
else if ($ addr==2) echo "金华<br>";
else if ($ addr==3) echo "绍兴<br>";
else if ($ addr==4) echo "杭州<br>";

if ($ hobby1==1) echo "音乐<br>";
if ($ hobby2==2) echo "运动<br>";
if ($ hobby3==3) echo "美食<br>";

//采用 str_replace 替换字符串函数
$ why2=str_replace ("\r\n", "<br>", $ why) ;
$ why2=str_replace (" ", "  ", $ why2) ;
echo $ why2."<br>";
? >
```

范例 17 的运行结果如图 3-5 所示。

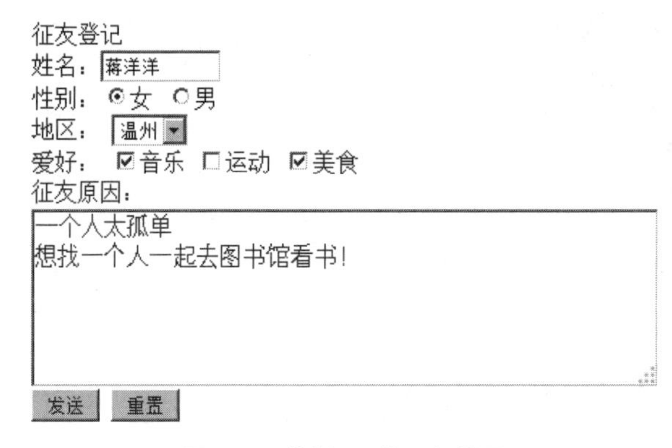

图 3-5 范例 17 的运行结果

3.6 session 传值

3.6.1 背景知识

由于 HTTP 协议是无状态协议，可以采用 session 保存用户在线信息。session 是在服务器端建立的，用户无法修改它，因此比较安全。

session 是会话，有生命周期。session 的生命周期有两种情况，一种是关闭浏览器，session 立即结束；另一种是在 php. ini 文件中使用 session. gc_maxlifetime = 1440 语句设置了 session 的生命周期是 1440 秒，即 24 分钟，意思是如果 24 分钟内客户端没有刷新页面，那么该 session 会被回收，用户需重新登录。当然，你也可以延长此值。

每次使用 session 时，必须先调用 session_start( ) 函数，且该函数前面不能向浏览器输出任何东西。session_start( ) 函数的作用是，如果检测到服务器上已存在此浏览器此次运行相对应的 session 文件，那么就直接使用这个 session 文件，否则就会在服务器上创建一个空的 session 文件并绑定当前浏览器。使用 session，不必自己创建 session 变量，直接使用系统数组变量 $ _SESSION 赋值即可。

在客户端使用 session 后，会在服务器的 session 临时存储路径中创建一个文本文件做记录。在 php. ini 文件中设定 session 存储路径为 `session.save_path= "C:\WINDOWS\Temp"`。

session 变量在用户登录网站的所在页面均有效，即共享，所以，对于每张页面都需要认证的网站，session 被用来确认用户是否登录，是否有权查看页面。

当 session 变量不使用后，一般将 session 赋值为空字符串即可，而没有必要把它销毁。

由于 session 存储在服务器中，所以，比较安全，在应用中，应当灵活地使用它。

图 3-6 是 session 访问流程示意图。

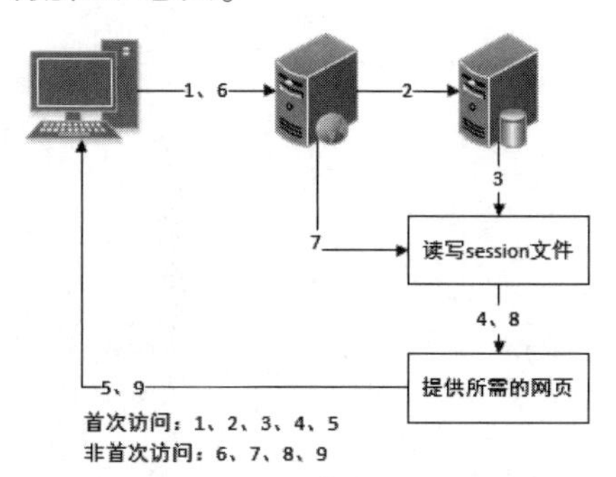

图 3-6　session 访问流程示意图

3.6.2　编程范例

范例 18：登录程序。

```
//3-8.php
<form action=do.php method=post>
用户名：<input type=text name=uname><br>
密码：<input type=password name=upassword><br>
  <input type=submit value='登录'  >
</form>
//do.php
<? php
  session_start () ;
  $ _SESSION ['name'] =$ _POST ['uname'];
  $ _SESSION ['password'] =$ _POST ['upassword'];
  echo "创建 session 变量成功! <br>";
  echo '请到 C:\win64_amp\tmp 文件夹内查看 session 文件: <br>';
  echo '如: sess_8bpqsjk6a7fkpoj7knaoaosr83';
? >
```

范例 18 的运行效果如图 3-7 所示。

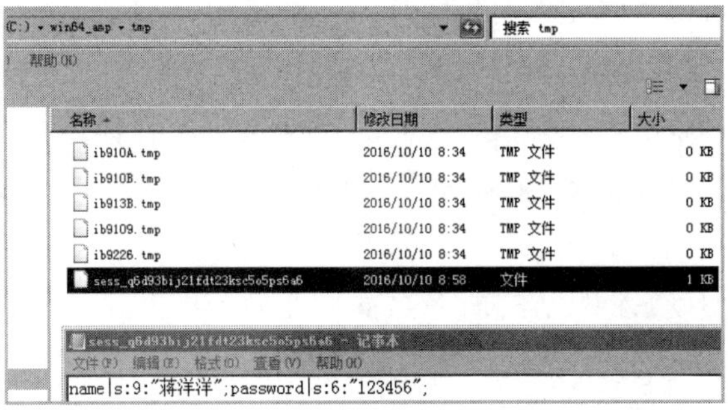

图 3-7　范例 18 的运行效果

增加功能 1：读取 session 变量，如果已登录，则显示“你好×××”；否则显示“请先登录!”，然后转跳到登录页面。

```
//show.php
<? php
  session_start () ;
  if (empty ($ _SESSION ['name'] ) )
   {
      echo "<script language='javascript'>alert ('请先登录! ') ; </script>";
      echo "<META HTTP-EQUIV=  \"Refresh \" CONTENT=\"0;  URL=3-8.php \"
>";
      die ("") ;
   }
  echo "你好, " . $ _SESSION ['name'] . "! ";
? >
```

增加功能 2：清空 session 变量，即将此用户从系统中注销。

```
//clear.php
<? php
  session_start () ;
  $ _SESSION ['name'] ="";
  echo "<script>alert ('此账号注销成功! ') ; </script>";
? >
```

进一步练习：如何在表单的用户名或密码为空时，让用户重新输入一次?

```
//do.php
<? php
  session_start () ;
  if (empty ($ _POST ['uname'] ) | | empty ($ _POST ['upassword'] ) )
   {
      echo "<script language='javascript'>alert ('用户名或密码为空! ') ; </
script>";
```

```
    echo "<META HTTP-EQUIV=  \"Refresh\" CONTENT=\"0;  URL=3-8.php\"  >";
    die ("");
  }
  $_SESSION['name']=$_POST['uname'];
  $_SESSION['password']=$_POST['upassword'];
?>
```

范例 19：按设计图 3-8 做一个 session 系统。

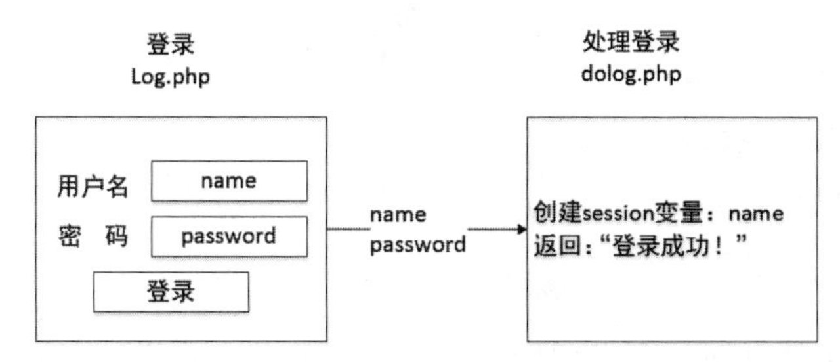

图 3-8　session 系统

登录前台界面。

```
//log.php
<form action=do_log.php method=post>
姓名：<input type=text name=name><br>
密码：<input type=password name=password><br>
<input type=submit value='登录'>
</form>
```

登录后台处理程序。

```
//do_log.php
<?php
session_start();
$_SESSION["name"]=$_POST["name"];
echo "<script>alert('登录成功！');</script>";
?>
```

判断用户是否登录。

```
//islog.php
<?php
session_start();
if (empty($_SESSION['name']))
{
  echo "<script>alert('你没有登录，无权查看！');</script>";
```

```
    echo "<META HTTP-EQUIV=  \"Refresh\" CONTENT=\"0;   URL=log.php\">";

    die ("");
  }
  else
  {
    echo "<script>alert ('". $_SESSION ["name"]. ", 你已登录, 可以查看! ');
</script>";
  }
  ?>
```

3.7 PHP 上传大容量文件

3.7.1 背景知识

上传大容量文件是网站开发中经常要用到的技术，本节讲解在 WAMP 架构下，PHP 上传大容量文件的方法。

在 WAMP 架构下，对上传文件的大小有限制，需要修改 php.ini 文件，修改的内容包括上传文件大小限制和服务器响应时间限制。

以设置网站最大允许上传的文件大小为 800MB 为例，修改方法如下：

（1）修改 C:\win64_amp\php\php.ini 文件下面的内容，最大上传的文件大小为 800MB：

```
max_execution_time = 600000000
max_input_time = 600000000
memory_limit = 128MB
upload_max_filesize = 800MB
post_max_size = 800MB
```

（2）重启 Apache 服务器，设置生效。

上传文件机制：先上传到 php.ini 所设置的临时文件夹 upload_tmp_dir="C:\win64_amp\tmp"中，此时，上传文件名被命名为一个随机文件名；然后，将此文件复制到 PHP 处理程序所指定的目标文件夹中，文件名被改回原始文件名（或 PHP 处理程序指定的一个新文件名，如采用“时间戳+随机码+扩展名”的新文件命名方式可以解决上传文件名不能为中文的问题）；最后，将临时文件夹中的上传文件删除。

3.7.2 编程范例

范例 20：上传图片到 www 根目录的 upload 文件夹下。

首先需要在 www 根目录 C:\win64_amp\apache\htdocs 下创建 upload 文件夹，用来保存上传的图片文件。

```
//3-13.php
<form enctype="multipart/form-data" action="do_3-13.php" method="post">
  <input name="upload_file" type="file"><br>
  <input type="submit" value="保存">
</form>
do_3-13.php
<? php
  //上传的临时文件名，如 C:\WINNT\Temp\php2C.tmp
  $ upload_file=$ _FILES ['upload_file'] ['tmp_name'];
  //上传的原始文件名，如 aa.jpg
  $ upload_file_name=$ _FILES ['upload_file'] ['name'];

  //获取文件扩展名，如 jpg, gif, png 等
  $ ext=pathinfo ($ upload_file_name, PATHINFO_EXTENSION) ;
  if ($ upload_file)
   {
    $ n=1;
    $ file_size_max = $ n* 1024* 1024;   //限制文件上传最大容量为 1MB
    $ store_dir = "./upload/"; //上传文件的储存位置，该文件夹要有读写权限
    $ accept_overwrite = 0; //是否允许覆盖相同文件，0 不允许，1 允许
    if ($ _FILES ['upload_file'] ['size'] > $ file_size_max) die ("超过上传大
小 $ n MB 限制") ;
   if (file_exists ($ store_dir . $ upload_file_name) && ! $ accept_overwrite)
    {die ("存在相同文件名的文件") ; }
    //最终的新文件名：时间戳+随机码+扩展名
    $ newfilename=$ store_dir.time () ."_".rand () .".".$ ext;
    if (! move_uploaded_file ($ upload_file, $ newfilename) )
     {die ("复制文件失败") ; }
  }
  else
   {
    echo "没有选择要上传的文件！";
    echo "<script>alert ('没有选择要上传的文件！') ; history.back () ; </
script>";
  }
  echo "<p>你上传了文件：".$ _FILES ['upload_file'] ['name'] ."<br>";
  echo "文件的 MIME 类型为：".$ _FILES ['upload_file'] ['type'] ."<br>";
  echo "上传文件大小：".$ _FILES ['upload_file'] ['size'] ."字节"."<br>";
  echo "文件上传后被临时储存为：".$ _FILES ['upload_file'] ['tmp_name'] ."<br>";
  echo "文件上传后，保存位置与新文件名为：".$ newfilename."<br>";
  echo "<a href=$ newfilename target=_blank>查看上传文件</a>";
? >
```

范例 21：上传图片并在此图上打上文字标签，效果如图 3-9 所示。

(a) 原始图片

(b) PHP代码打上文字后的图片

图 3-9　PHP 代码处理前后图片对比

```
//upload.php
<form enctype="multipart/form-data" action="do_upload.php" method="
post">
  <input name="upload_file" type="file"><br>
  <input type="submit" value="上传图片">
</form>

do_upload.php
<?php
  //上传的临时文件名，如 C:\WINNT\Temp\php2C.tmp
  $upload_file=$_FILES['upload_file']['tmp_name'];
  //上传的原始文件名，如 aa.jpg
  $upload_file_name=$_FILES['upload_file']['name'];

  //获取文件扩展名，如 jpg, gif, png 等
  $ext=pathinfo($upload_file_name, PATHINFO_EXTENSION);

  if($upload_file)
   {
    $newfilename=time()."_".rand()."." .$ext; //最终新文件名：时间戳+随
机码+扩展名
      if(!move_uploaded_file($upload_file, "./upload/" .
$newfilename))
     {die("复制文件失败");}
   }
  else
   {
    echo "没有选择要上传的文件！";
    echo "<script>alert('没有选择要上传的文件！');history.back();</
script>";
   }
```

```
?>

<?php
$image = imagecreatefromjpeg ("./upload/" . $newfilename) ; //从 JPEG 文件新建一图像
$red = ImageColorAllocate ($image, 255, 0, 0) ;
$font_file = "C:\WINDOWS\Fonts\simhei.ttf"; // $fontfile 字体的路径，视操作系统而定，可以是 SIMHEI.TTF（黑体），SIMKAI.TTF（楷体），SIMFANG.TTF（仿宋），SIMSUN.TTC（宋体 & 新宋体）等 GD 支持的中文字体
$str = "美图网";
imagettftext ($image, 15, -10, 0, 15, $red, $font_file, $str) ;
imagejpeg ($image, "./upload/_" . $newfilename, 100) ; //将带有水印的图像保存到文件
imagedestroy ($image) ; //清除占用的内存
?>

<?php
echo "<img src='./upload/" . $newfilename . "'><br>";
echo "<img src='./upload/_" . $newfilename . "'>"; // './upload/_1234.jpg'
?>
```

第4章

PHP 数据库编程技术

通过 PHP 页面收集的数据，需要保存在数据库中；PHP 页面中呈现的数据，是从数据库中读取出来的。因此，PHP 需要与 MySQL 数据库进行交互。本章详细讲解了 PHP 访问 MySQL 数据库的五个步骤，并通过几个综合案例，展示了 PHP 在数据库处理方面的技巧。

4. 1　PHP 访问 MySQL 的五个步骤

4. 1. 1　背景知识

PHP 访问 MySQL 有五个基本步骤，分别由六个函数依次实现。

（1） mysqli_connect( ) 函数：PHP 使用此函数连接 MySQL 数据库服务器。

（2） mysqli_select_db( ) 函数：打开 MySQL 数据库服务器里的一个数据库。

（3） mysqli_query( ) 函数：执行一个 SQL 查询指令，一般是指处理数据表的四个命令（insert 插入记录、delete 删除记录、update 修改记录和 select 查询记录）。

（4） mysqli_fetch_object( ) 函数：获取查询结果，结果集以对象形式组织，直接访问结果集中的表字段名称；mysqli_fetch_array( ) 函数：获取查询结果，结果集以数组形式组织，不包含字段名称。

（5） mysqli_close( ) 函数：关闭 PHP 与 MySQL 数据库的连接。MySQL 数据库服务器的连接数量是固定并有限的，当某个 PHP 网页程序处理完与 MySQL 数据库的交互后，应立即切断与 MySQL 数据库服务器的连接，释放此连接资源。

4. 1. 2　编程范例

范例 1：编写 PHP 程序 link. php 和 link2. php，分别用获取数组和获取对象的方法列出 filems 数据库中 sender 表的所有字段。

首先在浏览器中运行 http://127. 0. 0. 1:8081/phpMyAdmin/，输入用户名：root，密码：空，打开 phpMyAdmin。然后创建 filems 数据库，排序规则为 utf8mb4_general_ci；

再创建 sender 表，包含 3 个字段，如表 4-1 所示。

表 4-1　sender 表

字段名	类型	长度	其他设置
sid	int	/	勾选 A_I 自动增长，设置 primary 索引
name	varchar	128	/
inserttime	TIMESTAMP	/	默认值 TIME_STAMP

创建好表后，再在 phpMyAdmin 中为 sender 表插入两条记录，如 Jack、Tom。

接下来编制 PHP 连接 MySQL 数据库的程序 connect. inc。其他 PHP 程序直接调用 require 函数即可使用 connect. inc 程序。connect. inc 程序代码如下。

```
//connect. inc
<? php
  //本程序作用是连接 MySQL 数据库服务器
  $ hostname="127. 0. 0. 1: 3366";
  $ username="root";
  $ password="";
  $ dbname="filems";
  $ link_id=mysqli_connect ($ hostname, $ username, $ password) ;
if (! $ link_id)
  {
   die ("连接 MySQL 数据库服务器失败! ") ;
  }
? >
```

link. php 程序是使用 mysqli_fetch_array( ) 函数，以获取数组的形式保存查询结果可以显示 filems 数据库的 sender 表中的所有记录。程序代码如下。

```
<? php
  require ('  connect. inc'  ) ; //包含连接文件
  mysqli_select_db ($ link_id, $ dbname) ; //打开$ dbname 数据库
  $ str_sql="select *  from sender";
  $ result=mysqli_query ($ link_id, $ str_sql) ; //执行 SQL 命令
  $ number_of_rows=mysqli_num_rows ($ result) ;
echo '  <br>'  ;
  echo "总记录数: ". $ number_of_rows;
echo '  <br>'  ;
echo "<table border=1>";
  echo "<tr><td>编号</td><td>账号</td></tr>";
while ($ record=mysqli_fetch_array ($ result) )
   {
printf ("<tr><td>% s</td><td>% s</td></tr>", $ record [0], $ record
[1] ) ;
```

```
    }
  echo "</table>";
    mysqli_close ($ link_id) ; //关闭 MySQL 数据库连接
  ? >
```

link2. php 程序是使用 mysqli_fetch_object( ) 函数，以对象的形式保存查询结果，可以直接访问结果集中的字段。程序代码如下。

```
  <p>显示 filems 数据库的 sender 表中的所有记录<br>

  <? php
    require ('  connect. inc'  ) ; //包含连接文件
    mysqli_select_db ($ link_id, $ dbname) ; //打开$ dbname 数据库
    $ str_sql="select *  from sender";
    $ result=mysqli_query ($ link_id, $ str_sql) ; //执行 SQL 命令
    $ number_of_rows=mysqli_num_rows ($ result) ;
    $ number_of_fields=mysqli_num_fields ($ result) ;
    echo "Sender 表中字段总数: ". $ number_of_fields;
  echo '  <br>'  ;
    echo "Sender 表中记录总数: ". $ number_of_rows;
  echo '  <br>'  ;
  echo "<table border=1>";
    echo "<tr><td>编号</td><td>账号</td></tr>";
  while ($ record=mysqli_fetch_object ($ result) )
     {
  printf ("<tr><td>% s</td><td>% s</td></tr>", $ record->sid, $ record->
name) ;
    }
  echo "</table>";
    mysqli_close ($ link_id) ; //关闭 MySQL 数据库连接
  ? >
```

大家需要仔细阅读程序代码，观察运行结果，学习 PHP 如何采用循环的方法一次性将 MySQL 数据库中的表中的记录显示在 PHP 网页上。

4.2 记录分页算法

4.2.1 背景知识

在生产环境中，如果执行“select * from <table>”命令，一次性把表中的记录读出，会产生严重的后果。首先，记录数量太多，全部查询出来会造成 MySQL 数据库服务器繁忙；其次，太多的记录一次性传输到客户端，会造成网络阻塞；最后，一次性查询出所有的记录，用户也看不完。解决这个问题的办法就是将记录分页浏览，每页显示 *n* 条。

MySQL 有 limit 可以直接控制读取记录的位置，所以一般使用 limit 来控制记录分

页，MySQL limit 操作样例如下：

```
select *  from table limit 5, 10;     #返回第 6~15 行数据（第 5~14 条记录）
select *  from table limit 5;         #返回前 5 行（第 0~4 条记录）
select *  from table limit 0, 5;      #返回前 5 行（第 0~4 条记录）
```

另外，在获取记录总数时，可采用 count 函数，让 MySQL 数据库服务器直接返回一条记录，该记录值即为记录总量。程序代码如下。

```
mysql_select_db ($ dbname, $ link_id) ; //打开$ dbname 数据库
$ str_sql = "selectcount (sid) from sender";
$ result=mysql_query ($ str_sql, $ link_id) ; //执行 SQL 命令，打开 sender
表，指针指向记录集的第 0 条记录处
mysql_data_seek ($ result, 0) ; //将记录集指针移动到第 1 行，即第 0 条记录处
$ record=mysql_fetch_array ($ result) ; //以数组方式获取当前指针处记录
$ number_of_rows=$ record [0]; //记录总数
```

4.2.2　编程范例

范例 2： 编写 showrecord. php 程序，分页浏览 sender 表中的记录，每页显示 10 条。

```
//showrecord. php
<? php
  require ('  connect. inc'  ) ; //包含连接文件，连接 MySQL 数据库服务器
  mysqli_select_db ($ link_id, $ dbname) ; //打开$ dbname 数据库
  $ str_sql = "select count (sid) from sender"; //总记录数
  $ result=mysqli_query ($ link_id, $ str_sql) ; //执行 SQL 命令，打开 send-
er 表，指针指向记录集的第 0 条记录处
  mysqli_data_seek ($ result, 0) ; //将记录集指针移动到第 1 行，即第 0 条记录处
  $ record=mysqli_fetch_array ($ result) ; //获取当前指针处的记录对象
  $ number_of_rows=$ record [0]; //记录总数

  //设置每页显示记录数目
  $ pagesize=10;

  //计算总页数，采用 ceil 函数，进 1 取整法，但如果是整数，则不会向前进 1
  $ totalpage=ceil ($ number_of_rows / $ pagesize) ;

  //显示跳页码的超链接
 echo "<table width=800 border=0 ><tr><td>";
  echo "总记录数：<font color=red>". $ number_of_rows . "</font>条，";
  echo "总页数：". $ totalpage . "页，";
```

```
    echo "每页显示：". $ pagesize . "条记录，";

    //决定现在要显示哪一页
    if (! isset ($ _GET ["mypageno"] ) ) $ pageno =1; //isset 判断是否定义
mypageno 参数，如果没定义，则返回 FALSE。isset () 函数，用来判断一个变量是否存在。
   else  $ pageno=$ _GET ['  mypageno'  ];

    echo "当前页：". $ pageno . "    ";
    if ($ pageno! =1)   echo "<a href=showrecord.php? mypageno=1>第一页</a
>    ";
    if ($ pageno>1)   echo "<a href=showrecord.php? mypageno=". ($ pageno-
1) . ">上一页</a>    ";
    if ($ pageno<$ totalpage)   echo "<a href=showrecord.php? mypageno=".
($ pageno+1) . ">下一页</a>    ";
   if ($ pageno! = $ totalpage && $ totalpage! = 0)   echo "<a href = show-
record.php? mypageno=". $ totalpage . ">最后页</a>";
   echo "</td></tr></table>";

    $ str_sql = "select *  from sender limit". ($ pageno-1) * $ pagesize . ", "
. $ pagesize;
    $ result=mysqli_query ($ link_id, $ str_sql) ; //执行 SQL 命令，打开 send-
er 表，指针指向记录集的第 0 条记录处

    //第 1 种显示记录的方法，读入数组，以序号方式标识字段，不能辨别字段名称，不推荐
使用
   echo "<table border=1>";
    echo "<tr><td>编号</td><td>账号</td><td>注册时间</td></tr>";
   while ($ record=mysqli_fetch_array ($ result) )
     {
      printf ("<tr><td>% s</td><td>% s</td><td>% s</td></tr>", $ record
[0], urldecode ($ record [1] ) , $ record [2] ) ;
     }
   echo "</table>";

    //第 2 种显示记录的方法，读入对象，直接以字段名称识别字段值，推荐使用
    mysqli_data_seek ($ result, 0) ; //将记录集指针移动到第 1 行，即第 0 条记录处
    echo "<br>";
    echo "<table border=1>";
    echo "<tr><td>编号</td><td>账号</td><td>注册时间</td></tr>";
   while ($ record=mysqli_fetch_object ($ result) )
     {
```

```
    printf ("<tr><td>% s</td><td>% s</td><td>% s</td></tr>", $ record->sid,
$ record->name, $ record->inserttime) ;
      }
    echo "</table>";

      mysqli_close ($ link_id) ; //关闭 MySQL 数据库连接
    ? >
```

创建上述两个程序后，在浏览器中运行 http://127.0.0.1:8081/showrecord.php，就看到分页效果了，如图 4-1 所示。

总记录数：21条，总页数：3页，每页显示：10条记录，当前页：1　下一页

编号	账号	注册时间
1	Rose	2015-11-09 08:48:33
2	John	2015-11-09 08:48:41
3	Jones	2015-11-09 08:48:49
4	Dog	2015-11-09 09:13:04
5	Ding	2015-11-09 09:13:10
6	Chen	2015-11-09 09:13:19
7	Miss	2015-11-09 09:13:25
8	Jack	2015-11-09 09:13:29
9	Harry	2015-11-09 09:13:43
10	Poter	2015-11-09 09:13:49

编号	账号	注册时间
1	Rose	2015-11-09 08:48:33
2	John	2015-11-09 08:48:41
3	Jones	2015-11-09 08:48:49
4	Dog	2015-11-09 09:13:04
5	Ding	2015-11-09 09:13:10
6	Chen	2015-11-09 09:13:19
7	Miss	2015-11-09 09:13:25
8	Jack	2015-11-09 09:13:29
9	Harry	2015-11-09 09:13:43
10	Poter	2015-11-09 09:13:49

图 4-1　分页显示表中的记录

4.3　使用 PHP 代码自动创建数据库

4.3.1　背景知识

使用 PHP 代码可以执行创建数据库、打开数据库、创建表和创建记录等所有 SQL 指令。可以先在 SQL Maestro for MySQL 中把数据库和表创建好，然后再直接获取创建数据库和表的 SQL 命令，如图 4-2 和图 4-3 所示。

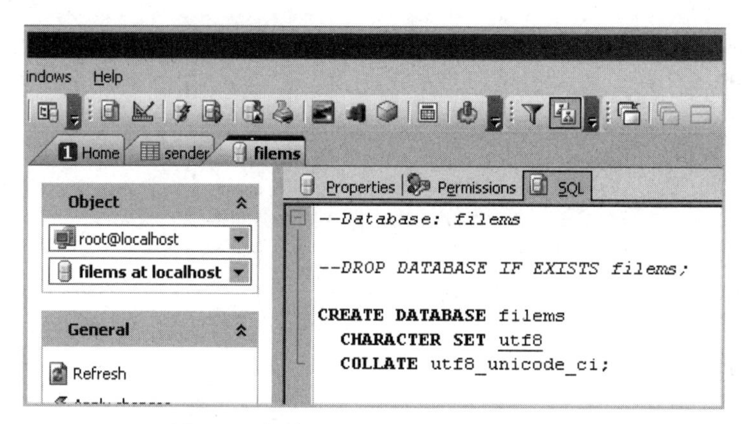

图 4-2　创建 filems 数据库的 SQL 命令

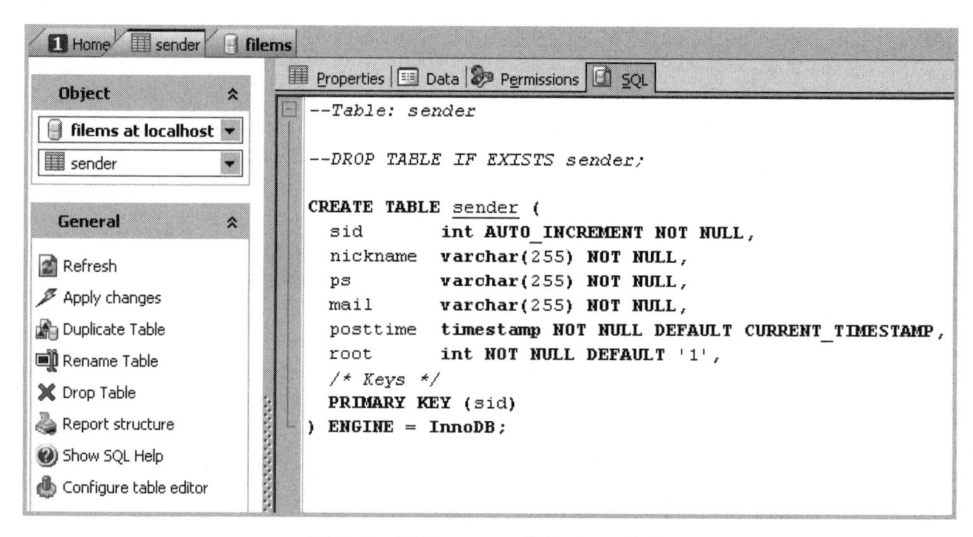

图 4-3　创建 sender 表的 SQL 命令

PHP 创建数据库的一般方法为：首先，首页检测 MySQL 数据库服务器中是否存在该数据库，如果不存在，则转向 install. php 页面，在 install. php 页面中先创建数据库；其次，打开该数据库，在该数据库中创建表；再次，在创建的表中创建需要的记录；最后，返回首页，把表中的记录显示出来。

本节用到的 PHP 访问 MySQL 的函数有：

（1）resource mysql_connect（[string server [, string username [, string password [, bool new_link [, int client_flags]]]]]）函数：连接 MySQL 数据库服务器；

（2）bool mysql_select_db（string database_name [, resource link_identifier]）函数：打开数据库；

（3）resource mysql_query（string query [, resource link_identifier]）函数：执行各种 SQL 命令；

（4）int mysql_num_rows（ resource result ）函数：从记录集获取记录数量；

（5）int mysql_num_fields（ resource result ）函数：从记录集获取字段数量；

（6）array mysql_fetch_array（ resource result［，int result_type］）函数：从记录集取得一条记录，以数组序号形式访问字段；

（7）object mysql_fetch_object（ resource result［，string class_name［，array params］］）函数：从记录集取得一条记录，以字段名形式访问字段；

（8）bool mysql_close（［resource link_identifier］）函数：关闭与 MySQL 数据库服务器的连接。

PHP 在访问 MySQL 数据库时，一般有四种 SQL 操作：insert（插入记录）、delete（删除记录）、update（修改记录）和 select（查询记录）。

使用 MySQL 数据库时需要注意，MySQL 不支持 select into 语句直接备份表结构和数据，可采用 `create table new_table_name (select * from old_table_name);` 语句来替代；MySQL 只支持 limit n 的写法，不支持 top n 写法，如 select * from table limit 10（返回前 10 行记录）。

4.3.2　编程范例

范例 3：编写 install. php 程序，自动创建 filems 数据库和 sender 表，并插入几条记录；再编写 showrecord. php 程序，分页浏览出刚刚创建的记录。

```
//connect.inc
<? php
  //本程序作用是连接 MySQL 数据库服务器
  $ hostname="127.0.0.1: 3366";
  $ username="root";
  $ password="";
  $ dbname="filems";
  $ link_id=mysqli_connect ($ hostname, $ username, $ password) ;
if (! $ link_id)
   {
    die ("连接 MySQL 数据库服务器失败! ") ;
   }
? >

//install.php
<? php
  require ('connect.inc') ; //包含连接文件

  /************************ 查询数据库是否存在************************ /
if (mysqli_select_db ($ link_id, $ dbname) ==TRUE) {
```

```
    echo "数据库 [ $ dbname] 已经存在，不必创建! <br><a href='javascript: history.back (-1) '>返回</a>";
   die ("") ; }

    /*********************** 创建数据库************************ /
    $ str_sql = "CREATE DATABASE $ dbname  CHARACTER SET utf8mb4  COLLATE utf8mb4_ general_ci";
   if (mysqli_query ($ link_id, $ str_sql) ) {
       echo '<script language ="javascript">alert ("恭喜你，数据库 ['.$ dbname.'] 创建成功了! ") ; </script>'; }
   else {
       echo '<script language ="javascript">alert ("创建数据库出错，请检查是否已经创建! ") ; </script>'; }

    /*********************** 打开刚刚创建的这个数据库************************* /
    mysqli_select_db ($ link_id, $ dbname) ;

    /* * * * 在刚创建的数据库里创建用户表* * * /
    $ str_sql = "CREATE TABLE sender (  sid int AUTO_INCREMENT NOT NULL, name varchar (50) COLLATE utf8mb4_general_ci NOT NULL,  inserttime timestamp NOT NULL DEFAULT CURRENT_TIMESTAMP,   /* Keys * /  PRIMARY KEY (sid) ) ENGINE = InnoDB  CHARACTER SET utf8mb4 COLLATE utf8mb4_unicode_ci";
   if (mysqli_query ($ link_id, $ str_sql) ) {
       echo '<script language ="javascript">alert ("恭喜你，用户表 [sender] 创建成功了! ") ; </script>'; }
   else {
       echo '<script language ="javascript">alert ("创建用户表 [sender] 出错，请检查是否已经创建! ") ; </script>'; }

    //再插入一条新记录 Tom
    $ str_sql="insert intosender (name) values ('Tom') ";
    $ result=mysqli_query ($ link_id, $ str_sql) ;
   if ($ result! =FALSE) echo "<script language='javascript'>alert ('创建新记录成功，账号 Tom。') ; </script>";
    else echo "<script language='javascript'>alert ('创建 Tom 账号失败。') ; </script>";

    //再插入一条新记录 Dick
    $ str_sql="insert intosender (name) values ('Dick') ";
    $ result=mysqli_query ($ link_id, $ str_sql) ;
   if ($ result! =FALSE) echo "<script language='javascript'>alert ('创建新记录成功，账号 Dick。') ; </script>";
```

```
    else echo "<script language ='javascript'>alert ('创建 Tom 账号失败。') ;
</script>";

    //再插入一条新记录 Rose
    $ str_sql ="insert intosender (name) values ('Rose') ";
    $ result=mysqli_query ($ link_id, $ str_sql) ;
   if ($ result! =FALSE) echo "<script language ='javascript'>alert ('创建新
记录成功，账号 Rose。') ; </script>";
    else echo "<script language ='javascript'>alert ('创建 Tom 账号失败。') ;
</script>";

    //再插入一条新记录 Peter
    $ str_sql ="insert intosender (name) values ('Peter') ";
    $ result=mysqli_query ($ link_id, $ str_sql) ;
   if ($ result! =FALSE) echo "<script language ='javascript'>alert ('创建新
记录成功，账号 Peter。') ; </script>";
    else echo "<script language ='javascript'>alert ('创建 Tom 账号失败。') ;
</script>";

    //再插入一条新记录 Divy
    $ str_sql ="insert intosender (name) values ('Divy') ";
    $ result=mysqli_query ($ link_id, $ str_sql) ;
   if ($ result! =FALSE) echo "<script language ='javascript'>alert ('创建新
记录成功，账号 Divy。') ; </script>";
    else echo "<script language ='javascript'>alert ('创建 Tom 账号失败。') ;
</script>";

    //再插入一条新记录 John
    $ str_sql ="insert intosender (name) values ('John') ";
    $ result=mysqli_query ($ link_id, $ str_sql) ;
   if ($ result! =FALSE) echo "<script language ='javascript'>alert ('创建新
记录成功，账号 John。') ; </script>";
    else echo "<script language ='javascript'>alert ('创建 Tom 账号失败。') ;
</script>";

    //再插入一条新记录 Kitty
    $ str_sql ="insert intosender (name) values ('Kitty') ";
    $ result=mysqli_query ($ link_id, $ str_sql) ;
   if ($ result! =FALSE) echo "<script language ='javascript'>alert ('创建新
记录成功，账号 Kitty。') ; </script>";
    else echo "<script language ='javascript'>alert ('创建 Tom 账号失败。') ;
</script>";
```

```
    //再插入一条新记录 Golf
    $ str_sql="insert intosender (name) values ('Golf') ";
    $ result=mysqli_query ($ link_id, $ str_sql) ;
  if ($ result! =FALSE) echo "<script language='javascript'>alert ('创建新
记录成功，账号 Golf。') ; </script>";
    else echo "<script language='javascript'>alert ('创建 Tom 账号失败。') ;
</script>";

    //再插入一条新记录 Fort
    $ str_sql="insert intosender (name) values ('Fort') ";
    $ result=mysqli_query ($ link_id, $ str_sql) ;
  if ($ result! =FALSE) echo "<script language='javascript'>alert ('创建新
记录成功，账号 Fort。') ; </script>";
    else echo "<script language='javascript'>alert ('创建 Tom 账号失败。') ;
</script>";

    //再插入一条新记录 Mime
    $ str_sql="insert intosender (name) values ('Mime') ";
    $ result=mysqli_query ($ link_id, $ str_sql) ;
  if ($ result! =FALSE) echo "<script language='javascript'>alert ('创建新
记录成功，账号 Mime。') ; </script>";
    else echo "<script language='javascript'>alert ('创建 Tom 账号失败。') ;
</script>";

    //再插入一条新记录 Jioes
    $ str_sql="insert intosender (name) values ('Joies') ";
    $ result=mysqli_query ($ link_id, $ str_sql) ;
  if ($ result! =FALSE) echo "<script language='javascript'>alert ('创建新
记录成功，账号 Joies。') ; </script>";
    else echo "<script language='javascript'>alert ('创建 Tom 账号失败。') ;
</script>";

    mysqli_close ($ link_id) ; //关闭 MySQL 数据库连接
    //网页重定向到 showrecord.php，并刷新该网页
  echo " <META HTTP-EQUIV= \"Refresh\" CONTENT=\"0; URL=showrecord.php
\" >";
  ? >

  //showrecord.php
  <? php
    require ('connect.inc') ; //包含连接文件，连接 MySQL 数据库服务器
    mysqli_select_db ($ link_id, $ dbname) ; //打开$ dbname 数据库
    $ str_sql = "select count (sid) from sender"; //总记录数
```

```
	$ result=mysqli_query ($ link_id, $ str_sql) ; //执行 SQL 命令，打开 sender 表，指针指向记录集的第 0 条记录处
	mysqli_data_seek ($ result, 0) ; //将记录集指针移动到第 1 行，即第 0 条记录处
	$ record=mysqli_fetch_array ($ result) ; //获取当前指针处记录对象
	$ number_of_rows=$ record [0]; //记录总数

	//设置每页显示记录数目
	$ pagesize=5;

	//计算总页数，采用 ceil 函数，进 1 取整法，但如果整数，则不会向前进 1
	$ totalpage=ceil ($ number_of_rows / $ pagesize) ;

	//显示跳页码的超链接
   echo "<table width=800 border=0 ><tr><td>";
	echo "总记录数：<font color=red>". $ number_of_rows . "</font>条，";
	echo "总页数：". $ totalpage . "页，";
	echo "每页显示：". $ pagesize . "条记录，";

	//决定现在要显示哪一页
   if (! isset ($ _GET [ "mypageno"] ) ) $ pageno = 1; //isset 判断是否定义 mypageno 参数，如果没定义，则返回 FALSE。isset () 函数，来判断一个变量是否存在。
   else  $ pageno=$ _GET ['mypageno'];

	echo "当前页：". $ pageno . "    ";
   if ($ pageno! =1)   echo "<a href=showrecord.php? mypageno=1>第一页</a>    ";
   if ($ pageno>1)   echo "<a href=showrecord.php? mypageno=". ($ pageno-1) . ">上一页</a>    ";
   if ($ pageno<$ totalpage)   echo "<a href=showrecord.php? mypageno=". ($ pageno+1) . ">下一页</a>    ";
   if ($ pageno! = $ totalpage && $ totalpage! = 0)   echo "<a href=showrecord.php? mypageno=". $ totalpage . ">最后页</a>";
   echo "</td></tr></table>";

	$ str_sql = "select *  from sender limit". ($ pageno-1) * $ pagesize . ", " . $ pagesize;
	$ result=mysqli_query ($ link_id, $ str_sql) ; //执行 SQL 命令，打开 sender 表，指针指向记录集的第 0 条记录处

	//第 1 种显示记录的方法，读入数组，以序号标识字段，不能确定字段名，不推荐使用
   echo "<table border=1>";
	echo "<tr><td>编号</td><td>账号</td><td>注册时间</td></tr>";
   while ($ record=mysqli_fetch_array ($ result) )
	 {
	  printf ("<tr><td>% s</td><td>% s</td><td>% s</td></tr>", $ record [0], urldecode ($ record [1] ) , $ record [2] ) ;
	 }
```

```
    echo "</table>";

      //第 2 种显示记录的方法，读入对象，直接以字段名标识字段，推荐使用
      mysqli_data_seek ($ result, 0) ; //将记录集指针移动到第 1 行，即第 0 条记录处
    echo "<br>";
    echo "<table border=1>";
      echo "<tr><td>编号</td><td>账号</td><td>注册时间</td></tr>";
    while ($ record=mysqli_fetch_object ($ result) )
       {
    printf ("<tr><td>% s</td><td>% s</td><td>% s</td></tr>", $ record->sid,
$ record->name, $ record->inserttime) ;
      }
    echo "</table>";

      mysqli_close ($ link_id) ; //关闭 MySQL 数据库连接
    ? >
```

4.4 开发一个简单的登录界面

4.4.1 开发要求

开发一个登录程序 log. php 及页面处理程序 dolog. php，要求实现如下功能：

（1）log. php 页面中输入用户名与密码，dolog. php 页面中接收用户名与密码。

（2）允许三次错误尝试，否则弹出提示界面提示“输入错误次数过多，不允许再试”。

（3）当输入的用户名是 tester，密码是 123456 时，弹出欢迎界面“欢迎登录。用户名：tester，密码 123456。”，在单击“确定”按钮后，返回 log. php 登录界面。

（4）当用户名或密码为空时，弹出提示界面提示“用户名或密码为空，请重新输入!”，并返回登录页面。

程序登录界面如图 4-4 所示。

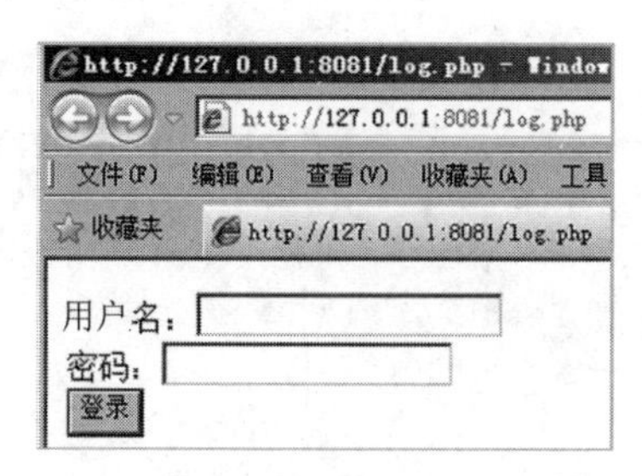

图 4-4　登录界面

4.4.2　参考源码

```
//log.php
<form action=dolog.php method=post>
用户名：<input type=text name='name'><br>
密码：<input type=password name='password'><br>
<input type=submit value='登录'>
</form>

//dolog.php
<?php
  session_start(); //如果不存在 session 文件，会创建一个空的 session 文件。
if(!isset($_SESSION['try']))$_SESSION['try']=0;  //如果没有定义
$_SESSION['try']变量，则定义它并赋初值为 0。
  $_SESSION['try']++;
if($_SESSION['try']>3)
  {
   echo "<script language=javascript>alert('输入错误次数过多，不允许再试
');history.back(-1);</script>";
die("");
  }

  $name=$_POST['name'];
  $password=$_POST['password'];

if(empty($name)||empty($password))
  {
   echo "<script language=javascript>alert('用户名或密码为空，请重新输入！
');history.back(-1);</script>";
die("");
  }

if($name=='tester' && $password=='123456')
  {
   echo "<script language=javascript>alert('欢迎登录。用户名：tester，密
码 123456。');history.back(-1);</script>";
   $_SESSION['try']=0; //对于合法用户，出错次数重置为 0
die("");
  }
else
  {
   echo "<script language=javascript>alert('用户名或密码错误，请重新输入！
');history.back(-1);</script>";
die("");
  }
?>
```

4.5 实现注册用户功能

4.5.1 开发要求

按图 4-5 的设计要求，开发 reg. php 和 doreg. php 程序，实现注册用户的功能。

在 reg. php 中输入用户名、密码、确认密码、验证码，单击“注册”按钮，网页转跳到 doreg. php 后台处理程序，先检查以下 5 个方面是否都通过：

（1）四个输入框不能为空；

（2）验证码不正确；

（3）用户名包含单引号；

（4）两次密码不一致；

（5）此用户名已存在。

如果有一项不通过，则返回到 reg. php 表单界面，并告知相应的错误信息。若全部通过，则进行以下 3 步：

（1）插入一条记录；

（2）打印“注册成功”；

（3）转跳到“登录页面”。

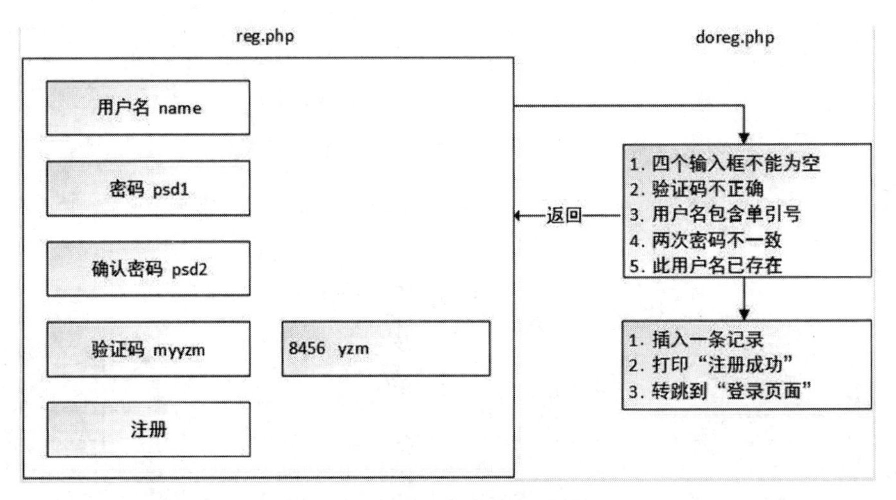

图 4-5　用户注册程序设计界面

在开发 reg. php 和 doreg. php 程序之前，应先创建数据库 mydb。再在数据库 mydb 中创建 user 表，字段包括：uid（用户 ID）、name［varchar，128 位，用 urlencode（函数编码）］、psd［varchar，128 位，用 md5（）函数单向加密］、sf（默认值 1 为普通用户、10 为超级用户）、inserttime（记录插入时间）。mydb 数据库的 user 表记录查看界面如图 4-6 所示。

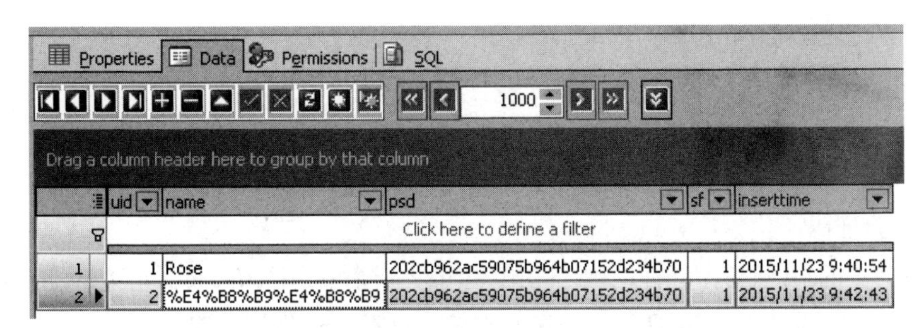

图 4-6　mydb 数据库的 user 表记录查看界面

开发实现注册用户功能需要用到如下背景知识。

(1) 判断某个变量是否为空，用 empty ( ) 函数

```
bool empty ( mixed $var )。
```

当一个变量并不存在，或者它的值等同于 FALSE，那么它会被认为不存在。如果变量不存在，empty( ) 并不会产生警告。

(2) 网页转跳

下面的语句表示转跳到 log. php 网页。

```
echo " <META HTTP-EQUIV= \"Refresh\" CONTENT=\"0;  URL=log.php\" >";
```

(3) 用户名是否包含单引号

用户名不允许包含单引号是为了防止 SQL 注射。正常的 SQL 语句如下。

```
select * from user where name=' Tom' and psd=' 123'
```

常见注射方案如下。

①偷看到了用户名 Tom，只输入用户名。语句如下。

```
Tom'  #select * from user where name=' Tom'  #'  and psd='123'
```

②不知道用户名也不知道密码，只输入用户名。语句如下。

```
abc'  or 1=1 #select * from user where name=' abc'  or 1=1 #'  and psd=' 123'
```

防止 SQL 注射语句如下。

```
//防止 SQL 注射语句
//如果用户名中包含 "'" 单引号字符，则返回
if (strstr ($_POST ['name'], "'") )
{
echo "<script>alert ('账号中不能包含单引号! ') ; </script>";
```

```
    echo "  <META HTTP-EQUIV=   \"Refresh \" CONTENT=\"0;    URL=log.php \"
>";
    die ("");
    }
```

（4）验证码产生程序 yzm. php

系统产生的验证码有大小写字母，在使用时，应当再使用 strtolower（ ）函数，将验证码中的所有大写字母转换为小写字母，使用户输入时不区分大小写字母。

验证码调用方式：<input type=text name=yzm > <img src=yzm.php>，用记事本保存，编码方式：ANSI。

验证码产生程序语句如下。

```
    //yzm.php
    <?php
    /**
    * vCode (m, n, x, y); //m个数字，显示大小为n、边宽为x、边高为y
    * http://blog.qita.in
    * 自己改写记录 session $code
    */
    session_start ();
    vCode (4, 15); //4个数字，显示大小为15

    function vCode ($num = 4, $size = 20, $width = 0, $height = 0) {
        !$width && $width = $num * $size * 4 / 5 + 5;
        !$height && $height = $size + 10;
        //去掉了 0、1 这两个数字和 O、l、o、L 这四个字母
        $str = "23456789abcdefghijkmnpqrstuvwxyzABCDEFGHIJKLMNPQRSTUVW";
        $code = '';
    for ($i = 0; $i < $num; $i++) {
            $code .= $str [mt_rand (0, strlen ($str) -1) ];
        }
        //画图像
        $im =imagecreatetruecolor ($width, $height);
        //定义要用到的颜色
        $back_color =imagecolorallocate ($im, 235, 236, 237);
        $boer_color =imagecolorallocate ($im, 118, 151, 199);
        $text_color =imagecolorallocate ($im, mt_rand (0, 200), mt_rand (0,
120), mt_rand (0, 120));
        //画背景
    imagefilledrectangle ($im, 0, 0, $width, $height, $back_color);
        //画边框
    imagerectangle ($im, 0, 0, $width-1, $height-1, $boer_color);
```

```
        //画干扰线
    for ($ i = 0; $ i < 5; $ i++) {
            $ font_color =imagecolorallocate ($ im, mt_rand (0, 255) , mt_rand
(0, 255) , mt_rand (0, 255) ) ;
    imagearc ($ im, mt _ rand (- $ width, $ width) , mt _ rand (- $ height,
$ height) , mt_rand (30, $ width * 2) , mt_rand (20, $ height * 2) , mt_rand (0,
360) , mt_rand (0, 360) , $ font_color) ;
        }
        //画干扰点
    for ($ i = 0; $ i < 50; $ i++) {
            $ font_color =imagecolorallocate ($ im, mt_rand (0, 255) , mt_rand
(0, 255) , mt_rand (0, 255) ) ;
    imagesetpixel ($ im, mt_rand (0, $ width) , mt_rand (0, $ height) , $ font_
color) ;
        }
        //画验证码
    @ imagefttext ($ im, $ size , 0, 5, $ size + 3, $ text_color, 'c:\\WINDOWS\\
Fonts\\simsun.ttc', $ code) ;
        $ _SESSION ["VerifyCode"] =$ code;
    header ("Cache-Control: max-age=1, s-maxage=1, no-cache, must-revali-
date") ;
    header ("Content-type: image/png; charset=gb2312") ;
    imagepng ($ im) ;
    imagedestroy ($ im) ;
    }
    ? >
```

4.5.2　参考源码

```
    //connect.inc
    <? php
      //本程序作用是连接 MySQL 数据库服务器
      $ hostname="127.0.0.1: 3366";
      $ username="root";
      $ password="";
      $ dbname="mydb";
      $ link_id=mysqli_connect ($ hostname, $ username, $ password) ;
    if (! $ link_id)
       {
       die ("连接 MySQL 数据库服务器失败! ") ;
      }
```

```
?>

//install.php
<?php
  require('connect.inc');//包含连接文件

  /************************ 查询数据库是否存在************************/
  if(mysqli_select_db($link_id,$dbname)==TRUE){
     echo "数据库[$dbname]已经存在，不必创建！<br><a href='javascript:history.back(-1)'>返回</a>";
  die("");}

  /************************ 创建数据库************************/
  $str_sql = "CREATE DATABASE $dbname  CHARACTER SET utf8mb4  COLLATE utf8mb4_general_ci";
  if(mysqli_query($link_id,$str_sql)){
     echo '<script language="javascript">alert("恭喜你，数据库['.$dbname.']创建成功了！");</script>';}
  else{
     echo '<script language="javascript">alert("创建数据库出错，请检查是否已经创建！");</script>';}

  /************************ 打开刚刚创建的这个数据库************************/
  mysqli_select_db($link_id,$dbname);

  /************************ 在刚创建的数据库里创建用户表************************/
  $str_sql = "CREATE TABLE user ( uid int AUTO_INCREMENT NOT NULL, name varchar(128) NOT NULL, psd varchar(128) NOT NULL, sf int NOT NULL DEFAULT '1', inserttime timestamp NOT NULL DEFAULT CURRENT_TIMESTAMP, /* Keys */
  PRIMARY KEY (uid) ) ENGINE = InnoDB CHARACTER SET utf8mb4 COLLATE utf8mb4_unicode_ci";
  if(mysqli_query($link_id,$str_sql)){
     echo '<script language="javascript">alert("恭喜你，用户表[user]创建成功了！");</script>';}
  else{
     echo '<script language="javascript">alert("创建用户表[user]出错，请检查是否已经创建！");</script>';}

  mysqli_close($link_id);//关闭 MySQL 数据库连接
```

```
?>

//yzm.php
<?php
/**
* vCode(m,n,x,y); //m个数字，显示大小为n、边宽为x、边高为y
* http://blog.qita.in
* 自己改写记录session $code
*/
session_start();
vCode(4,15); //4个数字，显示大小为15

function vCode($num = 4, $size = 20, $width = 0, $height = 0){
    !$width && $width = $num * $size * 4 / 5 + 5;
    !$height && $height = $size + 10;
    //去掉了0、1这两个数字和O、l、o、L这四个字母
    $str = "23456789abcdefghijkmnpqrstuvwxyzABCDEFGHIJKLMNPQRSTUVW";
    $code = '';
for($i = 0; $i < $num; $i++){
        $code .= $str[mt_rand(0, strlen($str)-1)];
    }
    //画图像
    $im =imagecreatetruecolor($width, $height);
    //定义要用到的颜色
    $back_color =imagecolorallocate($im, 235, 236, 237);
    $boer_color =imagecolorallocate($im, 118, 151, 199);
    $text_color =imagecolorallocate($im, mt_rand(0, 200), mt_rand(0,
120), mt_rand(0, 120));
    //画背景
imagefilledrectangle($im, 0, 0, $width, $height, $back_color);
    //画边框
imagerectangle($im, 0, 0, $width-1, $height-1, $boer_color);
    //画干扰线
for($i = 0; $i < 5; $i++){
        $font_color =imagecolorallocate($im, mt_rand(0, 255), mt_rand
(0, 255), mt_rand(0, 255));
imagearc($im, mt_rand(-$width, $width), mt_rand(-$height,
$height), mt_rand(30, $width * 2), mt_rand(20, $height * 2), mt_rand(0,
360), mt_rand(0, 360), $font_color);
    }
    //画干扰点
for($i = 0; $i < 50; $i++){
```

```
        $ font_color =imagecolorallocate ($ im, mt_rand (0, 255) , mt_rand (0, 255) , mt_rand (0, 255) ) ;
    imagesetpixel ($ im, mt_rand (0, $ width) , mt_rand (0, $ height) , $ font_color) ;
        }
        //画验证码
    @ imagefttext ($ im, $ size , 0, 5, $ size + 3, $ text_color, 'c:\\WINDOWS \\Fonts \\simsun. ttc', $ code) ;
        $ _SESSION ["VerifyCode"] =$ code;
    header ("Cache-Control: max-age=1, s-maxage=1, no-cache, must-revalidate") ;
    header ("Content-type: image/png; charset=gb2312") ;
    imagepng ($ im) ;
    imagedestroy ($ im) ;
    }
    ? >

    //reg. php
    <form action=doreg. php method=post>
    用户名：<input type=text name=name><br>
    密码：<input type=password name=psd1><br>
    确认密码：<input type=password name=psd2><br>
    验证码：<input type=text name=myyzm><img src=yzm. php><br>
      <input type=submit value='注册'>
    </form>

    //doreg. php
    <? php

      session_start () ;

      //接收表单传值
      $ name=$ _POST ['name'];
      $ psd1=$ _POST ['psd1'];
      $ psd2=$ _POST ['psd2'];
      $ myyzm=$ _POST ['myyzm'];

      //四个输入框都不为空
    if ( empty ($ name) | | empty ($ psd1) | | empty ($ psd2) | | empty ($ myyzm) )
      {
        echo "<script language=javascript>alert ('表单中任何一项不能为空') ; </script>";
```

```
echo "  <META HTTP-EQUIV=  \"Refresh\" CONTENT=\"0;  URL=reg.php\"  >";
die ("");
  }

  //验证码不对则打回去
if (strtolower ($myyzm) != strtolower ($_SESSION ["VerifyCode"] ))
  {
    echo "<script language=javascript>alert ('验证码不对') ; </script>";
echo "  <META HTTP-EQUIV=  \"Refresh\" CONTENT=\"0;  URL=reg.php\"  >";
die ("");
  }

  //防止 SQL 注射语句
  //如果用户名中包含“'”单引号字符，则返回
if (strstr ($_POST ['name'], "'") )
  {
      echo "<script>alert ('账号中不能包含单引号！') ; </script>";
echo "  <META HTTP-EQUIV=  \"Refresh\" CONTENT=\"0;  URL=reg.php\"
>";
die ("");
  }

  //确认密码不正确
if ($psd1 != $psd2)
  {
    echo "<script language=javascript>alert ('确认密码不正确') ; </script
>";
echo "  <META HTTP-EQUIV=  \"Refresh\" CONTENT=\"0;  URL=reg.php\"  >";
die ("");
  }

  //查询数据库中是否有此账号?
  require ('connect.inc') ; //包含连接文件，连接 MySQL 数据库服务器
  mysqli_select_db ($link_id, $dbname) ; //打开$dbname 数据库
  $str_sql = "selectcount (uid) from user where name = '". urlencode
($name) . "'"; //总记录数
  $result=mysqli_query ($link_id, $str_sql) ; //执行 SQL 命令，打开 user
表，指针指向记录集的第 0 条记录处
  mysqli_data_seek ($result, 0) ; //将记录集指针移动到第 1 行，即第 0 条记录处
  $record=mysqli_fetch_array ($result) ; //获取当前指针处记录对象
  $number_of_rows=$record [0]; //记录总数
 if ($number_of_rows == 1)
```

```
    {
     echo "<script language=javascript>alert ('此用户名已存在!'); </
script>";
   echo " <META HTTP-EQUIV= \"Refresh\" CONTENT=\"0; URL=reg.php\" >";
     mysqli_close ($link_id); //关闭 MySQL 数据库连接
   die ("");
    }

    //通过 6 道安检，现在插入记录
    $str_sql = "insert intouser (name, psd) values ('". urlencode ($name).
"','". md5 ($psd1). "')";
    $result=mysqli_query ($link_id, $str_sql); //执行 SQL 命令，打开 user
表，指针指向记录集的第 0 条记录处
   if ($result! =FALSE)
    {
     echo "<script language='javascript'>alert ('创建账号成功!'); </script
>";
    }
   else
    {
     echo "<script language='javascript'>alert ('创建账号失败 T_T'); </
script>";
   echo " <META HTTP-EQUIV= \"Refresh\" CONTENT=\"0; URL=reg.php\" >";
     mysqli_close ($link_id); //关闭 MySQL 数据库连接
   die ("");
    }
    mysqli_close ($link_id); //关闭 MySQL 数据库连接
   echo " <META HTTP-EQUIV= \"Refresh\" CONTENT=\"0; URL=log.php\" >";
   ?>
```

4.6 实现用户登录功能

4.6.1 开发要求

按图 4-7 设计要求编写 log. php、dolog. php 和 hello. php 程序，实现用户登录功能。log. php 是用户登录界面，dolog. php 是后台处理程序，当 dolog. php 检测到以下 4 种情况之一，便返回 log. php 程序。

（1）三个输入框不能为空。

（2）用户名包含单引号。

（3）验证码不正确。

（4）user 表中是否存在此用户名与密码的一条记录。注意，用户名需要用

urlencode（用户名）编码，密码要用md5（密码）加密比对。

如果上面4关通过，则依次处理下面两个步骤：

（1）将此用户名与身份值写入session文件中；

（2）转跳到hello. php页面，页面上显示用户名及身份值。

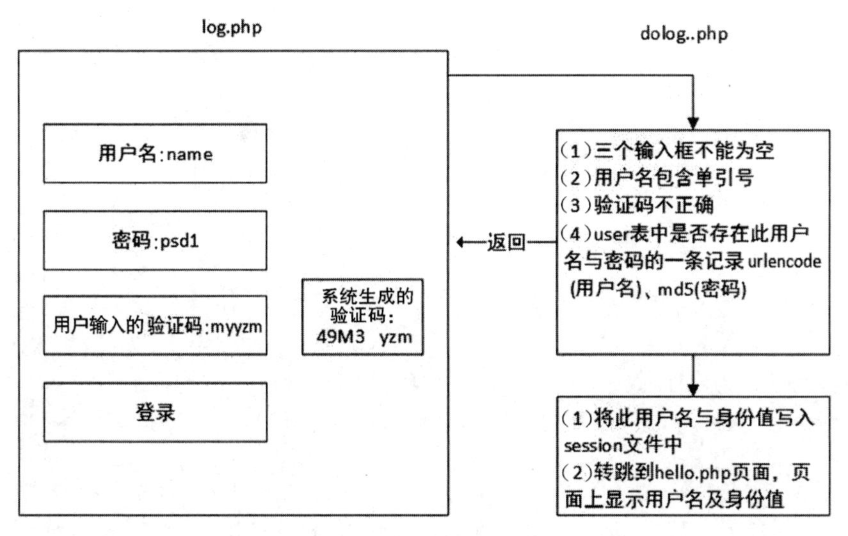

图4-7 用户登录设计

在开发以上3个程序之前，应先创建数据库mydb，再在数据库mydb中创建user表，字段包括：uid（用户ID）、name［varchar，128位，用urlencode（函数编码）］、psd［varchar，128位，用md5（）函数单向加密］、sf（默认值1为普通用户、10为超级用户）、inserttime（记录插入时间）。

4.6.2 参考源码

connect. inc、install. php、yzm. php、reg. php和doreg. php代码与4.5节完全相同，这里省略。

```
//log.php
<form action=dolog.php method=post>
用户名：<input type=text name=name><br>
密码：<input type=password name=psd1><br>
验证码：<input type=text name=myyzm><img src=yzm.php><br>
  <input type=submit value='登录'>
</form>

//dolog.php
<?php
```

```
    session_start ();
    //接收表单传值
    $ name=$ _POST ['name'];
    $ psd1=$ _POST ['psd1'];
    $ myyzm=$ _POST ['myyzm'];

    //3 个输入框都不为空
  if ( empty ($ name) || empty ($ psd1) || empty ($ myyzm) )
     {
      echo "<script language=javascript>alert ('表单中任何一项不能为空') ; </
script>";
  echo "  <META HTTP-EQUIV=   \"Refresh\" CONTENT=\"0;   URL=log.php\"  >";
  die ("") ;
     }

    //验证码不对则打回去
  if ( strtolower ($ myyzm) ! = strtolower ($ _SESSION ["VerifyCode"] ) )
     {
      echo "<script language=javascript>alert ('验证码不对') ; </script>";
  echo "  <META HTTP-EQUIV=   \"Refresh\" CONTENT=\"0;   URL=log.php\"  >";
  die ("") ;
     }

    //防止 SQL 注射语句
    //如果用户名中包含"'"单引号字符，则返回
  if (strstr ($ _POST ['name'], "'") )
     {
        echo "<script>alert ('账号中不能包含单引号！') ; </script>";
  echo "  <META HTTP-EQUIV=   \"Refresh\" CONTENT=\"0;   URL=log.php\"  >";
  die ("") ;
     }

    //查询数据库中是否有此账号和密码?
    require ('connect.inc') ; //包含连接文件，连接 MySQL 数据库服务器
    mysqli_select_db ($ link_id, $ dbname) ; //打开$ dbname 数据库
    $ str_sql = "select sf from user where name='". urlencode ($ name). "' and
psd='". md5 ($ psd1). "'";
    $ result=mysqli_query ($ link_id, $ str_sql) ; //执行 SQL 命令，打开 user
表，指针指向记录集的第 0 条记录处
    $ number_of_rows=mysqli_num_rows ($ result) ; //记录总行数，要么 1 条，要
么 0 条
  if ($ number_of_rows == 0)
     {
```

```
        echo "<script language=javascript>alert ('用户名或密码错误!') ; </
script>";
    echo "  <META HTTP-EQUIV=  \"Refresh\" CONTENT=\"0;   URL=log.php\"  >";
        mysqli_close ($ link_id) ; //关闭 MySQL 数据库连接
    die ("") ;
      }

      mysqli_data_seek ($ result, 0) ; //将记录集指针移动到第 1 行, 即第 0 条记录处
      $ record=mysqli_fetch_array ($ result) ; //获取当前指针处记录对象
      $ sf=$ record [0]; //此用户的身份值
      mysqli_close ($ link_id) ; //关闭 MySQL 数据库连接
      $ _SESSION ['name'] =$ name;
      $ _SESSION ['sf'] =$ sf;

    echo "  <META HTTP-EQUIV=  \"Refresh\" CONTENT=\"0;   URL=hello.php\"
>";
    ? >

    //hello.php
    <? php
      session_start () ;
      echo "您好, ". $ _SESSION ['name'] . ", 你的身份值是: ". $ _SESSION ['sf'];
    ? >
```

4.7　超链接参数查询数据库

4.7.1　开发要求

要求以超链接参数传递为主要人机交互形式，完成一个新闻系统的代码编写，包括插入新闻、分页浏览新闻、显示新闻内容、编辑新闻、删除新闻、查询新闻、增加用户表、用户登录、制作导航栏和页脚栏、增加 cookie 功能等 10 项功能。这 10 项功能的设计要求如下。

1. 插入新闻

在 MySQL 数据库中创建 xwsjk 新闻数据库和 xw 新闻表，要求设置 xwid（新闻 ID）、xwmc（新闻名称）、xwnr（新闻内容）、inserttime（插入时间）4 个表字段。

注意：xwmc 长度为 256，类型为 varchar。因为一个汉字经过 urlencode（）函数编码后，变为 9 个字符。如“屠”字编码后变为:%E5%B1%A0。

xwsjk 及表字段的界面如图 4-8 所示。

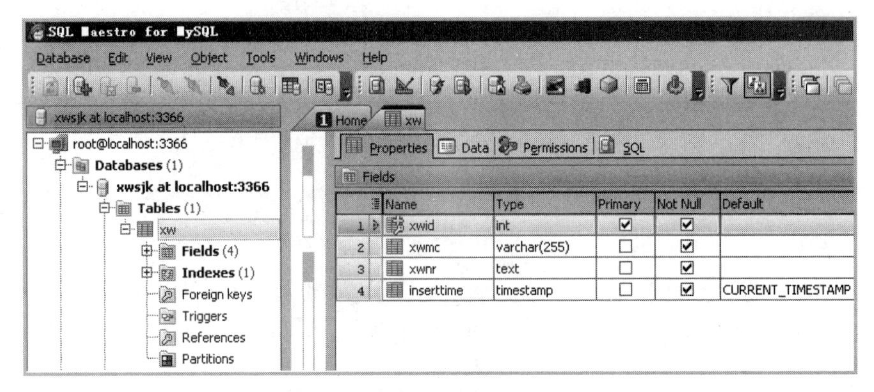

图 4-8　xwsjk 及表字段的界面

接下来，编写 insert. php 和 doinsert. php 程序，实现插入新闻的功能，插入字段包括 xwmc（新闻名称）和 xwnr（新闻内容），要求这两个字段用 urlencode（）函数编码后再插入数据库中。

注意，insert. php 中要有图形验证码，如图 4-9 所示。

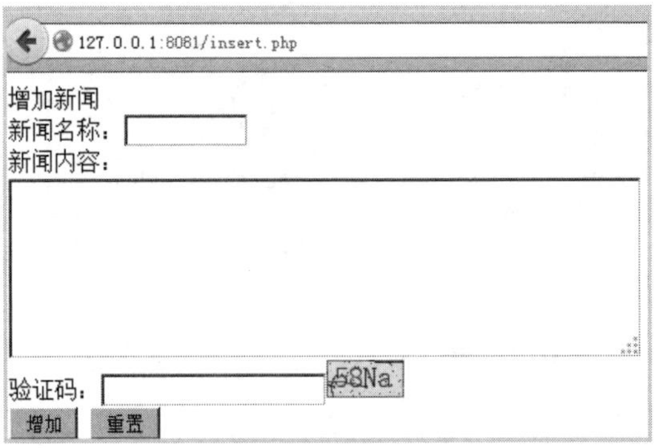

127.0.0.1:8081/insert.php

增加新闻
新闻名称：
新闻内容：

验证码：　58Na
增加　重置

图 4-9　插入新闻的界面

2. 分页浏览新闻

设计 list. php 程序，用来分页浏览所有新闻记录，每页显示 2 条记录，显示字段有：新闻 ID、新闻名称、插入时间。其中，表中每行新闻名称上要设置一个超级链接：showxwnr. php? xwid=x。注意：这里的 x 是指当前题目的 xwid 号，如图 4-10 所示。

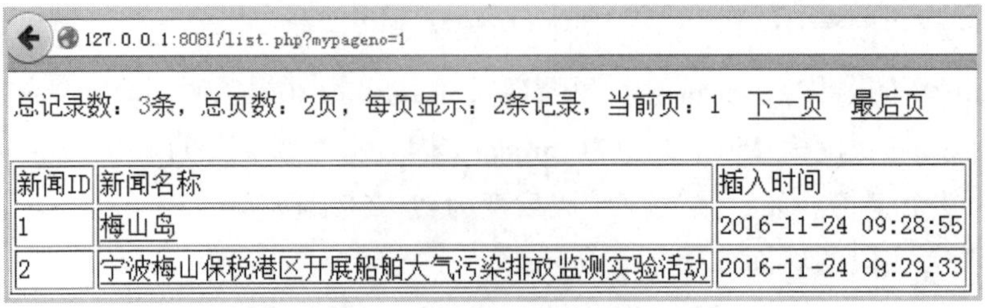

127.0.0.1:8081/list.php?mypageno=1

总记录数：3条，总页数：2页，每页显示：2条记录，当前页：1　下一页　最后页

新闻ID	新闻名称	插入时间
1	梅山岛	2016-11-24 09:28:55
2	宁波梅山保税港区开展船舶大气污染排放监测实验活动	2016-11-24 09:29:33

图 4-10　分页浏览记录的界面

3. 显示新闻内容

单击新闻名称上面的超级链接时，跳转到 showxwnr. php? xwid=x 页面。

注意：跳转的页面内显示此新闻 ID 相对应的新闻内容，如图 4-11 所示。

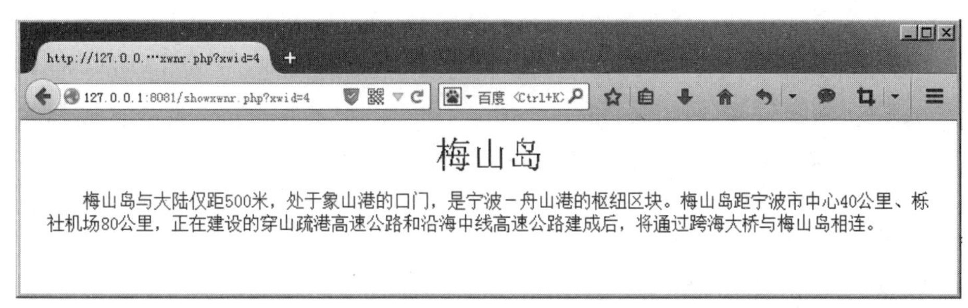

图 4-11　显示新闻内容

4. 编辑新闻

实现编辑新闻功能需要设计表单程序 edit. php 和处理表单程序 doedit. php。在 list. php 页面表格最后一栏加上“编辑”链接，对其进行单击即可跳转到 edit. php? xwid=x 页面进行编辑。单击“保存”按钮后，将编辑结果保存到数据库中，页面自动跳转到 list. php 界面。操作界面如图 4-12 和图 4-13 所示。

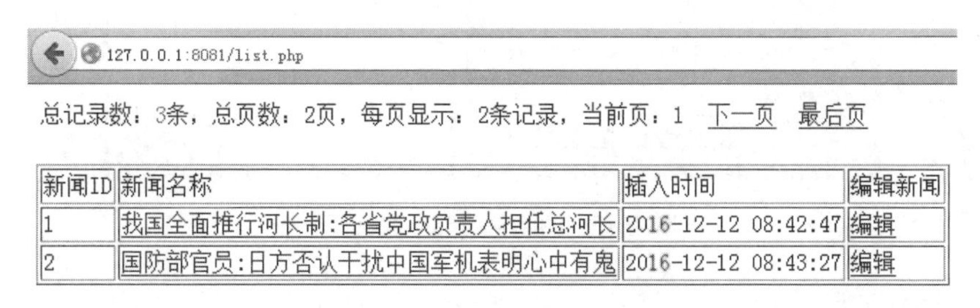

图 4-12　编辑新闻的界面（一）

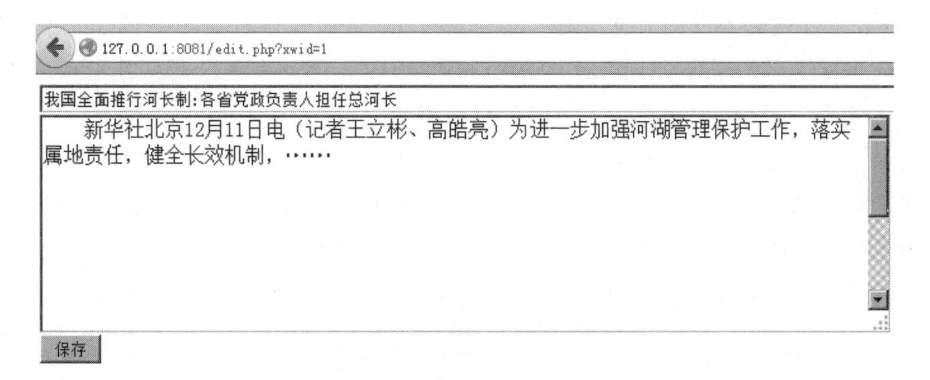

图 4-13　编辑新闻的界面（二）

5. 删除新闻

设计 delete. php 和 dodelete. php 程序实现删除新闻功能。在 list. php 页上面增加“删除新闻”一栏，当单击一条新闻后面的“删除”链接时，跳转到 delete. php? xwid =x&xwmc=y 页面（注意：新闻名称 y 一定要用 urlencode 编码），delete. php 会询问你是否确定要删除这条新闻，如果单击“取消”按钮，则返回到 list. php 页面；如果单击“确定”按钮，则跳转到 dodelete. php? xwid=x 页面，dodelete. php 页会直接删除这条新闻，然后，返回 list. php 页面，如图 4-14 和图 4-15 所示。

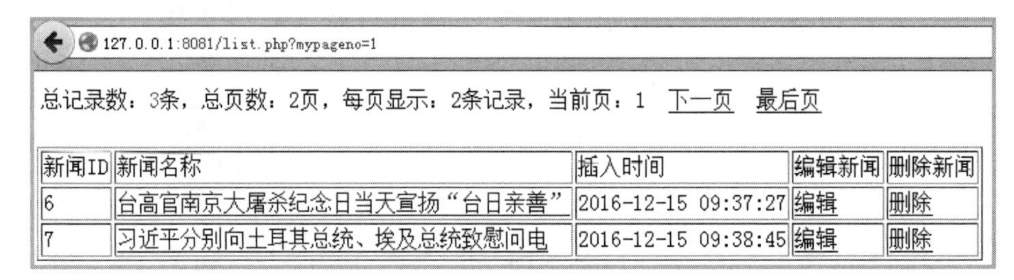

图 4-14 删除新闻的界面（一）

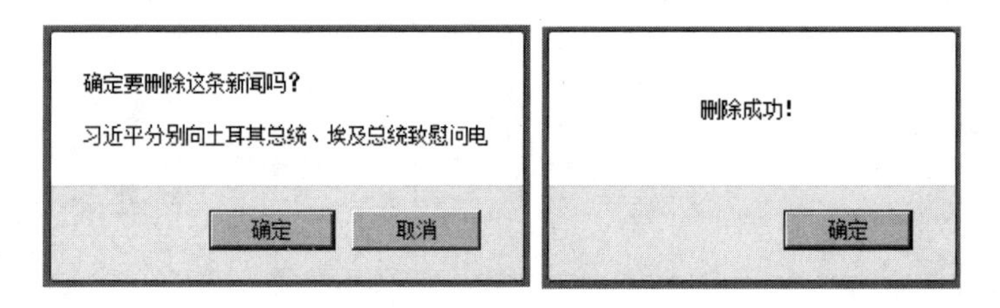

图 4-15 删除新闻的界面（二）

6. 查询新闻

设计针对新闻名称所包含关键字的查询程序 search. php 和 dosearch. php，要求在 search. php 页面内输入查询关键字时，dosearch. php 页面能显示新闻中包含此关键字的所有记录，每页显示 2 条记录，表中每行新闻名称上要求有一个超级链接，链接为：showxwnr. php? tmid=x。注意：这里的 x 是指当前题目的 xwid 号。

提示：dosearch. php 程序通过修改 list. php 局部代码即可实现。

这里应特别注意，由于汉字 urlencode 编码后包含%，而这个%又会被 MySQL 数据库视为通配符，因此，如查询“中”这个关键字时，会无法查出正确的结果。那么怎么查包含了%号的字符串？一般将查询关键字中的%替换成\%即可。代码如下：

```
$ mykey=urlencode ($ mykey) ;   //如“中”字编成“% E4% B8% AD”
//要将查询内容中的特殊字符% 替换成\% ，如“中”字编成“\% E4 \% B8 \% AD”
$ mykey=str_replace ("% ", "\% ", $ mykey) ;
```

查询新闻前台界面及其结果界面如图 4-16 所示。

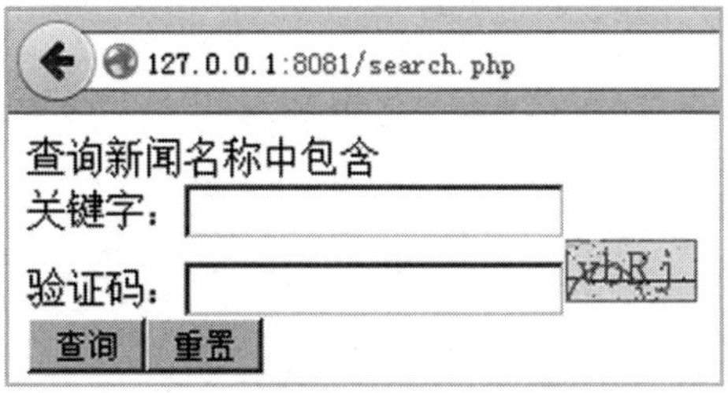
127.0.0.1:8081/search.php
查询新闻名称中包含
关键字：
验证码：
xbRj
查询
重置

（a）查询新闻前台界面

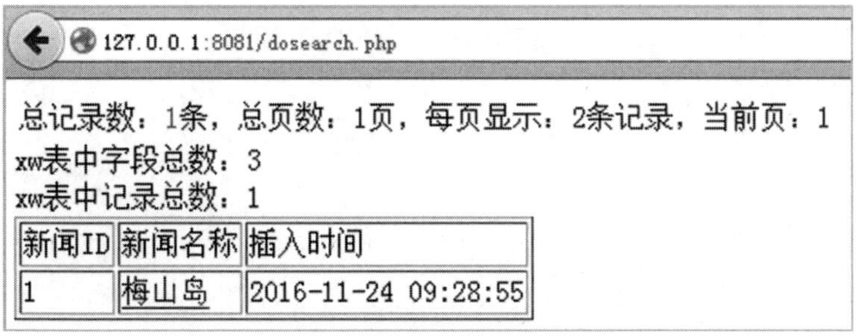
127.0.0.1:8081/dosearch.php
总记录数：1条，总页数：1页，每页显示：2条记录，当前页：1
xw表中字段总数：3
xw表中记录总数：1
新闻ID
新闻名称
插入时间
1
梅山岛
2016-11-24 09:28:55

（b）查询新闻结果介面

图 4-16　查询新闻前台界面及其结果界面

7. 增加用户表

增加用户表 user，字段包括 uid（用户 id）、name（用户名）、psd（密码）、sf（身份）（超级用户 admin 账号的 sf 值为 10）、inserttime（插入时间）。再运行 install.php，让该程序自动安装 user 表，然后新增加 admin 账号（用 urlencode 编码）、123456 密码（用 md5 加密）。

user 表创建完成后，要插入一条 admin 记录，界面如图 4-17 所示。

+ 选项
uid
name
psd
sf
inserttime
编辑
复制
删除
1
admin
e10adc3949ba59abbe56e057f20f883e
10
2016-12-19 09:05:31

图 4-17　用户表中的 admin 记录

8. 用户登录

实现用户登录功能需要编写 log.php 程序及其后台处理程序 dolog.php，这两个程序的代码与 4.6 节的 log.php 和 dolog.php 基本相同，稍加修改即可。

接下来，修改 doinsert.php、doedit.php、dodelete.php 这 3 个程序，使得没有登录且身份值不是 10 的用户无权执行这 3 个程序。方法是在这 3 个程序的最上方添加以下代码段。

```
sessionstart () ;
  //判断用户是否登录
if (empty ($ _SESSION ['name'] ) ) {
    echo "<script language=javascript>alert ('请先登录^T^') ; </script>";
echo "<META HTTP-EQUIV=  \"Refresh\" CONTENT=\"0; URL=log.php\"  >";
die ("") ;
  }
//判断登录用户的身份是否是10，否则无权执行本程序下面的代码
if ($ _SESSION ['sf']! =10) {
    echo "<script language=javascript>alert ('无权操作^T^') ; </script>";
echo "<META HTTP-EQUIV=  \"Refresh\" CONTENT=\"0;  URL=log.php\"  >";
die ("") ;
  }
```

9. 制作导航栏和页脚栏

设计制作导航栏程序 header.php 和制作页脚栏程序 footer.php，再使用 require（‘header.php’）函数和 require（‘footer.php’）函数将这两个程序展开到本网站的其他功能页面中，就实现了整站风格的统一。

header.php 程序包含 6 项链接：注册、登录、注销、添加新闻、浏览/编辑/删除新闻、搜索新闻。

footer.php 程序包含：宁波职业技术学院电信学院。

10. 增加 cookie 功能

cookie 文件存储在客户端电脑里，对于 IE 来说，具体位置存在 C:\Users\Administrator\AppData\Local\Microsoft\Windows\Temporary Internet Files 中（注意，不同浏览器的保存位置不同），如图 4-18 所示。

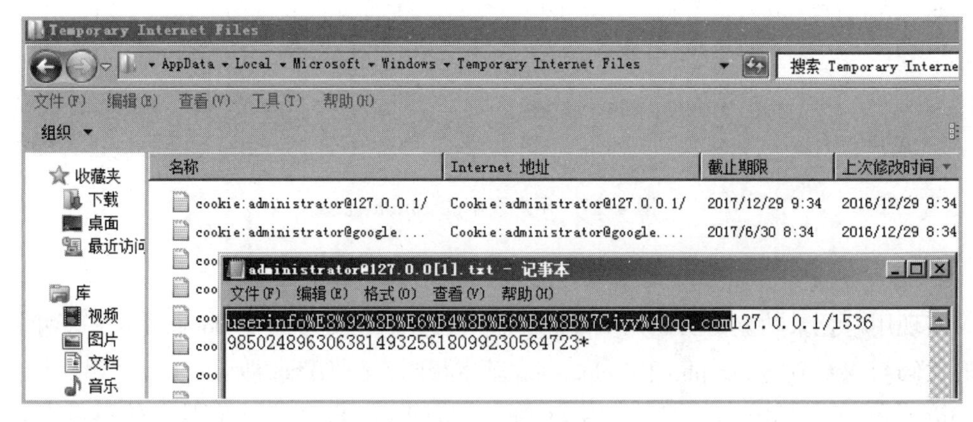

图 4-18　cookie 文件

从 cookie 文件中可以发现，cookie 保存时，会对保存 cookie 信息的 userinfo 字符串如"蒋洋洋 | jyy@ qq.com"采用 urlencode( ) 函数进行编码。

PHP cookies 应用要点：无法在定义 cookies 变量的 PHP 网页里读取刚设置的 koolies 值。因为 cookies 保存在客户端电脑里。

```
//设置本机 cookie 信息
$ set_info=urldecode ($ record->name) ."|". $ record->email;
setcookie ("userinfo", $ set_info, time () +60* 60* 24* 365) ;
//读取 Cookie 中的信息
echo "以下是 cookie 变量的内容：<br>";
$ pp=explode ("|", $ _COOKIE ['  userinfo'  ] ) ;
echo $ pp [0] ."----". $ pp [1] ."<br>";
//从 cookie 变量中擦除用户信息
setcookie ("userinfo", "") ;
```

4.7.2　参考源码

```
//connect.inc
<? php
  //本程序作用是连接 MySQL 数据库服务器
  $ hostname="127.0.0.1: 3366";
  $ username="root";
  $ password="";
  $ dbname="xwsjk";
  $ link_id=mysqli_connect ($ hostname, $ username, $ password) ;
if (! $ link_id)
   {
    die ("连接 MySQL 数据库服务器失败！") ;
   }
? >

//install.php
<? php
  require ('  connect.inc'  ) ; //包含连接文件

  /************************ 查询数据库是否存在************************ /
if (mysqli_select_db ($ link_id, $ dbname) ==TRUE) {
    echo "数据库 [$ dbname] 已经存在，不必创建！<br><a href='  javascript: history.back (-1) '  >
返回</a>";
  die ("") ; }

  /************************ 创建数据库************************ /
  $ str_sql = "CREATE DATABASE $ dbname  CHARACTER SET utf8mb4  COLLATE
utf8mb4_general_ci";
```

```
    if (mysqli_query ($ link_id, $ str_sql) ) {
        echo '  <script language ="javascript">alert ("恭喜你, 数据库 [' .
$ dbname.'  ] 创建成功了! ") ; </script>'  ; }
    else {
        echo '  <script language ="javascript">alert ("创建数据库出错, 请检查是
否已经创建! ") ; </script>'  ; }

    /************************ 打开刚刚创建的这个数据库************************ /
    mysqli_select_db ($ link_id, $ dbname) ;

    /************************ 在刚创建的数据库里创建新闻表**********************
** /
    $ str_sql = "CREATE TABLE xw (  xwid int AUTO_INCREMENT NOT NULL, xwmc
  varchar (255) NOT NULL,   xwnr text NOT NULL, inserttime  timestamp NOT
NULL DEFAULT CURRENT_TIMESTAMP,   /* Keys * /  PRIMARY KEY (xwid) ) ENGINE =
InnoDB";
    if (mysqli_query ($ link_id, $ str_sql) ) {
        echo '  <script language ="javascript">alert ("恭喜你, 新闻表 [xw] 创建
成功了! ") ; </script>'  ; }
    else {
        echo '  <script language ="javascript">alert ("创建新闻表 [xw] 出错, 请
检查是否已经创建! ") ; </script>'  ; }

    /************************ 在刚创建的数据库里创建用户表************************/
    $ str_sql = "CREATE TABLE user (uid int AUTO_INCREMENT NOT NULL, name
  varchar (255) NOT NULL,   psd varchar (128) NOT NULL,   sf int NOT NULL DE-
FAULT '  1'  ,  inserttime  timestamp NOT NULL DEFAULT CURRENT_TIMESTAMP,   /
* Keys * /  PRIMARY KEY (uid) ) ENGINE = InnoDB CHARACTER SET utf8mb4 COLLATE
utf8mb4_unicode_ci";
    if (mysqli_query ($ link_id, $ str_sql) ) {
        echo '  <script language ="javascript">alert ("恭喜你, 用户表 [user] 创
建成功了! ") ; </script>'  ; }
    else {
        echo '  <script language ="javascript">alert ("创建用户表 [user] 出错,
请检查是否已经创建! ") ; </script>'  ; }

    /*********************** 在 user 表中插入 admin 账号, 密码是 123456**********************
**/
    $ str_sql = "insert intouser (name, psd, sf) values ('  admin'  , '  e-
10adc3949ba59abbe56e057f20f883e'  , 10) ";
    if (mysqli_query ($ link_id, $ str_sql) ) {
        echo '  <script language ="javascript">alert ("恭喜你, admin 账号创建成
功, 密码是 123456") ; </script>'  ; }
```

```
    else {
        echo '  <script language ="javascript">alert ("admin 账号创建失败! ") ;
</script>'  ; }

     mysqli_close ($ link_id) ; //关闭 MySQL 数据库连接
    ? >

    //insert.php
    <? php
    require ("header.php") ;
    ? >

    增加新闻
    <form method=post action=doinsert.php>
    新闻名称: <input type=text name=xwmc  size=10><br>
    新闻内容: <br>
    <textarea name=xwnr cols=50 rows=5>
    </textarea><br>
    验证码: <input type=text name=myyzm><img src=yzm.php><br>
    <input type=submit value="增加">
    <input type=reset value="重置">
    </form>

    <? php
    require ("footer.php") ;
    ? >

    //yzm.php
    <? php
    /* *
    *  vCode (m, n, x, y) m 个数字  显示大小为 n  边宽 x  边高 y
    *  http: //blog.qita.in
    * 自己改写记录 session $ code
    * /
    session_start () ;
    vCode (4, 15) ; //4 个数字, 显示大小为 15
    function vCode ($ num = 4, $ size = 20, $ width = 0, $ height = 0) {
        ! $ width && $ width = $ num *  $ size *  4 / 5 + 5;
        ! $ height && $ height = $ size + 10;
        //去掉了 0、1 这两个数字和 o、l、O、L 这四个字母
        $ str = "23456789abcdefghijkmnpqrstuvwxyzABCDEFGHIJKLMNPQRSTUVW";
        $ code = '  '  ;
    for ($ i = 0; $ i < $ num; $ i++) {
```

```
        $ code . = $ str [mt_rand (0, strlen ($ str) -1) ];
    }
    //画图像
    $ im =imagecreatetruecolor ($ width, $ height) ;
    //定义要用到的颜色
    $ back_color =imagecolorallocate ($ im, 235, 236, 237) ;
    $ boer_color =imagecolorallocate ($ im, 118, 151, 199) ;
    $ text_color =imagecolorallocate ($ im, mt_rand (0, 200) , mt_rand (0,
120) , mt_rand (0, 120) ) ;
    //画背景
  imagefilledrectangle ($ im, 0, 0, $ width, $ height, $ back_color) ;
    //画边框
  imagerectangle ($ im, 0, 0, $ width-1, $ height-1, $ boer_color) ;
    //画干扰线
  for ($ i = 0; $ i < 5; $ i++) {
        $ font_color =imagecolorallocate ($ im, mt_rand (0, 255) , mt_rand
(0, 255) , mt_rand (0, 255) ) ;
  imagearc ($ im, mt _ rand (- $ width, $ width) , mt _ rand (- $ height,
$ height) , mt_rand (30, $ width * 2) , mt_rand (20, $ height * 2) , mt_rand (0,
360) , mt_rand (0, 360) , $ font_color) ;
    }
    //画干扰点
  for ($ i = 0; $ i < 50; $ i++) {
        $ font_color =imagecolorallocate ($ im, mt_rand (0, 255) , mt_rand
(0, 255) , mt_rand (0, 255) ) ;
  imagesetpixel ($ im, mt_rand (0, $ width) , mt_rand (0, $ height) , $ font_
color) ;
    }
    //画验证码
  @ imagefttext ($ im, $ size , 0, 5, $ size + 3, $ text_color, '  c:\\WINDOWS \\
Fonts \\simsun. ttc'  , $ code) ;
    $ _SESSION ["VerifyCode"] =$ code;
  header ("Cache-Control: max-age =1, s-maxage =1, no-cache, must-revali-
date") ;
  header ("Content-type: image/png; charset=gb2312") ;
  imagepng ($ im) ;
  imagedestroy ($ im) ;
  }
  ? >

  //doinsert. php
  <? php
```

```
    session_start () ;
    //判断用户是否登录
  if (empty ($ _SESSION [' name' ] ) ) {
      echo "<script language=javascript>alert (' 请先登录^T^' ) ; </
script>";
  echo " <META HTTP-EQUIV= \"Refresh\" CONTENT=\"0; URL=log.php\" >";
  die ("") ;
    }
    //判断登录用户的身份是否是10，否则无权执行本程序下面的代码
  if ($ _SESSION [' sf' ]! =10) {
      echo "<script language=javascript>alert (' 无权操作^T^' ) ; </
script>";
  echo " <META HTTP-EQUIV= \"Refresh\" CONTENT=\"0; URL=log.php\" >";
  die ("") ;
    }

    $ xwmc=$ _POST ["xwmc"];
    $ xwnr=$ _POST ["xwnr"];
    $ myyzm=$ _POST [' myyzm' ];

    //3个输入框都不为空
  if ( empty ($ xwmc) | | empty ($ xwnr) | | empty ($ myyzm) )
    {
      echo "<script language=javascript>alert (' 表单中任何一项不能为空
' ) ; </script>";
  echo " <META HTTP-EQUIV= \"Refresh\" CONTENT=\"0; URL=insert.php\"
>";
  die ("") ;
    }

    //验证码不对则打回去
  if ( strtolower ($ myyzm) ! = strtolower ($ _SESSION ["VerifyCode"] ) )
    {
      echo "<script language=javascript>alert (' 验证码不对' ) ; </script
>";
  echo " <META HTTP-EQUIV= \"Refresh\" CONTENT=\"0; URL=insert.php\"
>";
  die ("") ;
    }

    require (' connect.inc' ) ; //包含连接文件，连接MySQL数据库服务器
    mysqli_select_db ($ link_id, $ dbname) ; //打开$ dbname数据库
    $ str_sql = "insert intoxw (xwmc, xwnr) values (' ". urlencode ($ xwmc)
. "' , ' ". urlencode ($ xwnr) . "' ) ";
```

```
    $ result=mysqli_query ($ link_id, $ str_sql) ; //执行 SQL 命令，打开 xw 表，
指针指向记录集的第 0 条记录处
    if ($ result! =FALSE)
      {
       echo "<script language=' javascript' >alert (' 增加新闻成功！' ) ;
</script>";
      }
    else
      {
       echo "<script language=' javascript' >alert (' 增加新闻失败 T_T
' ) ; </script>";
    echo " <META HTTP-EQUIV= \"Refresh\" CONTENT=\"0; URL=insert.php\"
>";
       mysqli_close ($ link_id) ; //关闭 MySQL 数据库连接
    die ("") ;
      }
     mysqli_close ($ link_id) ; //关闭 MySQL 数据库连接
    echo " <META HTTP-EQUIV= \"Refresh\" CONTENT=\"0; URL=insert.php\"
>";
    ? >

    //list.php
    <? php
    require ("header.php") ;
    ? >
    <? php
     require (' connect.inc' ) ; //包含连接文件，连接 MySQL 数据库服务器
     mysqli_select_db ($ link_id, $ dbname) ; //打开$ dbname 数据库
     $ str_sql = "select count (xwid) from xw"; //总记录数
     $ result=mysqli_query ($ link_id, $ str_sql) ; //执行 SQL 命令，打开 xw 表，
指针指向记录集的第 0 条记录处
     mysqli_data_seek ($ result, 0) ; //将记录集指针移动到第 1 行，即第 0 条记录处
     $ record=mysqli_fetch_array ($ result) ; //获取当前指针处记录对象
     $ number_of_rows=$ record [0]; //记录总数

     //设置每页显示记录数目
     $ pagesize=2;

     //计算总页数，采用 ceil 函数，进一取整法，但如果是整数，则不会向前进 1
     $ totalpage=ceil ($ number_of_rows / $ pagesize) ;

     //显示跳页码的超链接
    echo "<table width=800 border=0 ><tr><td>";
     echo "总记录数：<font color=red>". $ number_of_rows . "</font>条，";
```

```
    echo "总页数：". $ totalpage . "页，";
    echo "每页显示：". $ pagesize . "条记录，";

    //决定现在要显示哪一页
  if (! isset ($ _GET [ "mypageno"] ) ) $ pageno = 1; //isset 判断是否定义
mypageno 参数，如果没定义，则返回 FALSE。isset () 函数，用来判断一个变量是否存在。
  else  $ pageno=$ _GET [' mypageno' ];

    echo "当前页：". $ pageno . "    ";
  if ($ pageno! = 1)   echo "<a href = list.php? mypageno = 1 >第一页</a >
    ";
  if ($ pageno>1)  echo "<a href=list.php? mypageno=". ($ pageno-1) . ">上
一页</a>    ";
  if ($ pageno < $ totalpage)   echo " < a href = list.php? mypageno = " .
($ pageno+1) . ">下一页</a>    ";
  if ($ pageno! =$ totalpage && $ totalpage! =0)  echo "<a href=list.php?
mypageno=". $ totalpage . ">最后页</a>";
  echo "</td></tr></table>";

    $ str_sql = "select xwid, xwmc, inserttime from xw limit ". ($ pageno-1)
* $ pagesize . ", ". $ pagesize;
    $ result=mysqli_query ($ link_id, $ str_sql) ; //执行 SQL 命令，打开 xw 表，
指针指向记录集的第 0 条记录处

    //显示记录的方法，读入对象，直接以字段名称识别字段值，推荐使用
    mysqli_data_seek ($ result, 0) ; //将记录集指针移动到第 1 行，即第 0 条记录处
  echo "<br>";
  echo "<table border=1>";
    echo "<tr><td>新闻 ID</td><td>新闻名称</td><td>插入时间</td><td>编辑新闻
</td><td>删除新闻</td></tr>";
  while ($ record=mysqli_fetch_object ($ result) )
     {
      printf ("<tr><td>% s</td><td><a href=showxwnr.php? xwid=% s>% s</a></
td><td>% s</td><td><a href=edit.php? xwid=% s>编辑</a></td><td><a href=de-
lete.php? xwid=% s&xwmc=% s>删除</a></td></tr>", $ record->xwid, $ record->
xwid, urldecode ($ record - > xwmc) , $ record - > inserttime, $ record - > xwid,
$ record->xwid, $ record->xwmc) ;
    }
  echo "</table>";

    mysqli_close ($ link_id) ; //关闭 MySQL 数据库连接
  ? >
```

```
<? php
require ("footer.php") ;
? >

//showxwnr.php
<? php
require ("header.php") ;
? >
<? php
  $ xwid=$ _GET [' xwid' ];   //取出要浏览的新闻 ID 号

  require (' connect.inc' ) ; //包含连接文件，连接 MySQL 数据库服务器
  mysqli_select_db ($ link_id, $ dbname) ; //打开$ dbname 数据库
  $ str_sql = "select xwmc, xwnr from xw where xwid=". $ xwid;
  $ result=mysqli_query ($ link_id, $ str_sql) ; //执行 SQL 命令，打开 xw 表，
指针指向记录集的第 0 条记录处
  mysqli_data_seek ($ result, 0) ; //将记录集指针移动到第 1 行，即第 0 条记录处
  $ record=mysqli_fetch_object ($ result) ;

  //解码
  $ xwmc=urldecode ($ record->xwmc) ;
  //将文本里的回车换行符 [\r\n] 替换成 HTML 里能识别的 [<br>]
  $ xwmc=str_replace ("\r\n", "<br>", $ xwmc) ;
  //将文本里的空格符 [ ] 替换成 HTML 里能识别的 [ ]
  $ xwmc=str_replace (" ", "  ", $ xwmc) ;

  //解码
  $ xwnr=urldecode ($ record->xwnr) ;
  //将文本里的回车换行符 [\r\n] 替换成 HTML 里能识别的 [<br>]
  $ xwnr=str_replace ("\r\n", "<br>", $ xwnr) ;
  //将文本里的空格符 [ ] 替换成 HTML 里能识别的 [ ]
  $ xwnr=str_replace (" ", "  ", $ xwnr) ;

echo "<table width=800 border=0 align=center>";
echo "<tr><td align=center><font size=6>". $ xwmc . "</font></td></tr>";
echo "<tr><td>". $ xwnr . "</td></tr>";
echo "</table>";

  mysqli_close ($ link_id) ; //关闭 MySQL 数据库连接
? >
<? php
require ("footer.php") ;
? >
```

```
//edit.php
<? php
require ("header.php") ;
? >
<? php
  $ xwid=$ _GET [' xwid' ];

  require (' connect.inc' ) ; //包含连接文件，连接 MySQL 数据库服务器
  mysqli_select_db ($ link_id, $ dbname) ; //打开$ dbname 数据库
  $ str_sql = "select xwmc, xwnr from xw where xwid=". $ xwid;
  $ result=mysqli_query ($ link_id, $ str_sql) ;
  mysqli_data_seek ($ result, 0) ; //将记录集指针移动到第 1 行，即第 0 条记录处

  $ record=mysqli_fetch_object ($ result) ;

  $ xwmc=urldecode ($ record->xwmc) ;
  $ xwnr=urldecode ($ record->xwnr) ;

  mysqli_close ($ link_id) ; //关闭 MySQL 数据库连接
? >

<form method=post action=doedit.php>
<input type="hidden" name=' xwid' value=<? php echo $ xwid; ? > >
<input type=text size=100 name=' xwmc' value=<? php echo $ xwmc; ? >><
br>
<textarea type=text name=' xwnr' cols=80 rows=20><? php echo $ xwnr; ?
></textarea><br>
<input type=submit value=' 保存' >
</form>
<? php
require ("footer.php") ;
? >

//doedit.php
<? php
  session_start () ;
  //判断用户是否登录
if (empty ($ _SESSION [' name' ] ) ) {
    echo "<script language=javascript>alert (' 请先登录^T^' ) ; </
script>";
echo " <META HTTP-EQUIV= \"Refresh\" CONTENT=\"0; URL=log.php\" >";
die ("") ;
  }
```

```
    //判断登录用户的身份是否是 10，否则无权执行本程序下面的代码
    if ($_SESSION['sf']!=10){
        echo "<script language=javascript>alert('无权操作^T^');</script>";
    echo "<META HTTP-EQUIV=\"Refresh\" CONTENT=\"0;URL=log.php\">";
    die("");
      }

      $xwid=$_POST['xwid'];
      $xwmc=urlencode($_POST['xwmc']);
      $xwnr=urlencode($_POST['xwnr']);

      require('connect.inc');//包含连接文件，连接 MySQL 数据库服务器
      mysqli_select_db($link_id,$dbname);//打开$dbname 数据库
      $str_sql = "update xw set xwmc='".$xwmc."',xwnr='".$xwnr."' where xwid=$xwid";
      $result=mysqli_query($link_id,$str_sql);
      mysqli_close($link_id);//关闭 MySQL 数据库连接
      echo "<script language=javascript>alert('保存成功!');</script>";
    echo "<META HTTP-EQUIV=\"Refresh\" CONTENT=\"0;URL=list.php\">";
    ?>

    //delete.php
    <?php
      $xwid=$_GET['xwid'];
      $xwmc=$_GET['xwmc'];
    ?>

    <script>
      var sure=confirm('确定要删除这条新闻吗?\n\r\n\r<?php echo $xwmc;?>');
    if(1==sure){
          location.href="dodelete.php?xwid=<?php echo $xwid;?>";
      }
    else{
        location.href='list.php';
      }
    </script>

    //dodelete.php
    <?php
      session_start();
      //判断用户是否登录
```

```
    if (empty ($ _SESSION [ '  name'  ] ) ) {
        echo "<script language=javascript>alert ('  请先登录^T^'  ) ; </
script>";
    echo "  <META HTTP-EQUIV=  \"Refresh\" CONTENT=\"0;  URL=log.php\"  >";
    die ("") ;
      }
      //判断登录用户的身份是否是 10, 否则无权执行本程序下面的代码
    if ($ _SESSION [ '  sf'  ]! =10) {
        echo "<script language=javascript>alert ('  无权操作^T^'  ) ; </
script>";
    echo "  <META HTTP-EQUIV=  \"Refresh\" CONTENT=\"0;  URL=log.php\"  >";
    die ("") ;
      }

      $ xwid=$ _GET [ '  xwid'  ];

      require ('  connect.inc'  ) ; //包含连接文件, 连接 MySQL 数据库服务器
      mysqli_select_db ($ link_id, $ dbname) ; //打开$ dbname 数据库
      $ str_sql = "delete from xw where xwid=$ xwid";
      $ result=mysqli_query ($ link_id, $ str_sql) ;
      mysqli_close ($ link_id) ; //关闭 MySQL 数据库连接
      echo "<script language=javascript>alert ('  删除成功! '  ) ; </script>";
    echo "  <META HTTP-EQUIV=  \"Refresh\" CONTENT=\"0;  URL=list.php\"  >";
    ? >

    //search.php
    <? php
    require ("header.php") ;
    ? >
    查询新闻名称中包含<br>
    <form action=dosearch.php method=post>
    关键字: <input type=text name=mykey><br>
    验证码: <input type=text name=myyzm><img src=yzm.php><br>
      <input type=submit value='  查询'  ><input type=reset value='  重置
'  >
    </form>
    <? php
    require ("footer.php") ;
    ? >

    //dosearch.php
    <? php
    require ("header.php") ;
```

```
? >
<? php

if (! isset ($ _GET ["mykey"] ) )
{
  session_start () ;

  $ mykey=$ _POST ["mykey"];
  $ myyzm=$ _POST [' myyzm' ];

  //2 个输入框都不为空
if ( empty ($ mykey) | | empty ($ myyzm) )
   {
    echo "<script language = javascript >alert (' 表单中任何一项不能为空
' ) ; </script>";
echo "<META HTTP-EQUIV= \"Refresh \" CONTENT = \"0; URL=search. php \" >";
die ("") ;
  }

  //验证码不对则打回去
if ( strtolower ($ myyzm) ! = strtolower ($ _SESSION ["VerifyCode"] ) )
   {
    echo "<script language=javascript>alert (' 验证码不对' ) ; </script
>";
echo "<META HTTP-EQUIV= \"Refresh \" CONTENT = \"0; URL=search. php \" >";
die ("") ;
  }
  $ mykey=urlencode ($ mykey) ;
  $ mykey2 = $ mykey;
  $ mykey=str_replace ("% ", "\% ", $ mykey) ;
}
else
{
  $ mykey=$ _GET [' mykey' ];
  $ mykey=urlencode ($ mykey) ;
  $ mykey2 = $ mykey;
  $ mykey=str_replace ("% ", "\% ", $ mykey) ;
}

  require (' connect. inc' ) ; //包含连接文件, 连接 MySQL 数据库服务器
  mysqli_select_db ($ link_id, $ dbname) ; //打开$ dbname 数据库
  $ str_sql = "selectcount (xwid) from xw where xwmc like ' % ". $ mykey .
"% ' "; //总记录数
```

```
    $ result=mysqli_query ($ link_id, $ str_sql) ; //执行 SQL 命令，打开 xw 表，
指针指向记录集的第 0 条记录处
    mysqli_data_seek ($ result, 0) ; //将记录集指针移动到第 1 行，即第 0 条记录处
    $ record=mysqli_fetch_array ($ result) ; //获取当前指针处记录对象
    $ number_of_rows=$ record [0]; //记录总数

    //设置每页显示记录数目
    $ pagesize=2;

    //计算总页数，采用 ceil 函数，进一取整法，但如果整数，则不会向前进 1
    $ totalpage=ceil ($ number_of_rows / $ pagesize) ;

    //显示跳页码的超链接
   echo "<table width=800 border=0 ><tr><td>";
    echo "总记录数：<font color=red>". $ number_of_rows . "</font>条，";
    echo "总页数：". $ totalpage . "页，";
    echo "每页显示：". $ pagesize . "条记录，";

    //决定现在要显示哪一页？
   if (! isset ($ _GET [ "mypageno"] ) ) $ pageno = 1; //isset 判断是否定义
mypageno 参数，如果没定义，则返回 FALSE。isset () 函数，来判断一个变量是否存在。
   else  $ pageno=$ _GET [' mypageno' ];

    echo "当前页：". $ pageno . "    ";
   if ($ pageno! = 1)   echo "<a href = dosearch.php? mypageno = 1&mykey =
$ mykey2>第一页</a>    ";
   if ($ pageno>1)   echo "<a href=dosearch.php? mypageno=". ($ pageno-1) . "
&mykey=$ mykey2>上一页</a>    ";
   if ($ pageno < $ totalpage)   echo "<a href = dosearch.php? mypageno = " .
($ pageno+1) . "&mykey=$ mykey2>下一页</a>    ";
   if ($ pageno! = $ totalpage && $ totalpage! = 0)   echo "<a href = dose-
arch.php? mypageno=". $ totalpage . "&mykey=$ mykey2>最后页</a>";
   echo "</td></tr></table>";

    $ str_sql = "select xwid, xwmc, inserttime from xw where xwmc like ' %".
$ mykey . "% ' limit ". ($ pageno-1) * $ pagesize . ", ". $ pagesize;
    $ result=mysqli_query ($ link_id, $ str_sql) ; //执行 SQL 命令，打开 xw 表，
指针指向记录集的第 0 条记录处

    //显示记录的方法，读入对象，直接以字段名称识别字段值，推荐使用
    mysqli_data_seek ($ result, 0) ; //将记录集指针移动到第 1 行，即第 0 条记录处
    echo "<br>";
    echo "<table border=1>";
```

```
    echo "<tr><td>新闻 ID</td><td>新闻名称</td><td>插入时间</td><td>编辑新闻
</td><td>删除新闻</td></tr>";
  while ($ record=mysqli_fetch_object ($ result) )
    {
     printf ("<tr><td>% s</td><td><a href=showxwnr.php? xwid=% s>% s</a></
td><td>% s</td><td><a href=edit.php? xwid=% s>编辑</a></td><td><a href=de-
lete.php? xwid=% s&xwmc=% s>删除</a></td></tr>", $ record->xwid, $ record->
xwid, urldecode ($ record - > xwmc) , $ record - > inserttime, $ record - > xwid,
$ record->xwid, $ record->xwmc) ;
    }
  echo "</table>";

    mysqli_close ($ link_id) ; //关闭 MySQL 数据库连接
  ? >
  <? php
  require ("footer.php") ;
  ? >

  //log.php
  <? php
  require ("header.php") ;
  ? >
  <? php
  if (empty ($ _SESSION [' name' ] ) )
    {
     //读取 Cookie 中的信息
     $ pp=explode ("|", $ _COOKIE [' userinfo' ] ) ;
     $ name=$ pp [0];
     $ sf=$ pp [1];

  echo "<form action=dolog.php method=post>";
     echo "用户名：<input type=text name=name value=$ name><br>";
     echo "密码：<input type=password name=psd1><br>";
     echo "验证码：<input type=text name=myyzm><img src=yzm.php><br>";
     echo "<input type=submit value=' 登录' >";
  echo "</form>";
    }
   else echo "你已经登录了！<br><br>";
  ? >
  <? php
  require ("footer.php") ;
  ? >
```

```
//dolog.php
<? php

  //session_start () ;

  //接收表单传值
  $ name=$ _POST [' name' ];
  $ psd1=$ _POST [' psd1' ];
  $ myyzm=$ _POST [' myyzm' ];

  //3 个输入框都不为空
if ( empty ($ name) | | empty ($ psd1) | | empty ($ myyzm) )
  {
   echo "<script language = javascript >alert (' 表单中任何一项不能为空
' ) ; </script>";
echo " <META HTTP-EQUIV= \"Refresh \" CONTENT= \"0; URL=log.php \" >";
die ("") ;
  }

  //验证码不对则打回去
if ( strtolower ($ myyzm) ! = strtolower ($ _SESSION ["VerifyCode"] ) )
  {
   echo "<script language=javascript>alert (' 验证码不对' ) ; </script>";
echo " <META HTTP-EQUIV= \"Refresh \" CONTENT= \"0; URL=log.php \" >";
die ("") ;
  }
  //防止 SQL 注射语句
  //如果用户名中包含 "' " 单引号字符，则返回
if (strstr ($ _POST [' name' ], "' ") )
  {
    echo "<script>alert (' 账号中不能包含单引号！ ' ) ; </script>";
echo " <META HTTP-EQUIV= \"Refresh \" CONTENT= \"0; URL = log.php \"
>";
die ("") ;
  }

  //查询数据库中是否有此账号和密码?
  require (' connect.inc' ) ; //包含连接文件，连接 MySQL 数据库服务器
  mysqli_select_db ($ link_id, $ dbname) ; //打开$ dbname 数据库
  $ str_sql = "select sf from user where name=' ". urlencode ($ name) . "
' and psd=' ". md5 ($ psd1) . "' ";
  $ result=mysqli_query ($ link_id, $ str_sql) ; //执行 SQL 命令，打开 user
表，指针指向记录集的第 0 条记录处
```

```
    $ number_of_rows=mysqli_num_rows ($ result) ; //记录总行数，要么 1 条，要
么 0 条
   if ($ number_of_rows == 0)
     {
      echo "<script language=javascript>alert ('  用户名或密码错误！ ' ) ; </
script>";
   echo "  <META HTTP-EQUIV=  \"Refresh\" CONTENT=\"0;  URL=log.php\"  >";
      mysqli_close ($ link_id) ; //关闭 MySQL 数据库连接
   die ("") ;
     }

    mysqli_data_seek ($ result, 0) ; //将记录集指针移动到第 1 行，即第 0 条记录处
    $ record-mysqli_fetch_array ($ result) ; //获取当前指针处记录对象
    $ sf=$ record [0]; //此用户的身份值
    mysqli_close ($ link_id) ; //关闭 MySQL 数据库连接

    //设置服务器 session 信息
    $ _SESSION ['  name'  ] =$ name;
    $ _SESSION ['  sf'  ] =$ sf;

    //设置本机 Cookie 信息
    $ set_info=urldecode ($ name) ."|". $ sf;
   setcookie ("userinfo", $ set_info, time () +60* 60* 24* 365) ;

   echo "  <META HTTP-EQUIV=  \"Refresh\" CONTENT=\"0;  URL=list.php\"  >";
   ? >

   //logout.php
   <? php
    session_start () ;
    $ _SESSION ['  name'  ] ="";

    //从 Cookie 变量中擦除用户信息
   setcookie ("userinfo", "") ;

    echo "<script language=javascript>alert ('  注销成功！ ' ) ; </script>";
   echo "  <META HTTP-EQUIV=  \"Refresh\" CONTENT=\"0;  URL=list.php\"  >";
   ? >

   //header.php
   <? php
    session_start () ;
```

```
    echo " (1) <a href=reg.php>注册</a> (2) <a href=log.php>登录</a> (3) <a href=logout.php>注销</a> (4) <a href=insert.php>添加新闻</a> (5) <a href=list.php>浏览/编辑/删除新闻</a> (6) <a href=search.php>搜索新闻</a><br><br>";

    if (empty ($ _SESSION [' name' ] ) ) echo ' 请先登录! ' . ' <br><br>' ;
    else echo ' 您好, ' . $ _SESSION [' name' ]. ' <br><br>' ;
?>

//footer.php
<? php
echo "<div style=' text-align: center; margin: auto; height: 53px; ' >";
  echo "<div style=' color: #ffffff; background: #0070a8; height: 40px; font-size: 14px; vertical-align: central; line-height: 40px; ' >宁波职业技术学院电信学院</div>";
echo "<div style=' background: #05acff; width: 100% ; height: 13px; position: relative; ' ></div>";
echo "</div>";
echo "<p></p>";
?>
```

第 5 章 综合项目实践

本章将综合运用前面所学知识技能，设计制作一个网站登录注册系统，网站名为“沙漠书城”。先设计简易网站登录系统，包括示意主页、登录表单、登录验证程序，以及退出登录程序。再设计网站用户数据库、网站用户注册系统、基于数据库的登录验证程序。最后设计网站登录注册系统其他功能模块，包括修改用户信息、注销用户等。

5.1 设计“沙漠书城”网站简易登录系统

“沙漠书城”网站简易登录系统，包括示意主页、登录表单、登录验证程序，以及退出登录程序等，如图 5-1 所示。

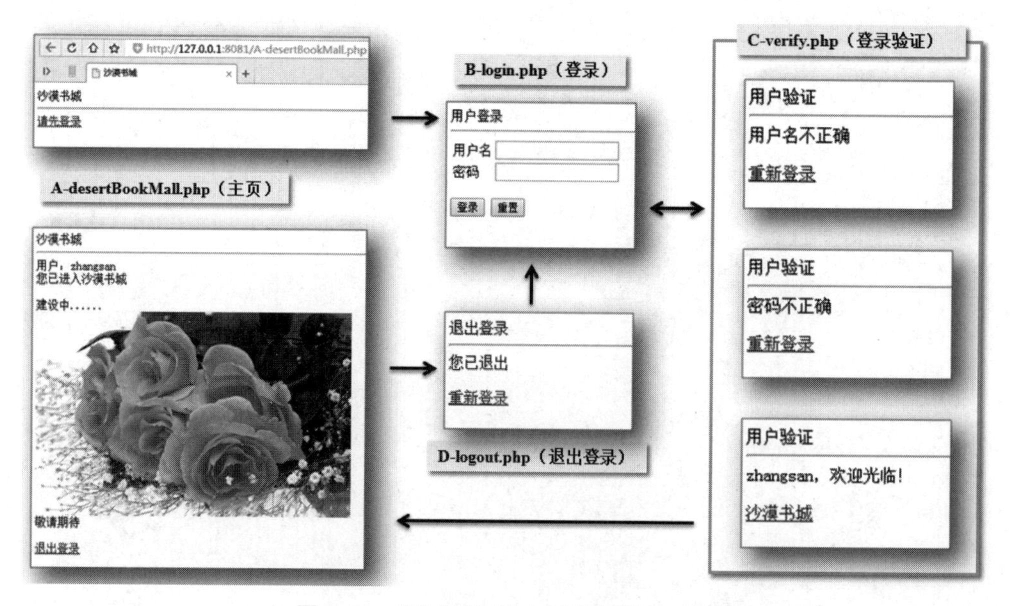

图 5-1　“沙漠书城”网站简易登录系统

“沙漠书城”网站简易登录系统要求能实现以下功能：打开主页（A-desertBook-Mall. php），系统判断用户是否已登录，如已登录，则显示“沙漠书城”示意主页，如未登录，则显示“请先登录”链接。用户单击“请先登录”链接，打开登录表单（B-login. php），用户输入用户名、密码后，单击“登录”按钮，调用登录验证程序（C-verify. php）。登录验证程序判断用户名、密码是否正确，如不正确，显示相应错误信息和“重新登录”链接；如正确，则进入登录状态（在 PHP 服务器上做登录标记，将用户名写入 session，定名为 s_name），显示欢迎信息和到“沙漠书城”主页的链接。由于是简易系统，暂无用户数据库，正确的用户名、密码以数据定义方式在登录验证程序中设置。在主页上单击退出登录链接，调用退出登录程序（D-logout. php），退出登录状态（清除登录标记），显示”重新登录“链接，用户单击”重新登录“链接，可再进入登录表单。

启动 WAMP 服务器，打开编辑器（Sublime Text 或 DreamWeaver），在 web 根目录（htdocs）下编写程序，建议建一个名为 DBM（Desert Book Mall 沙漠书城）的目录，将相关程序存在该目录下。

5.1.1　编写主页

“沙漠书城”网站主页（A-desertBookMall. php）编程要点如下。

（1）启动 session。

（2）读取 session 上的用户名。

（3）判断用户名是否为空。

（4）如果用户名为空，则显示“请先登录”链接，终止当前 PHP 进程。

（5）如果用户名不为空，则显示“沙漠书城”示意主页。

“沙漠书城”网站主页程序代码如图 5-2 所示。

```
A-desertBookMall.php ×
<title>沙漠书城</title>

沙漠书城<br><hr>

<?PHP
session_start();

$name=$_SESSION["s_name"];
if(empty($name))
{
  echo "<a href=\"B-login.php\">请先登录</a>";
  die("");
}

echo "用户：".$name."<br>";
echo "您已进入沙漠书城<br><br>";
echo "建设中......<br>";
echo "<img src=\"t3.jpg\" width=450 height=281><br>";
echo "敬请期待<br><br>";
echo "<a href=\"D-logout.php\">退出登录</a>";
?>
```

图 5-2　“沙漠书城”网站主页程序代码

读取 session 上的用户名并判断是否为空，这是为了判断用户是否登录，若用户已登录，登录验证程序会在 PHP 服务器上做登录标记，将用户名写入 session，定名为 s_name。由于程序有 session 操作，程序的第一条语句应为启动 session 语句。t3. jpg 为沙漠书城主页示意内容，可用其他图片代替。“请先登录”链接用来打开登录页面 B-login. php，“退出登录”链接用来调用退出登录程序 D-logout. php。

5.1.2 编写登录表单

登录表单（B-login. php）的主体是用户名和密码两个输入控件，前者使用 text，后者使用 password。为使控件对齐，使用隐形表格。考虑到用户输入用户名正确但密码不正确的情形，用户名应自动输入，登录验证程序设计为将正确的用户名存入 cookie，定名为 c_name，这里嵌入一段 PHP 代码，读取 cookie，将正确的用户名填入用户名控件。表单提交后，自动打开登录验证程序（C-verify. php）。

登录表单程序代码如图 5-3 所示。

```
B-login.php
<title>用户登录</title>

用户登录<br><hr>

<form method="post" action="C-verify.php">
<table>

<?PHP
session_start();
$name=$_COOKIE["c_name"];
echo "<tr><td>用户名</td>
          <td><input type=text name=name value=$name></td></tr>";
?>

  <!--用户名<input type="text" name="name"><br>-->

  <tr><td>密码</td><td><input type="password" name="pw"></td></tr>

</table><br>

  <input type="submit" value="登录">
  <input type="reset" value="重置">

</form>
```

图 5-3　登录表单程序代码

5.1.3 编写登录验证程序

登录验证程序（C-verify. php）编程要点如下。

（1）启动 session。

（2）定义正确的用户名和密码。

（3）读取表单数据。

（4）判断用户输入的用户名是否正确。

（5）判断用户输入的密码是否正确。

(6) 登录验证。

登录验证程序流程如图 5-4 所示。

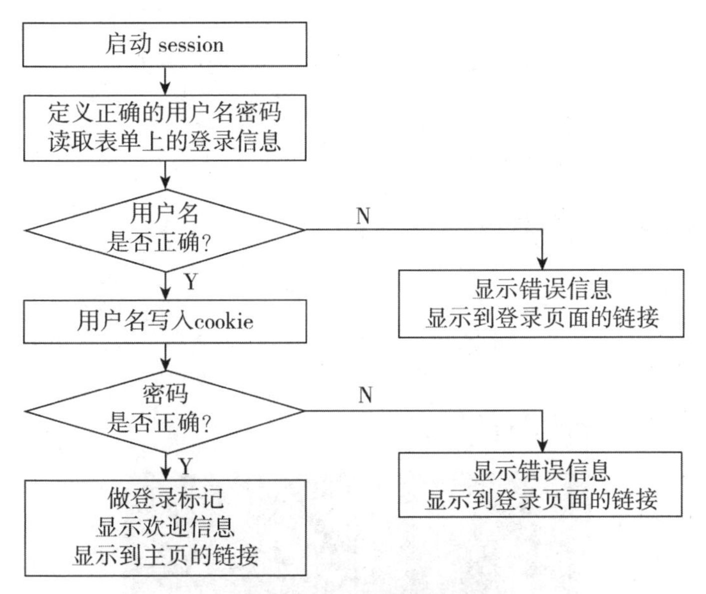

图 5-4　登录验证程序流程

登录验证程序代码如图 5-5 所示。

```
C-verify.php
<title>用户验证</title>

用户验证<br><hr>

<?PHP
session_start();

$d_name="zhangsan";
$d_pw="123456";

$name=$_POST["name"];
$pw=$_POST["pw"];

if($name!=$d_name)
{
  echo "用户名不正确<br><br>";
  echo "<a href=\"B-login.php\">重新登录</a>";
  die("");
}
setcookie("c_name",$name);

if($pw!=$d_pw)
{
  echo "密码不正确<br><br>";
  echo "<a href=\"B-login.php\">重新登录</a>";
  die("");
}

$_SESSION["s_name"]=$name;
echo $name."，欢迎光临！<br><br>";
?>

<a href="A-desertBookMall.php">沙漠书城</a>
```

图 5-5　登录验证程序代码

由于是简易登录系统，没有用户数据库，程序里用数据定义的方式设置了正确的用户名和密码。考虑到用户输入用户名正确但密码不正确的情形，用户名应自动输入，程序将正确的用户名存入 cookie，定名为 c_name，供登录页面读取。当用户名和密码都正确时，将用户名写入 session，定名为 s_name，作为登录标记。登录后可单击“沙漠书城”链接，前往网站主页（A-desertBookMall. php）。由于程序有 session 操作，程序的第一条语句应为启动 session 语句。

5.1.4 编写退出登录程序

退出登录程序（D-logout. php）编程要点如下。

（1）启动 session。

（2）清除登录标记。

退出登录程序代码如图 5-6 所示。

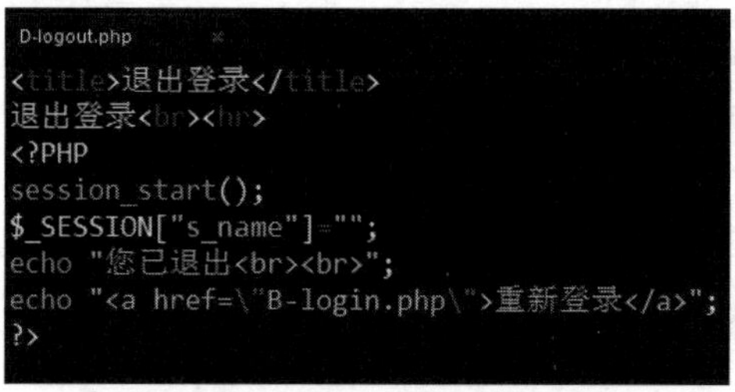

D-logout.php

```
<title>退出登录</title>
退出登录<br><br>
<?PHP
session_start();
$_SESSION["s_name"]="";
echo "您已退出<br><br>";
echo "<a href=\"B-login.php\">重新登录</a>";
?>
```

图 5-6 退出登录程序代码

退出登录即清除登录标记，也就是把存储用户名的 session（名为 s_name）清空，写入空字符串即可。由于程序有 session 操作，程序的第一条语句应为启动 session 语句。退出后可单击“重新登录”链接，前往登录页面（B-login. php）再次登录。

5.2 设计“沙漠书城”网站用户数据库

为“沙漠书城”网站设计用户数据库 usermng，设计用户注册信息表 user。用户注册信息表结构设计如表 5-1 所示。

表 5-1 用户注册信息表结构设计

字段名	意义	数据类型（长度）	其他
number	序号	int	PRIMARY KEYAUTO_INCREMENTNOT NULL
name	用户名	varchar（20）	NOT NULL
password	密码	varchar（255）	NOT NULL 加密存储
truename	真实姓名	varchar（20）	
gender	性别	varchar（20）	

续表

字段名	意义	数据类型（长度）	其他
age	年龄	int	
email	邮箱	varchar（50）	
regtime	注册时间	timestamp	DEFAULT CURRENT_TIMESTAMP
rights	权限	int	DEFAULT '1'
points	积分	int	DEFAULT '0'

用户注册信息表中的记录由用户通过网站注册系统输入，在创建数据库时，仅创建管理员记录，如图 5-7 所示。

序号	用户名	密码	真实姓名	性别	年龄	邮箱	注册时间	权限	积分
1	zhangbaohua	e10adc3949ba59abbe56e057f20f883e	张保华	男	25	zhangbaohua@126.com	2017-11-16 14:50:52	10	0

图 5-7　管理员记录

编写创建数据库（A-createDB-usermng.php）、删除数据库（B-deleteDB）、查看数据库（oppDB-usermng）3 个程序，如图 5-8 所示。建议在 web 根目录（htdocs）下建一个名为 DBM--db 的目录，将相关程序存在该目录下。

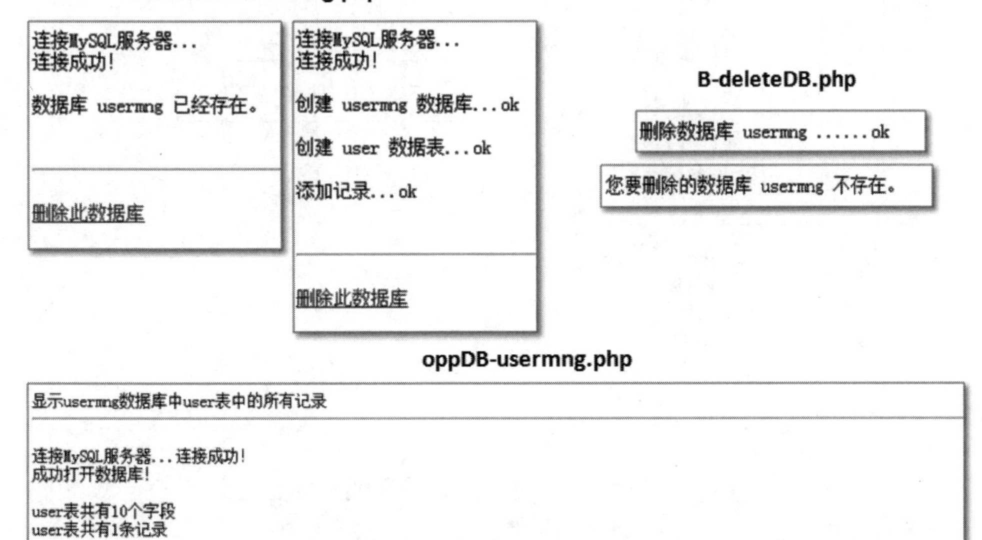

A-createDB-usermng.php
连接MySQL服务器...
连接成功！
数据库 usermng 已经存在。
删除此数据库
连接MySQL服务器...
连接成功！
创建 usermng 数据库...ok
创建 user 数据表...ok
添加记录...ok
删除此数据库
B-deleteDB.php
删除数据库 usermng ......ok
您要删除的数据库 usermng 不存在。
oppDB-usermng.php
显示usermng数据库中user表中的所有记录
连接MySQL服务器...连接成功！
成功打开数据库！
user表共有10个字段
user表共有1条记录
序号 用户名 密码 真实姓名 性别 年龄 邮箱 注册时间 权限 积分
1 zhangbaohua e10adc3949ba59abbe56e057f20f883e 张保华 男 25 zhangbaohua@126.com 2017-11-16 14:50:52 10 0

图 5-8　用户数据库相关程序

5.2.1 编写创建数据库程序

创建数据库程序（A-createDB-usermng. php）编程要点如下。

（1）连接服务器。

（2）判断数据库是否存在。

（3）如果存在，则仅显示存在信息。

（4）如果不存在，则创建数据库、表、添加记录。

（5）关闭服务器连接。

（6）显示到删除程序的链接。

创建数据库程序流程如图 5-9 所示。

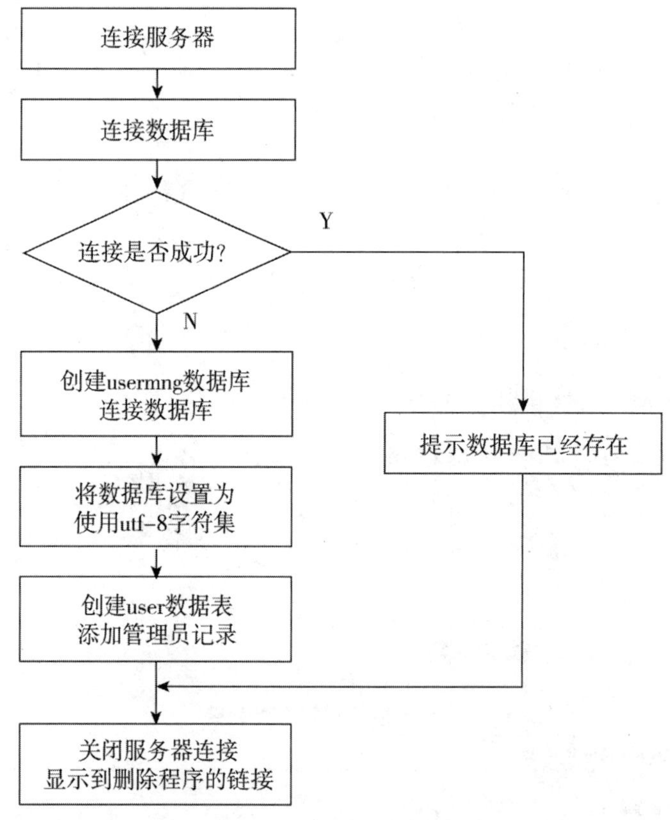

图 5-9 创建数据库程序流程

创建数据库程序代码如图 5-10、图 5-11 所示。

```
A-createDB-usermng.php
<?php
    echo "连接MySQL服务器...<br>";
    $hostname="127.0.0.1";
    $username="root";
    $password="";
    $link_id=mysqli_connect($hostname,$username,$password);
    if($link_id==0)
    {
      die("连接MySQL服务器失败！");
    }
    else
    {
      echo "连接成功！<br>";
    }

    $dbname="usermng";
    $isok=mysqli_select_db($link_id,$dbname);
    if($isok==true)
    {
      echo "<br>数据库 $dbname 已经存在。<br>";
    }
    else
    {
        echo "<br>创建 $dbname 数据库...";
        $str_sql="CREATE DATABASE $dbname CHARACTER SET utf8 COLLATE utf8_general_ci";
        mysqli_query($link_id,$str_sql);
        echo "ok<br>";
        mysqli_select_db($link_id,$dbname);
        mysqli_query($link_id,"SET NAMES utf8");
```

图 5-10 创建数据库程序代码（一）

```
        echo "<br>创建 user 数据表...";
        $str_sql="CREATE TABLE user (number int AUTO_INCREMENT NOT NULL PRIMARY KEY,
                    name varchar(20) NOT NULL,
                                password varchar(255) NOT NULL,
                                truename varchar(20),
                                gender varchar(20),
                                age int,
                                email varchar(50),
                                regtime timestamp DEFAULT CURRENT_TIMESTAMP,
                                rights int DEFAULT '1',
                                points int DEFAULT '0') ENGINE = InnoDB";
        mysqli_query($link_id,$str_sql);
        echo "ok<br>";

        echo "<br>添加记录...";
        $password=md5("123456");
        $str_sql="INSERT INTO user (name,password,truename,gender,age,email,rights)
              VALUES ('zhangbaohua','$password','张保华','男',25,'zhangbaohua@126.com',10)";
        mysqli_query($link_id,$str_sql);
        echo "ok<br>";
    }

    mysqli_close($link_id);
    echo "<br><br><hr><br>";
    echo "<a href=B-deleteDB.php?dbname=$dbname>删除此数据库</a>";
?>
```

图 5-11 创建数据库程序代码（二）

判断数据库是否存在的方法是，假设数据库存在，用 mysqli_select_db（）函数连接数据库，看看连接是否成功，即可知数据库是否存在。操作数据库的方法都是先写出 SQL 语句，再用 mysqli_query（）函数执行 SQL 语句。语句“SET NAMES utf8”为设置数据库使用 utf-8 字符集的 SQL 语句。添加的是一条管理员记录，用户是通过注册系统将信息写入数据库的（注册系统后面会介绍）。密码用 md5（）函数加密，md5（）为单向散列函数，其运算过程不可逆，因此从数据库中也无法获取用户密码。单击删除此数据库链接可调用删除数据库程序（B-deleteDB. php），该链接有传值，传送的是数据库名称。

5.2.2 编写删除数据库程序

删除数据库程序（B-deleteDB. php）编程要点如下。

（1）连接服务器。

（2）接收链接传送的数据库名。

（3）判断数据库是否存在。

（4）如果存在，则删除数据库。

（5）如果不存在，则仅显示提示信息。

（6）关闭服务器连接。

（7）显示返回创建数据库页面的链接。

删除数据库程序代码如图 5-12 所示。

```
B-deleteDB.php
<?php
  echo "连接MySQL服务器...";
  $hostname="127.0.0.1";
  $username="root";
  $password="";
  $link_id=mysqli_connect($hostname,$username,$password);
  if($link_id==0)
  {
    die("连接MySQL服务器失败！");
  }
  else
  {
    echo "连接成功！<br><br>";
  }

  $dbname=$_GET["dbname"];
  $isok=mysqli_select_db($link_id,$dbname);
  if($isok==true)
  {
    echo "删除数据库 $dbname ......";
    $str_sql="drop database $dbname";
    mysqli_query($link_id,$str_sql);
    echo "ok<br>";
  }
  else
  {
    echo "您要删除的数据库 $dbname 不存在。<br>";
  }

  mysqli_close($link_id);
  echo "<br><br><hr><br>";
  echo "<a href=# onclick=history.go(-1)>返回创建数据库页面</a>";
?>
```

图 5-12　删除数据库程序代码

该程序是通过链接打开的，不支持直接打开。有链接传值（传值参数 dbname），为数据库名，即要删除的数据库名，所以程序中需要用 $ _GET 系统预定义数组接收。单击“返回创建数据库页面”链接，可重新创建数据库。

5.2.3　编写查看数据库程序

查看数据库程序（oppDB-usermng. php）编程要点如下。

(1) 连接服务器。

(2) 连接数据库。

(3) 对 user 表进行全查询。

(4) 从查询结果获取 user 表统计信息。

(5) 顺序地从查询结果提取记录并显示在表格中。

(6) 关闭服务器连接。

查看数据库程序流程如图 5-13 所示。

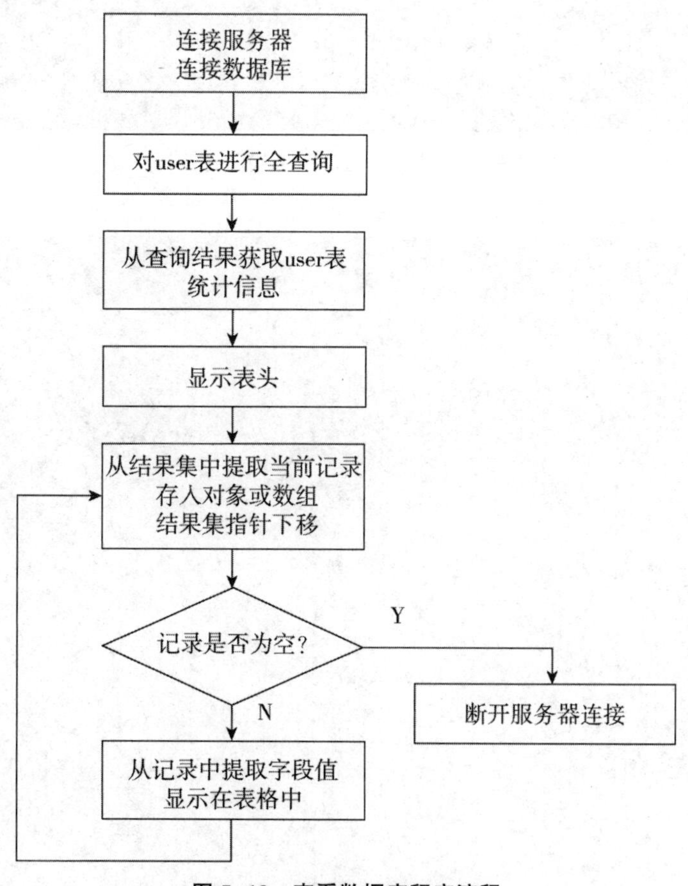

图 5-13　查看数据库程序流程

查看数据库程序代码如图 5-14、图 5-15 所示。

```
oppDB-usermng.php
显示usermng数据库中user表中的所有记录<br><br><br>
<?php
    echo "连接MySQL服务器...";
    $hostname="127.0.0.1";
    $username="root";
    $password="";
    $link_id=mysqli_connect($hostname,$username,$password);
    if($link_id==0)
    {
        die("连接失败！");
    }
    else
    {
        echo "连接成功！<br>";
    }

    $dbname="usermng";
    $isok=mysqli_select_db($link_id,$dbname);
    if($isok==true)
    {
        echo "成功打开数据库！<br><br>";
    }
    else
    {
        die("打开数据库失败！");
    }
    mysqli_query($link_id,"SET NAMES utf8");
```

图 5-14　查看数据库程序代码（一）

```
    $str_sql="select * from user";
    $result=mysqli_query($link_id,$str_sql);

    $number_of_fields=mysqli_num_fields($result);
    $number_of_rows=mysqli_num_rows($result);
    echo "user表共有".$number_of_fields."个字段<br>";
    echo "user表共有".$number_of_rows."条记录<br><br>";

    echo "<table border=1>";
    echo "<tr align=center><td>序号</td><td>用户名</td><td>密码</td>
                          <td>真实姓名</td><td>性别</td><td>年龄</td>
                          <td>邮箱</td><td>注册时间</td><td>权限</td>
                          <td>积分</td></tr>";

    $record=mysqli_fetch_object($result);
    while($record!=0)
    {
      printf("<tr><td>%s</td><td>%s</td><td>%s</td><td>%s</td><td>%s</td>
              <td>%s</td><td>%s</td><td>%s</td><td>%s</td><td>%s</td></tr>",
             $record->number,$record->name,$record->password,
             $record->truename,$record->gender,$record->age,
             $record->email,$record->regtime,$record->rights,
             $record->points);
      $record=mysqli_fetch_object($result);
    }

    echo "</table>";
    mysqli_close($link_id);
?>
```

图 5-15　查看数据库程序代码（二）

SQL 语句“select ＊ from user”对 user 表进行全查询，经 mysqli_query（）函数执行后，得到查询结果，存在 $ result 中。函数 mysqli_fetch_object（）的功能是从查询结果中顺序提取记录（指针自动+1），存入对象变量中，如果是空的（为 0），则表明已经提取了所有记录。也可用 mysqli_fetch_array（）函数，将记录存入数组。函数 printf（）为格式化输出，第一参数是输出格式定义，其中的%s 为置换符，与后面的变量一一对应。

5.3　设计“沙漠书城”网站用户注册系统

此前在创建数据库时，添加了一条管理员记录，而用户信息应通过注册系统写入数据库。为此可在登录表单（B-login. php）上添加一个注册链接，链接到用户注册系统表单（E-regForm. php），该表单提交后，用户注册系统后台程序（F-regStore. php）自动打开，并将用户注册信息写入数据库。“沙漠书城”网站用户注册系统如图 5-16 所示。

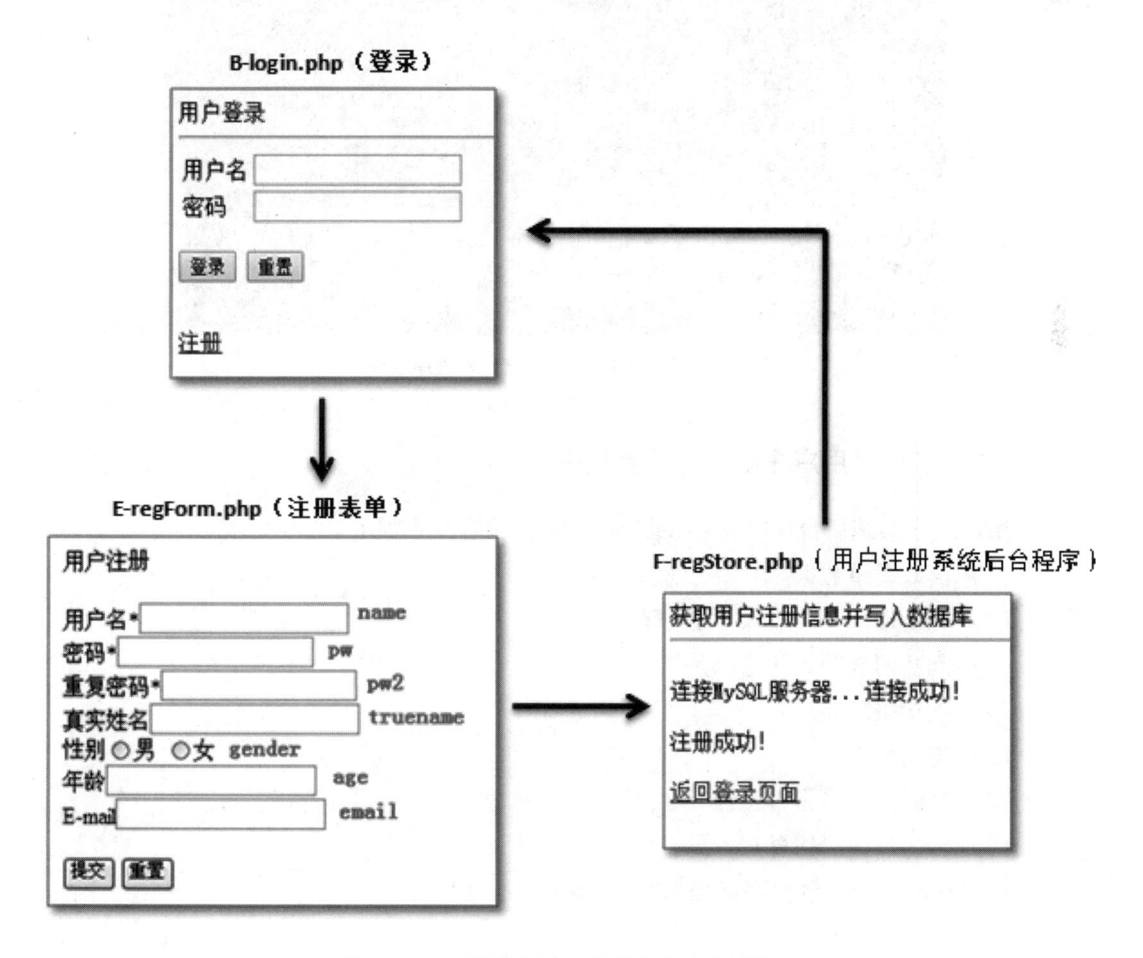

图 5-16　“沙漠书城”网站用户注册系统

5.3.1 编写用户注册系统表单

先在登录表单（B-login. php）上添加一个注册链接，链接到用户注册系统表单（E-regForm. php）。注册表单的主体是用户注册信息输入控件，用户名类型为 text，密码类型为 password，重复密码类型为 password，真实姓名类型为 text，性别类型为 radio，年龄类型为 text，E-mail 类型为 text。为简化起见，未使用隐形表格对齐。表单提交后，用户注册系统后台程序（F-regStore. php）自动打开。

用户注册系统表单程序代码如图 5-17 所示。

```
E-regForm.php
<title>用户注册</title>
用户注册<br><br>
<form method="post" action="F-regStore.php">
  用户名*<input type="text" name="name"><br>
  密码*<input type="password" name="pw"><br>
  重复密码*<input type="password" name="pw2"><br>
  真实姓名<input type="text" name="truename"><br>
  性别<input type="radio" name="gender" value="男">男
      <input type="radio" name="gender" value="女">女<br>
  年龄<input type="text" name="age"><br>
  E-mail<input type="text" name="email"><br><br>
  <input type="submit" value="提交">
  <input type="reset" value="重置">
</form>
```

图 5-17　用户注册系统表单程序代码

5.3.2 编写用户注册系统后台程序

用户注册系统后台程序（F-regStore. php）编程要点如下。

（1）读取表单数据。

（2）判断带 * 号的输入框是否有空白。

（3）判断两次输入的密码是否相同。

（4）连接服务器。

（5）连接数据库。

（6）判断用户名是否已经存在。

（7）将用户注册信息写入数据库。

用户注册系统后台程序流程如图 5-18、图 5-19 所示。

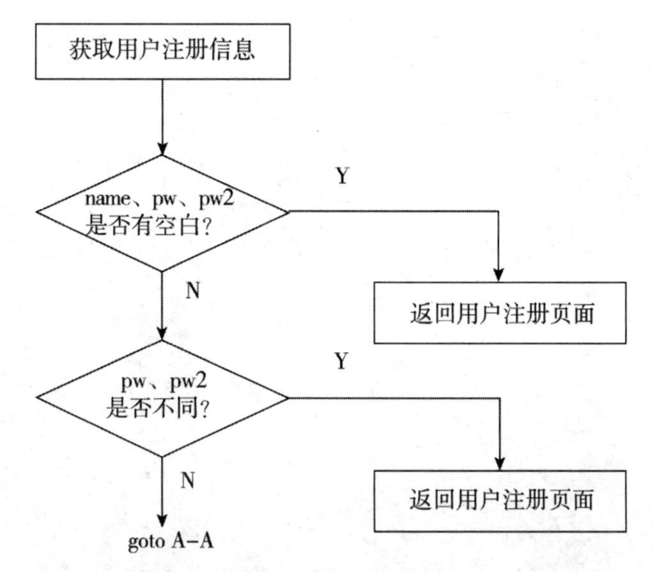

图 5-18　用户注册系统后台程序流程（一）

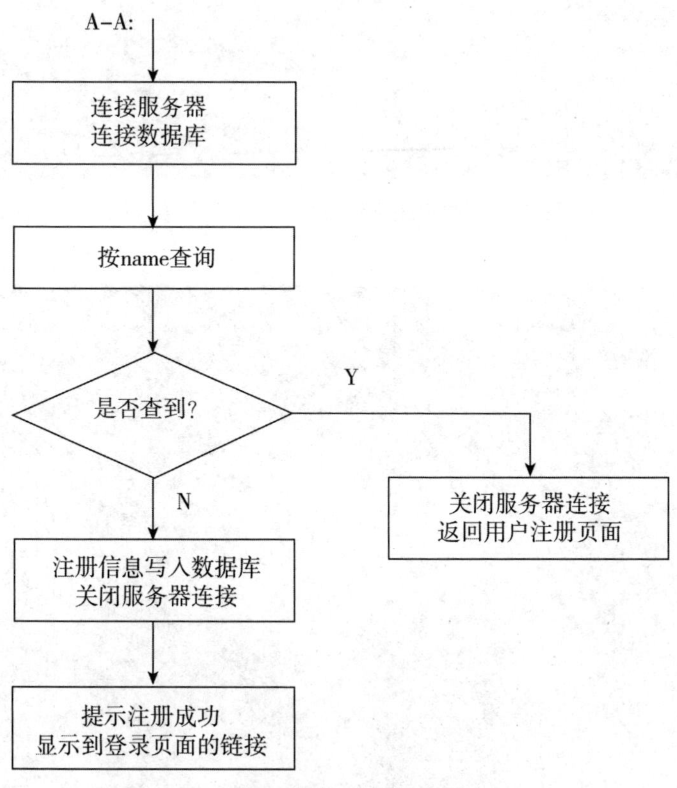

图 5-19　用户注册系统后台程序流程（二）

用户注册系统后台程序代码如图 5-20~5-22 所示。

```
F-regStore.php
<title>用户注册后台程序</title>
<?PHP
    echo "获取用户注册信息并写入数据库<br><hr><br>";

    $name=trim($_POST["name"]);
    $pw=trim($_POST["pw"]);
    $pw2=trim($_POST["pw2"]);
    $truename=$_POST["truename"];
    $gender=$_POST["gender"];
    $age=$_POST["age"];
    $email=$_POST["email"];

    if(empty($name) or empty($pw) or empty($pw2))
    {
        echo "带*号的输入框不能为空！<br><br>";
        echo "<a href=# onclick=history.go(-1)>返回</a><br>";
        die ("");
    }
    if($pw!=$pw2)
    {
        echo "两次输入的密码不相同！<br><br>";
        echo "<a href=# onclick=history.go(-1)>返回</a><br>";
        die ("");
    }
```

图 5-20　用户注册系统后台程序代码（一）

```
    echo "连接MySQL服务器...";
    $hostname="127.0.0.1";
    $username="root";
    $password="";
    $link_id=mysqli_connect($hostname,$username,$password);
    if(!$link_id)
    {
        die("连接MySQL服务器失败！<br>");
    }
    else
    {
        echo "连接成功！<br><br>";
    }

    $dbname="usermng";
    mysqli_select_db($link_id,$dbname);
    mysqli_query($link_id,"SET NAMES utf8");
```

图 5-21　用户注册系统后台程序代码（二）

```
    $str_sql="select * from user where name='$name'";
    $result=mysqli_query($link_id,$str_sql);

    $number_of_rows=mysqli_num_rows($result);
    if($number_of_rows)
    {
        echo "用户名 $name 已被其他用户使用！<br><br>";
        mysqli_close($link_id);
        echo "<a href=# onclick=history.go(-1)>返回</a><br>";
        die ("");
    }

    $pw=md5($pw);
    $age=intval($age);
    $str_sql="insert into user (name,password,truename,gender,age,email) values
                        ('$name','$pw','$truename','$gender',$age,'$email')";
    mysqli_query($link_id,$str_sql);

    mysqli_close($link_id);
    echo "注册成功！<br><br>";
    echo "<a href=B-login.php>返回登录页面</a>";
?>
```

图 5-22 用户注册系统后台程序代码（三）

用户注册系统后台程序中使用 empty（）函数判断从表单带 * 号的控件获取的数据是否为空，有 3 个控件带 * 号，任何一个都不能为空，所以判断条件用 or 连接。判断用户名是否已经存在的方法是，按用户输入的用户名到用户数据库中查询，得到查询结果后，用 mysqli_num_rows（）函数求查询结果的行数（有几条记录），为 0 则表明数据库中无该用户名（未被占用），该用户名可以注册；为 1 则表明数据库中已有该用户名（已被占用），该用户名不能注册。密码在写入数据库前先进行 md5（）函数加密。年龄字段是 int 型，写入前先将用户输入数据（字符串）转换成 int 型数据。

使用 5.2.3 节的查看数据库程序（oppDB-usermng.php）可以查看用户信息。如图 5-23 所示为用户信息表。

序号	用户名	密码	真实姓名	性别	年龄	邮箱	注册时间	权限
1	zhangbaohua	e10adc3949ba59abbe56e057f20f883e	张保华	男	25	zhangbaohua@126.com	2012-02-16 15:21:54	10
2	zhangsan	202cb962ac59075b964b07152d234b70	张三	女	21	zhangsan@126.com	2012-02-20 11:15:21	1
3	wangming	250cf8b51c773f3f8dc8b4be867a9a02	王明	女	22	wangming@126.com	2012-03-01 14:38:28	1
4	lisi	68053af2923e00204c3ca7c6a3150cf7	李四	男	23	lisi@126.com	2012-03-06 14:22:41	1

图 5-23 用户信息表

5.4 设计基于数据库的登录验证程序

此前的登录验证程序是一个简易程序，程序中以数据定义的方式设置了正确的用户名和密码。现在已经有了用户数据库，其中已有多个用户信息，可以将简易登录验证程序修改为基于数据库的登录验证程序，程序名称不变。

基于数据库的登录验证程序（C-verify. php）编程要点如下。

（1）启动 session。

（2）获取用户输入的登录信息。

（3）基于数据库判断用户名是否正确。

（4）写用户名 cookie。

（5）基于数据库判断密码是否正确。

（6）写用户名 session。

基于数据库的登录验证程序流程如图 5-24、图 5-25 所示。

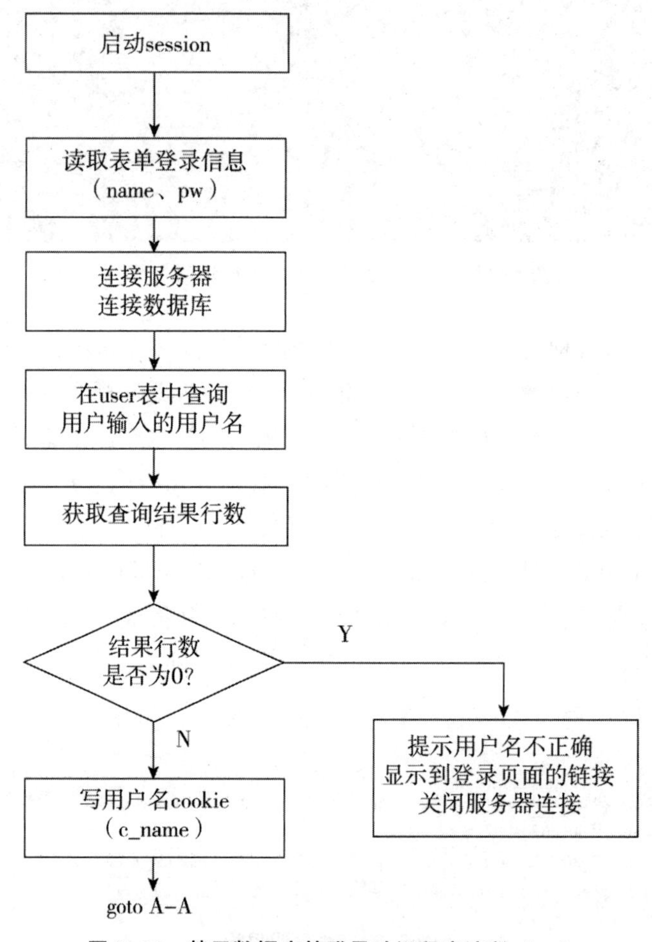

图 5-24　基于数据库的登录验证程序流程（一）

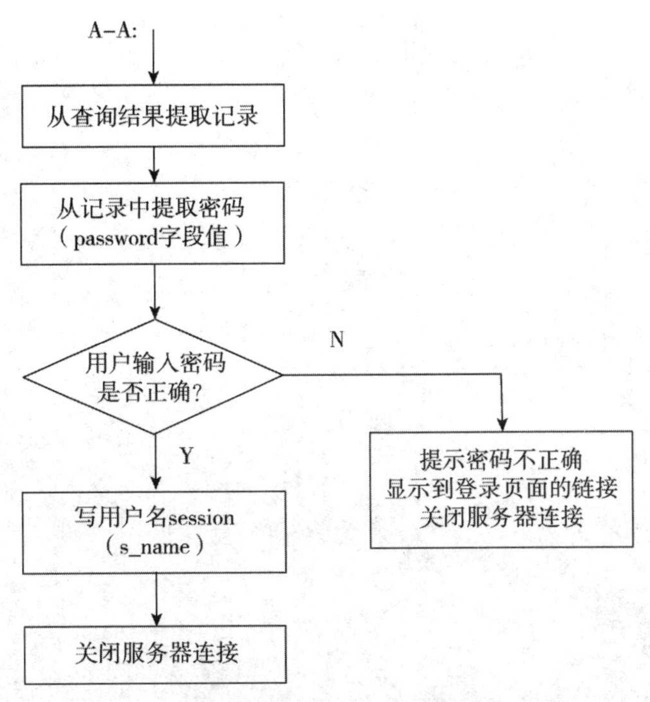

图 5-25　基于数据库的登录验证程序流程（二）

基于数据库的登录验证程序代码如图 5-26、图 5-27 所示。

```
C-verify.php    ×
<title>用户验证</title>
用户验证<br><hr>
<?PHP
    session_start();
    $name=$_POST["name"];
    $pw=$_POST["pw"];

    echo "连接MySQL服务器...";
    $hostname="127.0.0.1";
    $username="root";
    $password="";
    $link_id=mysqli_connect($hostname,$username,$password);
    if($link_id==0)
    {
      die("连接失败！");
    }
    else
    {
      echo "连接成功！<br><br>";
    }

    $dbname="usermng";
    mysqli_select_db($link_id,$dbname);
    mysqli_query($link_id,"SET NAMES utf8");
```

图 5-26　基于数据库的登录验证程序代码（一）

```
    $str_sql="select * from user where name='$name'";
    $result=mysqli_query($link_id,$str_sql);
    $number_of_rows=mysqli_num_rows($result);

    if($number_of_rows==0)
    {
      echo "用户名不正确<br><br>";
      echo "<a href=B-login.php>重新登录</a>";
      mysqli_close($link_id);
      die("");
    }
    setcookie("c_name",$name);

    $record=mysqli_fetch_object($result);
    $d_pw=$record->password;

    $pw_md5=md5($pw);
    if($pw_md5!=$d_pw)
    {
      echo "密码不正确<br><br>";
      echo "<a href=B-login.php>重新登录</a>";
      mysqli_close($link_id);
      die("");
    }

    $_SESSION["s_name"]=$name;
    mysqli_close($link_id);
    echo $name.", 欢迎光临! <br><br>";
?>
<a href="A-desertBookMall.php">沙漠书城</a>
```

图 5-27　基于数据库的登录验证程序代码（二）

基于数据库判断用户名是否正确的方法是，按用户输入的用户名到用户数据库中查询，得到查询结果后，用 mysqli_num_rows 函数（）求查询结果的行数（有几条记录），为 0 则表明用户输入的用户名不正确；为 1 则表明用户名正确。基于数据库判断密码是否正确的方法是，用 mysqli_fetch_object（）函数从前面的查询结果中提取记录，再通过指针访问密码字段获取密码，也可用 mysqli_fetch_array（）函数提取记录，通过数组下标获取密码；将用户输入的密码，经 md5（）函数加密后，与从数据库获取的密码比较，即可判断用户输入的密码是否正确。考虑到用户输入用户名正确但密码不正确的情形，用户名应自动输入，程序将正确的用户名存入 cookie，定名为 c_name，供登录页面读取。当用户名和密码都正确时，将用户名写入 session，定名为 s_name，作为登录标记。登录后可单击“沙漠书城”链接，前往网站主页（A-desertBookMall. php）。由于程序有 session 操作，程序的第一条语句应为启动 session 语句。

5.5　设计修改当前用户信息功能模块

修改当前用户信息功能模块可使已登录用户可以修改自己的注册信息。该功能模块包含两个程序，一个前台表单程序（G-modifyUserInfo-Form. php），显示用户原信息并可输入新信息；一个后台数据更新程序（H-modifyUserInfo-Update. php），用以将新数据写入数据库。在主页上做一个到该功能模块的链接，名为“修改当前用户信息”，链接到修改当前用户信息功能模块的表单程序（G-modifyUserInfo-Form. php）。修改当前用户信息功能模块如图 5-28 所示。

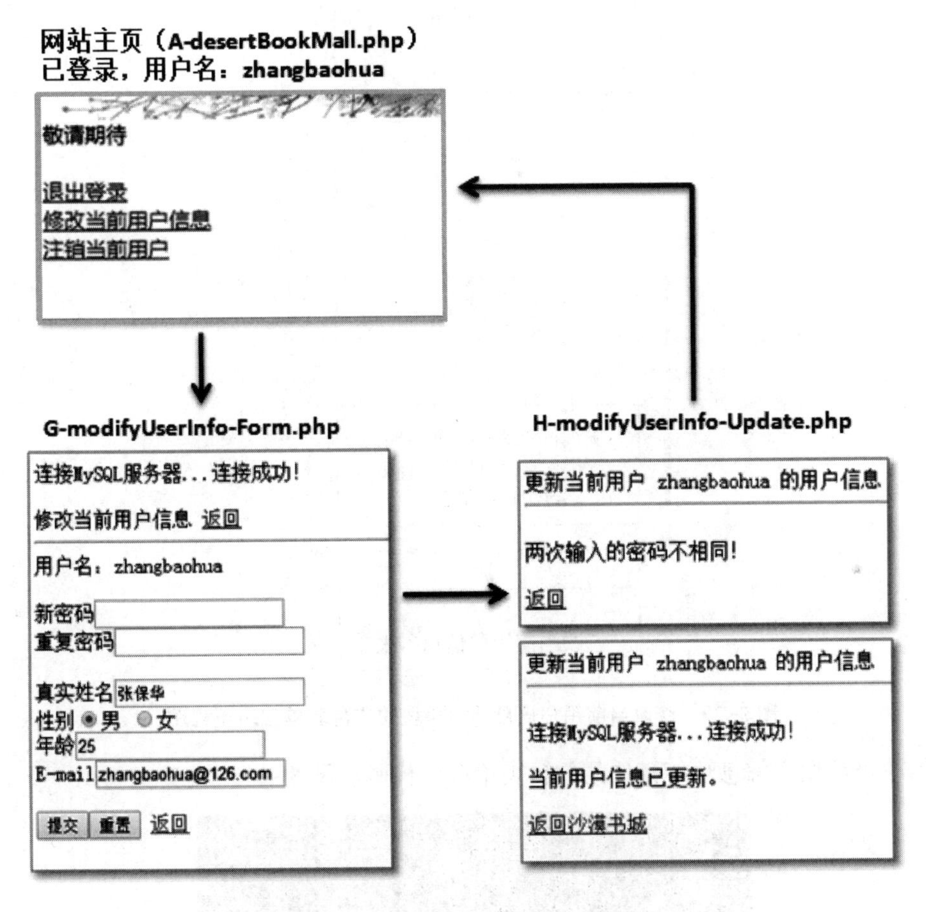

图 5-28　修改当前用户信息功能模块

修改当前用户信息的表单打开后，显示除密码外的原信息，用户可以在其上修改或保留密码，若保留密码框为空，则不修改密码。表单提交后，更新程序自动打开，判断用户两次输入密码是否相同，进而再根据密码框是否为空，确定是仅将除密码外的其他信息写入数据库，还是将密码连同其他信息一起写入数据库。

5.5.1　编写表单程序

修改当前用户信息功能模块的前台表单程序（G-modifyUserInfo-Form. php）编程要点如下。

（1）获取当前用户名。

（2）获取当前用户的原注册信息。

（3）显示表单并填入原信息。

修改当前用户信息功能模块的前台表单程序流程如图 5-29 所示。

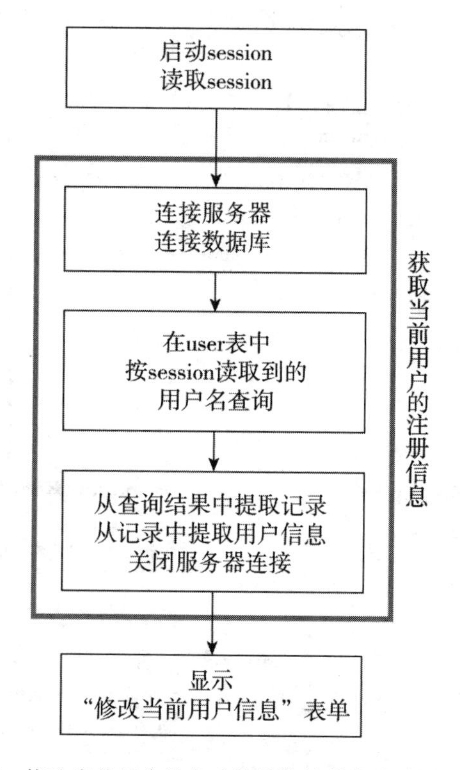

图 5-29　修改当前用户信息功能模块的前台表单程序流程图

修改当前用户信息功能模块的前台表单程序代码如图 5-30、图 5-31 所示。

```
G-modifyUserInfo-Form.php
<title>修改当前用户信息</title>
<?PHP
    session_start();
    $name $_SESSION["s_name"];


    $dbname "usermng";
    mysqli_select_db($link_id,$dbname);
    mysqli_query($link_id,"SET NAMES utf8");

    $str_sql "select * from user where name='$name'";
    $result mysqli_query($link_id,$str_sql);

    $record mysqli_fetch_object($result);
    $d_truename $record  truename;
    $d_gender $record  gender;
    $d_age $record  age;  $d_age strval($d_age);
    $d_email $record  email;
    mysqli_close($link_id);
```

图 5-30　修改当前用户信息功能模块的前台表单程序代码（一）

```
    echo "修改当前用户信息  <a href=# onclick=history.go(-1)>返回</a><br><hr>";
    echo "用户名：".$name."<br><br>";

    echo "<form method=post action=H-modifyUserInfo-Update.php>";
      echo "新密码<input type=password name=pw><br>";
      echo "重复密码<input type=password name=pw2><br><br>";
      echo "真实姓名<input type=text name=truename value=$d_truename><br>";
      if($d_gender=="")
        echo "性别<input type=radio name=gender value=男>男
              <input type=radio name=gender value=女>女<br>";
      if($d_gender=="男")
        echo "性别<input type=radio name=gender value=男 checked=\"checked\">男
              <input type=radio name=gender value=女>女<br>";
      if($d_gender=="女")
        echo "性别<input type=radio name=gender value=男>男
              <input type=radio name=gender value=女 checked=\"checked\">女<br>";
      echo "年龄<input type=text name=age value=$d_age><br>";
      echo "E-mail<input type=text name=email value=$d_email><br><br>";
      echo "<input type=submit value=提交>";
      echo "<input type=reset value=重置>";
      echo "  <a href=# onclick=history.go(-1)>返回</a>";
    echo "</form>";
?>
```

图 5-31　修改当前用户信息表单程序代码（二）

修改当前用户信息表单程序首先需要从 session 读取当前登录的用户名，以此用户名到用户数据库中查询相应的用户注册信息（从查询结果中提取唯一的记录，通过记录变量访问字段数据）。为了显示性别选项，需要根据 3 种不同的判断结果，设置控件的 checked 属性。表单提交后，将自动打开修改当前用户信息功能模块的后台数据更新程序（H-modifyUserInfo-Update. php），将修改的用户信息写入数据库。

5.5.2　编写数据更新程序

修改当前用户信息功能模块的后台数据更新程序（H-modifyUserInfo-Update. php）编程要点如下。

（1）获取当前用户名。

（2）获取用户更新信息。

（3）判断两次输入密码是否相同。

（4）根据密码是否为空写出不同的 SQL 更新语句。

（5）执行更新。

修改当前用户信息功能模块的后台数据更新程序流程如图 5-32、图 5-33 所示。

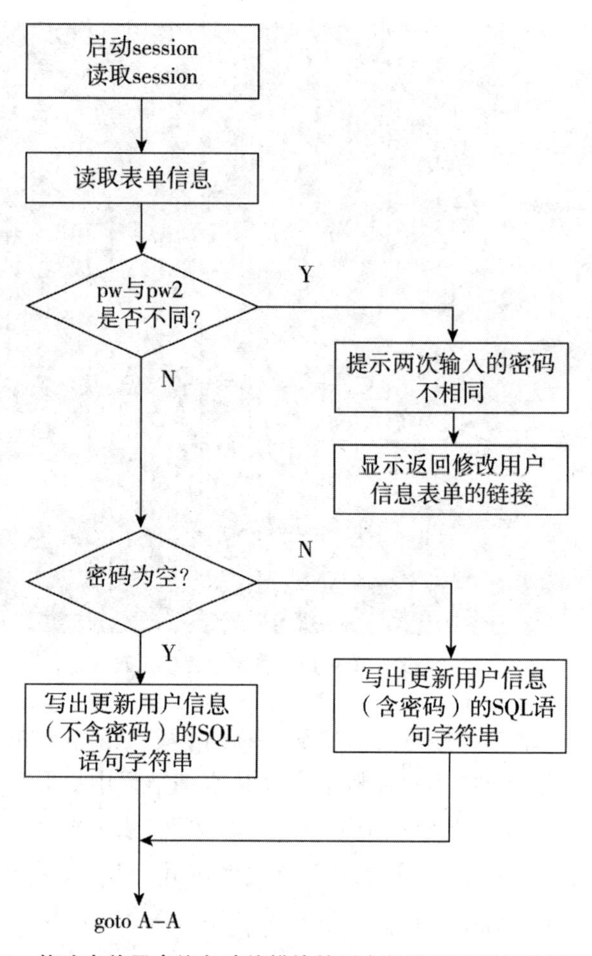

图 5-32　修改当前用户信息功能模块的后台数据更新程序流程图（一）

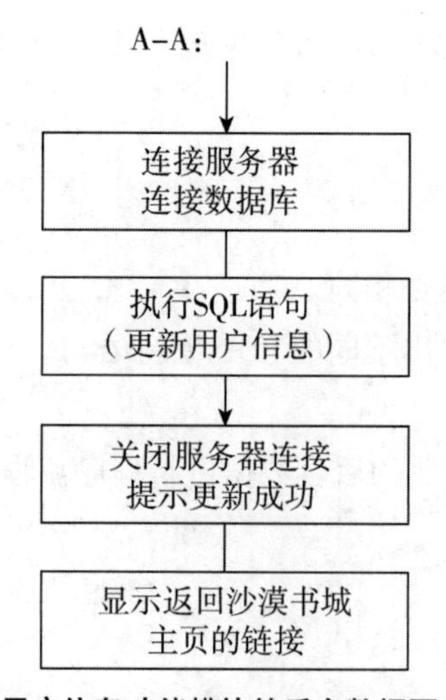

图 5-33　修改当前用户信息功能模块的后台数据更新程序流程图（二）

修改当前用户信息功能模块的后台数据更新程序代码如图 5-34、图 5-35 所示。

```
H-modifyUserInfo-Update.php
<title>更新当前用户信息</title>
<?PHP
  session_start();
  $name=$_SESSION["s_name"];
  echo "更新当前用户 $name 的用户信息<br><hr><br>";

  $pw=trim($_POST["pw"]);
  $pw2=trim($_POST["pw2"]);
  $truename=$_POST["truename"];
  $gender=$_POST["gender"];
  $age=$_POST["age"];
  $email=$_POST["email"];

  if($pw!=$pw2)
  {
    echo "两次输入的密码不相同！<br><br>";
    echo "<a href=# onclick=history.go(-1)>返回</a><br>";
    die ("");
  }

  if(!empty($pw))
  {
    $pw_md5=md5($pw);
    $age=intval($age);
    $str_sql="update user set password='$pw_md5',truename='$truename',
              gender='$gender',age=$age,email='$email' where name='$name'";
  }
  else
  {
    $age=intval($age);
    $str_sql="update user set truename='$truename',gender='$gender',
                              age=$age,email='$email' where name='$name'";
  }
```

图 5-34　修改当前用户信息功能模块后台数据更新程序代码（一）

```
  echo "连接MySQL服务器...";
  $hostname="127.0.0.1";
  $username="root";
  $password="";
  $link_id=mysqli_connect($hostname,$username,$password);
  if(!$link_id)
  {
    die("连接MySQL服务器失败！<br>");
  }
  else
  {
    echo "连接成功！<br><br>";
  }

  $dbname="usermng";
  mysqli_select_db($link_id,$dbname);
  mysqli_query($link_id,"SET NAMES utf8");

  mysqli_query($link_id,$str_sql);

  mysqli_close($link_id);
  echo "当前用户信息已更新。<br><br>";
  echo "<a href=\"A-desertBookMall.php\">返回沙漠书城</a>";
?>
```

图 5-35　修改当前用户信息功能模块后台数据更新程序代码（二）

数据更新程序首先应获取当前登录用户的用户名，按此用户名更新用户数据库中的相应记录。数据更新 SQL 语句分两种情况，通过判断密码是否为空来确定，一种是更新密码及其他用户信息；另一种是不更新密码，只更新真实姓名等其他用户信息。更新前，新密码需要经 md5（）函数加密，年龄需要转换成 int 型数据。

5.6 设计注销当前用户功能模块

注销当前用户功能模块可使已登录用户删除自己的注册信息。该功能模块包含两个程序，一个表单程序（I-revoke-passwordForm. php），提示用户输入密码；一个数据删除程序（J-revoke. php），将用户记录从数据库删除。在主页上做一个到该功能模块的链接，名为注销当前用户，链接到注销当前用户功能模块的表单程序（I-revoke-passwordForm. php）。注销当前用户功能模块如图 5-36 所示。

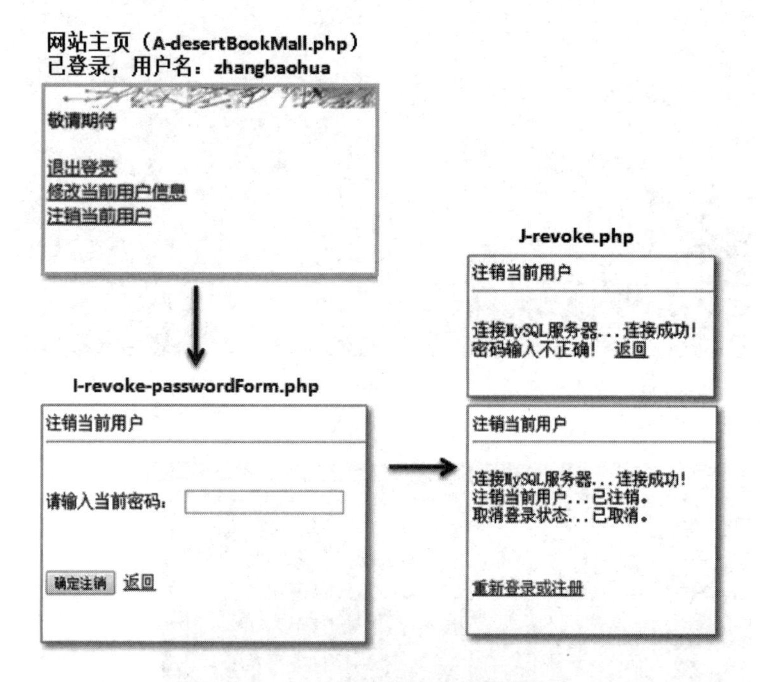

图 5-36 注销当前用户功能模块

表单程序打开后，用户应输入当前登录用户的密码，以防误操作或他人操作。表单提交后，数据删除程序自动打开，判断输入的密码是否正确，只有密码正确时，才会将当前用户的注册信息从用户数据库中删除，并退出登录状态。

5.6.1 编写表单程序

注销当前用户功能模块的表单程序（I-revoke-passwordForm. php）的主体是用户输入密码的 input 控件，类型为 password，表单提交后，后台数据删除程序（J-revoke. php）自动打开。

注销当前用户功能模块的表单代码如图 5-37 所示。

```
J-revoke-passwordForm.php ×
<title>注销当前用户</title>
注销当前用户<br><hr><br><br>
<form method="post" action="J-revoke.php">
  请输入当前密码:   <input type="password" name="pw"><br><br><br><br>
  <input type="submit" value="确定注销">  <a href=# onclick=history.go(-1)>返回</a>
</form>
```

图 5-37　注销当前用户功能模块的表单代码

5.6.2　编写数据删除程序

注销当前用户功能模块的后台数据删除程序（J-revoke. php）编程要点如下。

（1）启动 session。

（2）获取用户输入的密码。

（3）判断用户输入密码是否正确。

（4）注销当前用户。

（5）取消登录状态。

注销当前用户功能模块的后台数据删除程序流程如图 5-38 所示。

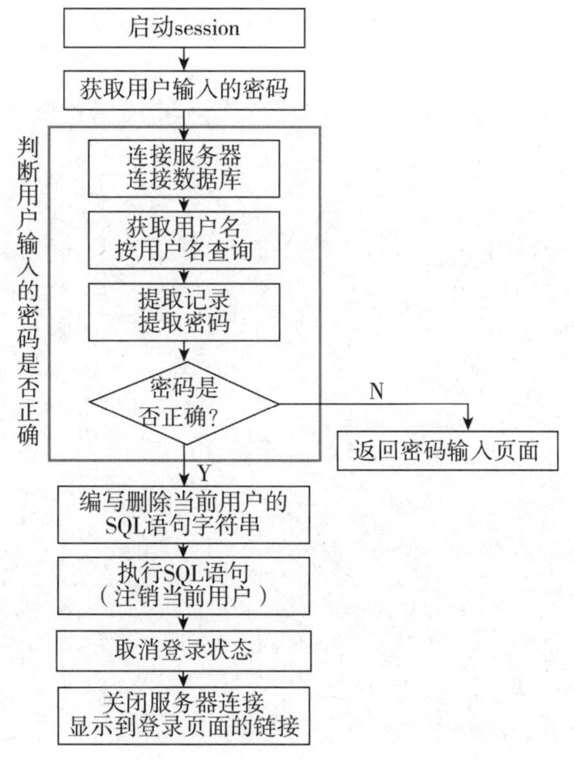

图 5-38　注销当前用户功能模块的后台数据删除程序流程

注销当前用户功能模块的后台数据删除程序代码如图 5-39、5-40 所示。

```
J-revoke.php
<title>注销当前用户</title>
<?PHP
    session_start();
    echo "注销当前用户<br><hr><br>";

    $pw=$_POST["pw"];

    echo "连接MySQL服务器...";
    $hostname="127.0.0.1";
    $username="root";
    $password="";
    $link_id=mysqli_connect($hostname,$username,$password);
    if(!$link_id)
    {
        die("连接MySQL服务器失败！<br>");
    }
    else
    {
        echo "连接成功！<br>";
    }

    $dbname="usermng";
    mysqli_select_db($link_id,$dbname);
    mysqli_query($link_id,"SET NAMES utf8");
```

图 5-39　注销当前用户功能模块的后台数据删除程序代码（一）

```
    $name=$_SESSION["s_name"];
    $str_sql="select * from user where name='$name'";
    $result=mysqli_query($link_id,$str_sql);
    $record=mysqli_fetch_object($result);
    $d_pw=$record->password;

    $pw=md5($pw);
    if($pw!=$d_pw)
    {
        die("密码输入不正确！ <a href=# onclick=history.go(-1)>返回</a><br>");
    }

    echo "注销当前用户...";
    $str_sql="delete from user where name='$name'";
    mysqli_query($link_id,$str_sql);
    echo "已注销。<br>";

    echo "取消登录状态...";
    $_SESSION["s_name"]="";
    echo "已取消。<br><br><br><br>";

    mysqli_close($link_id);
    echo "<a href=B-login.php>重新登录或注册</a><br>";
?>
```

图 5-40　注销当前用户功能模块的后台数据删除程序代码（二）

判断用户输入的密码是否正确的方法是，先从 session 获取当前登录用户名（程序第一条语句应为启动 session），按此用户名到用户数据库中查询用户记录，提取该记录，再从记录中提取密码字段数据，把用户输入的密码经 md5（）函数加密后，与提取到的密码字段数据相比较，判断是否一样，以确定用户输入的密码是否正确。删除记录时，也是按前面从 session 获取的当前登录用户名，在数据库中删除相应记录。最后将 session 上临时存储的用户名清除（清除名为 s_name 的 session），即清除登录标记，以退出登录状态。

第6章

安装 LAMP 平台

前面介绍的 WAMP 平台主要用于 PHP 语言的学习、PHP 网站开发，而 PHP 网站在投入应用时，需要放在 LAMP 平台运行，这样，运行速度更快，服务器的安全性也更高。

LAMP 平台是指由搭载 Linux 内核的操作系统、Apache 服务器、MySQL 数据库服务器和 PHP 组件组成的一个 PHP 生产环境。本章安装的 Linux 内核的操作系统是 RHEL 5（Red Hat Enterprise Linux 5），它是一个企业级操作系统，在安全性上更具优势。我们先在 Windows 操作系统中安装 VMware Workstation 软件，再将 RHEL 5 安装在由 VMware Workstation 创建的虚拟机内，而 Apache 服务器、MySQL 服务器和 PHP 组件则是在 RHEL 5 操作系统安装过程中，通过选择安装功能模块的形式自动安装的。

6.1 新建虚拟机

请自行安装好 VMware Workstation 软件，版本为 7.1.1 build-282343，因为安装过程比较简单，就不赘述。

VMware Workstation 安装好后，首先要新建虚拟机，之后，在虚拟机中安装RHEL 5 操作系统。

新建虚拟机的方法如下。

（1）单击 New→Virtual Machine 菜单项，如图 6-1 所示。

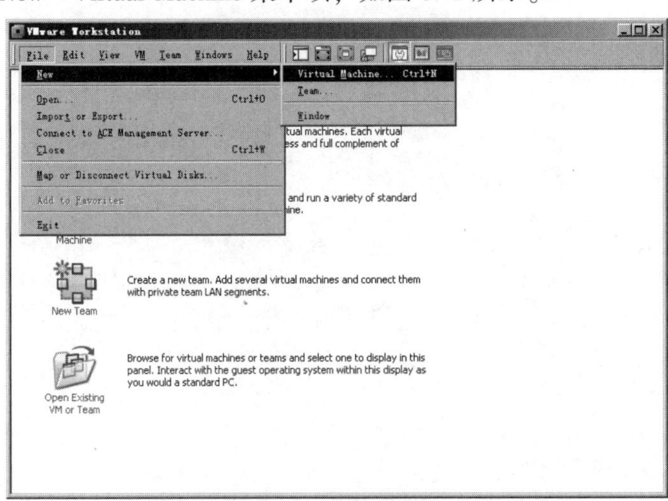

图 6-1 单击 New→Virtual Machine 菜单项

（2）选择 Typical（recommended）选项，即典型安装，如图 6-2 所示。单击 Next 按钮。

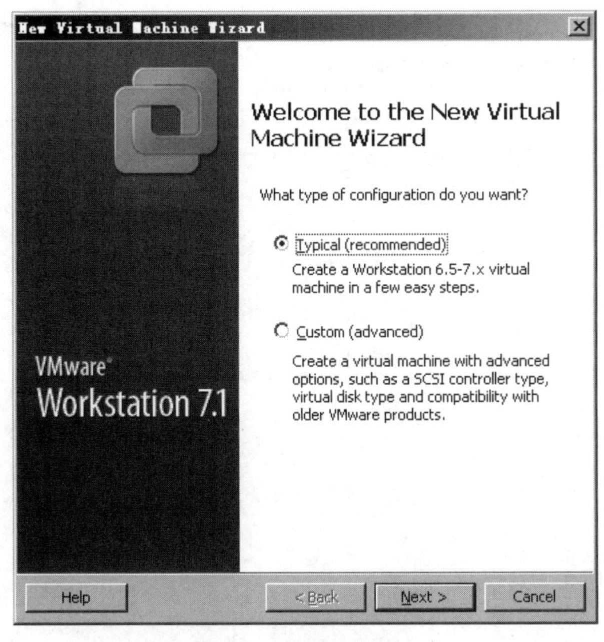

图 6-2　选择安装方式

（3）选择 I will install the operating system later 选项，如图 6-3 所示。单击 Next 按钮。

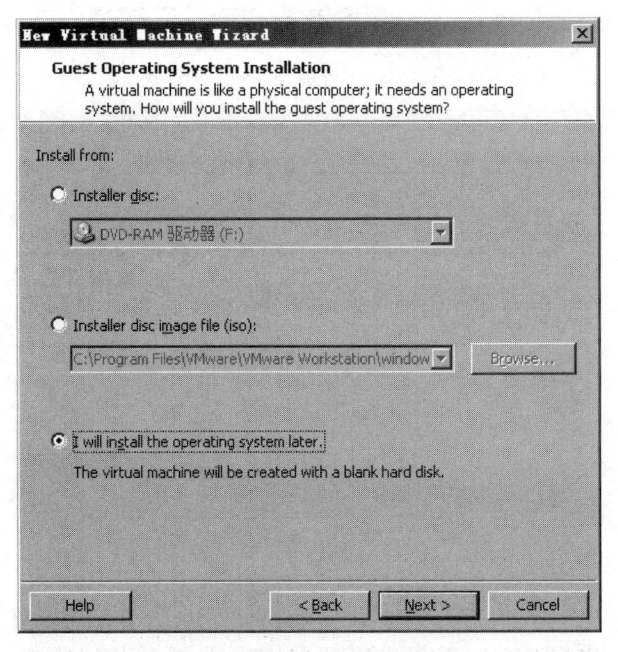

图 6-3　选择 I will install the operating system later 选项

（4）弹出如图 6-4 所示界面，选择 Linux 选项，选择版本为 Red Hat Enterprise Linux 5。

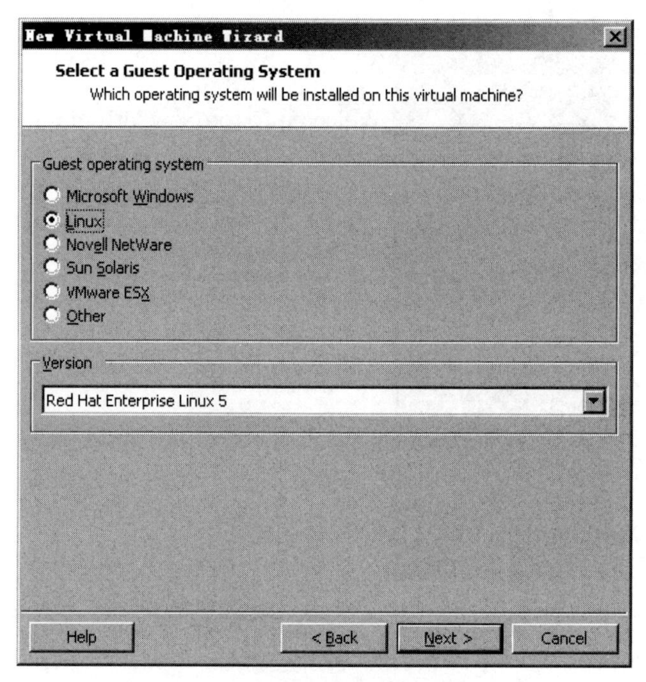

图 6-4　选择操作系统类型和版本

（5）弹出如图 6-5 所示界面，选择安装路径。单击 Next 按钮。

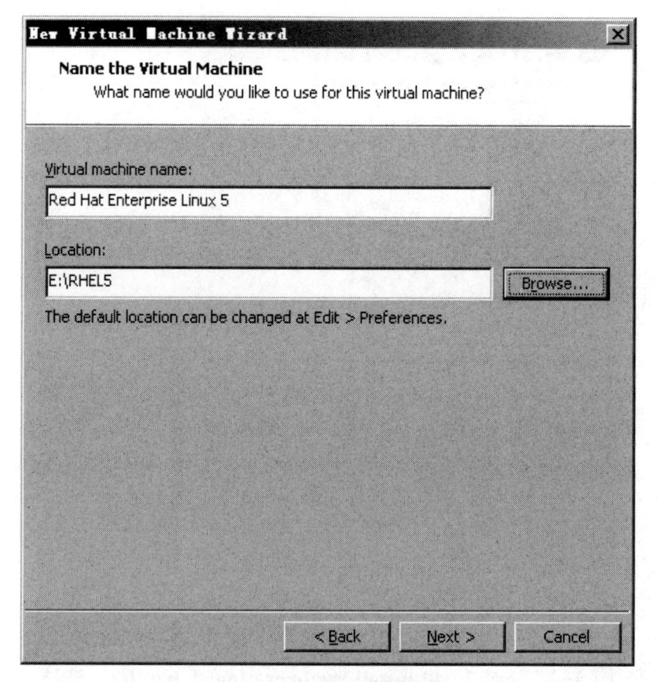

图 6-5　选择安装路径

(6) 弹出如图 6-6 所示界面，设定最大磁盘使用量为 10 GB，选择 Store virtual disk as a single file 选项，即将虚拟磁盘存储为一个文件。单击 Next 按钮。

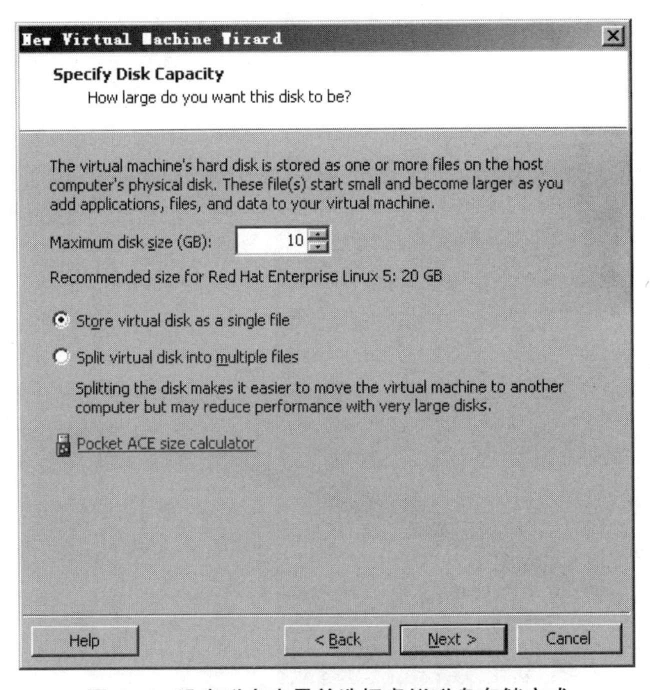

图 6-6 设定磁盘容量并选择虚拟磁盘存储方式

(7) 虚拟机建立完毕，如图 6-7 所示。

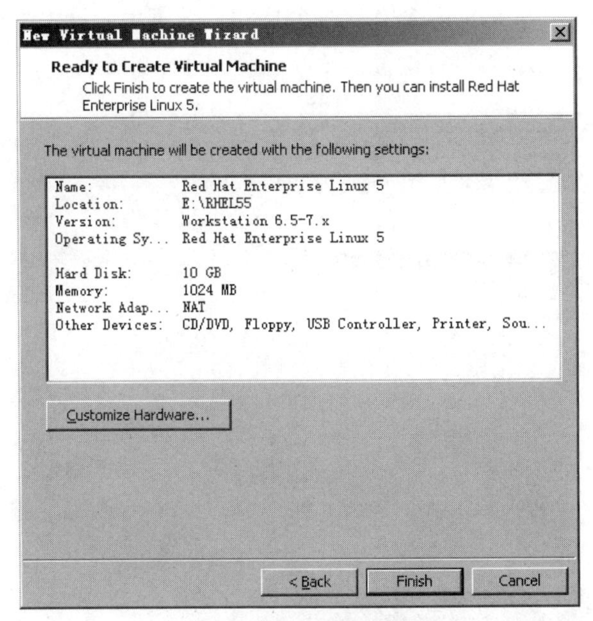

图 6-7 虚拟机建立完毕

6.2　配置虚拟机的硬件

建立虚拟机后，需要配置虚拟机的硬件，如光驱、网卡、USB、声卡和显示器等。

（1）如图 6-8 所示，单击 VM→Settings 菜单项。出现如图 6-9 所示 Virtual Machine Settings 界面。

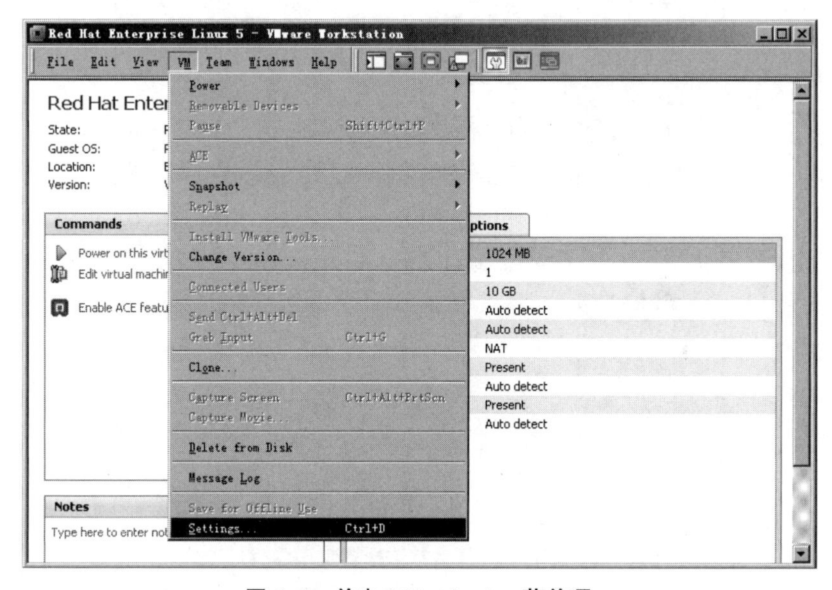

图 6-8　单击 VM→Setting 菜单项

（2）设置光驱使用方式为物理光驱。在 Hardware 页中，单击左侧列表框中的 CD/DVD（IDE）选项，再在右侧进行设置，设置结果如图 6-9 所示。

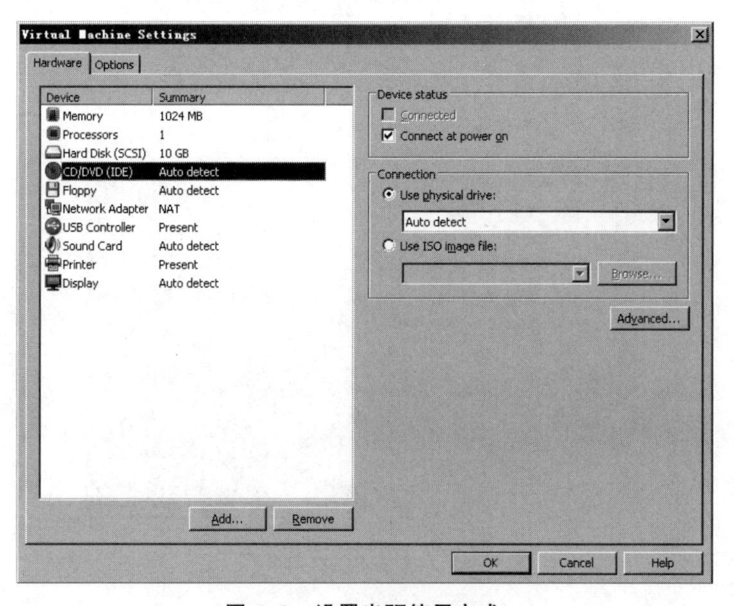

图 6-9　设置光驱使用方式

（3）设置网卡使用方式为 NAT，即共享主机的互联网设置。在 Hardware 页中，单击左侧列表框中的 Network Adapter 选项，再在右侧进行设置，设置结果如图 6-10 所示。虚拟机也可以用独立的 IP 地址接入到局域网中，这时，选择 Bridged 方式即可。

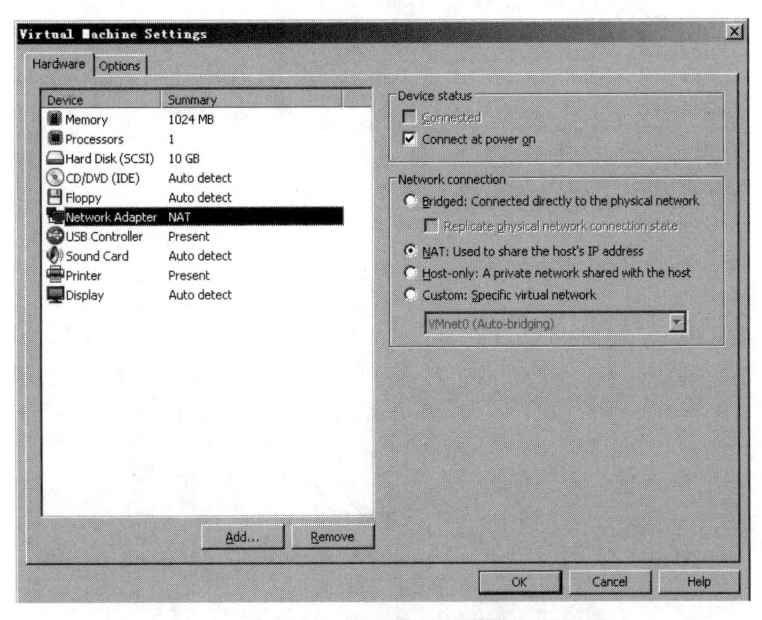

图 6-10　设置网卡使用方式

（4）设置 USB 使用方式。在 Hardware 页中，单击左侧列表框中的 USB Controller 选项，再在右侧进行设置，设置结果如图 6-11 所示。

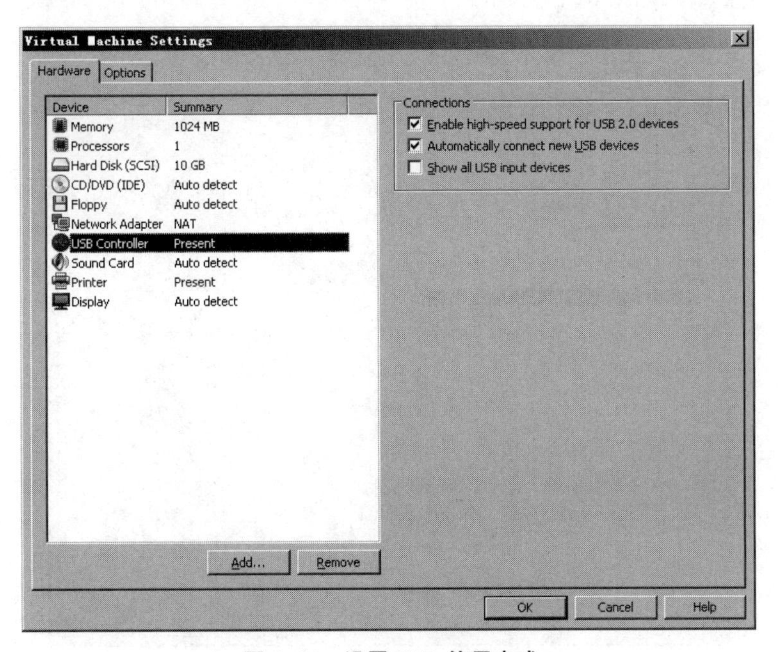

图 6-11　设置 USB 使用方式

（5）设置声卡使用方式。在 Hardware 页中，单击左侧列表框中的 Sound Card 选项，再在右侧进行设置，设置结果如图 6-12 所示。

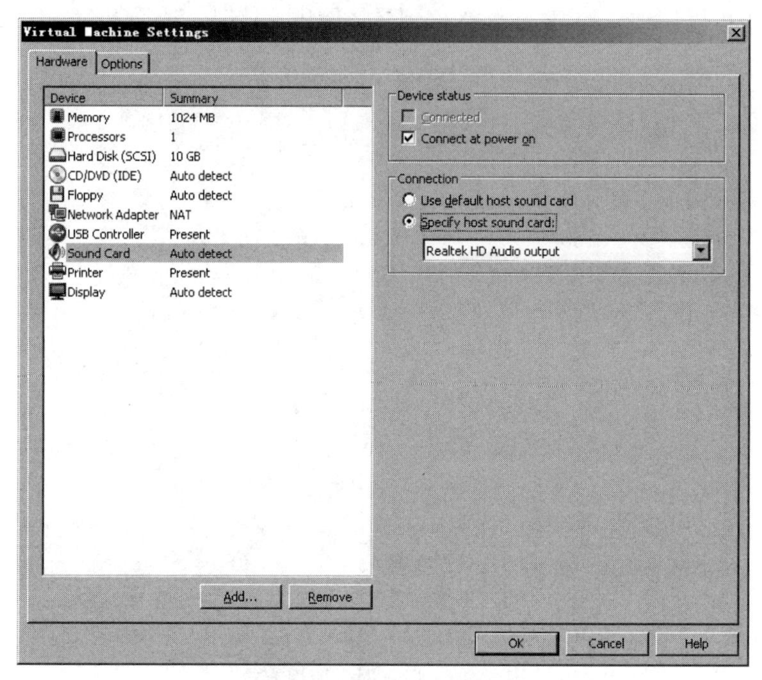

图 6-12　设置声卡使用方式

（6）设置显示器。在 Hardware 页中，单击左侧列表框中的 Display 选项，再在右侧进行设置，设置结果如图 6-13 所示。

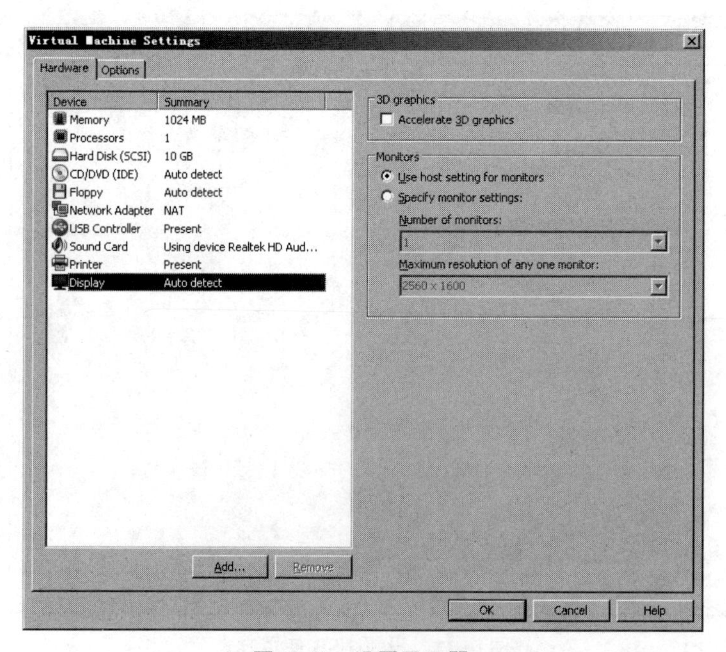

图 6-13　设置显示器

6.3　安装 RHEL 5 操作系统

现在开始安装 RHEL 5 操作系统，操作步骤如下。

（1）在图 6-14 所示界面中，单击 Power on this virtual machine 命令，打开虚拟机。

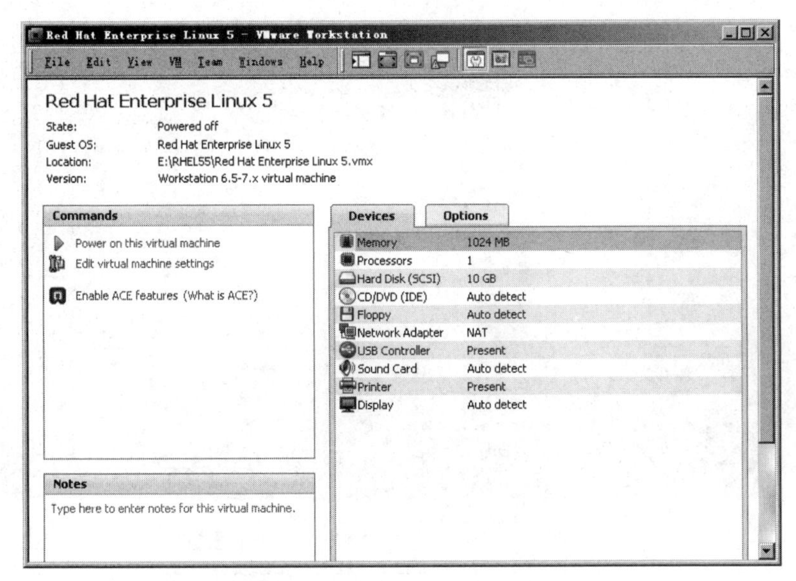

图 6-14　单击 Power on this virtual machine 命令

（2）出现如图 6-15 所示界面，单击 To install or upgrade in graphical mode，press the <ENTER> key 选项，按回车键确认，即选定图形界面方式来安装 RHEL 5 操作系统。

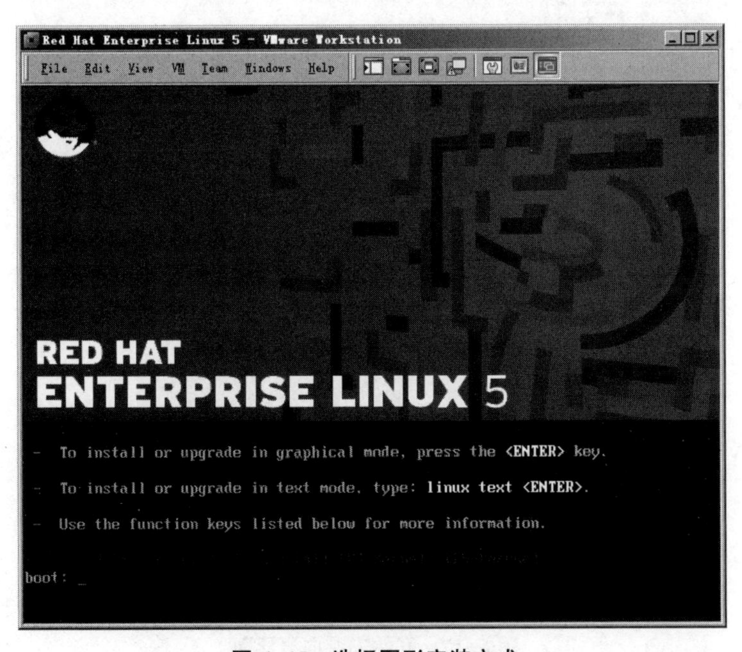

图 6-15　选择图形安装方式

（3）弹出是否检查 CD 内容对话框，如图 6-16 所示。如果要检查 CD 内容，则单击 OK 按钮，否则单击 Skip（跳过）按钮。单击 Skip（跳过）按钮。

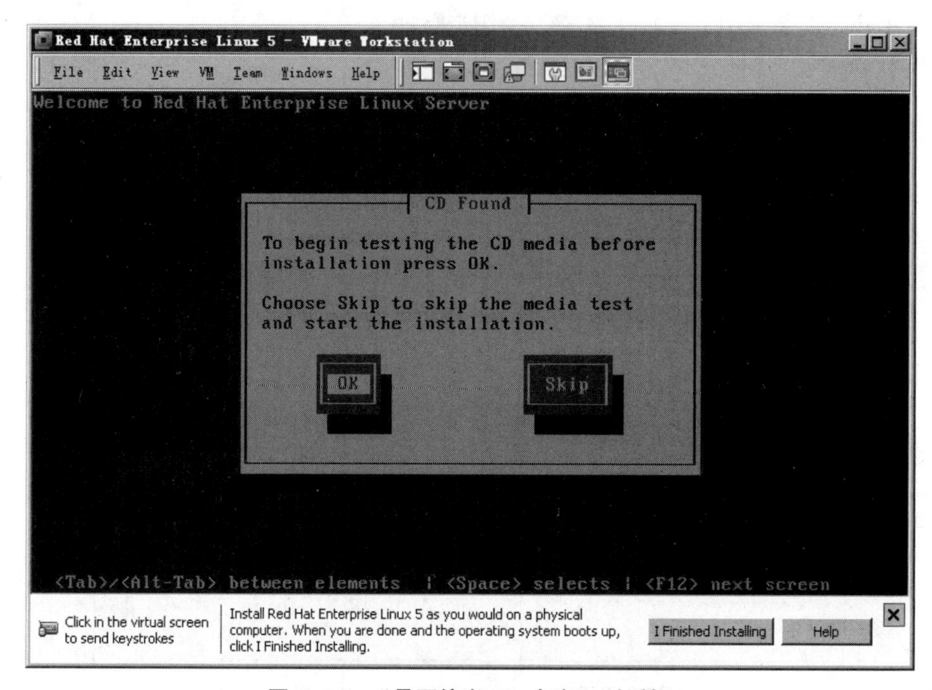

图 6-16　“是否检查 CD 内容”对话框

（4）如图 6-17 所示，开始安装向导界面。

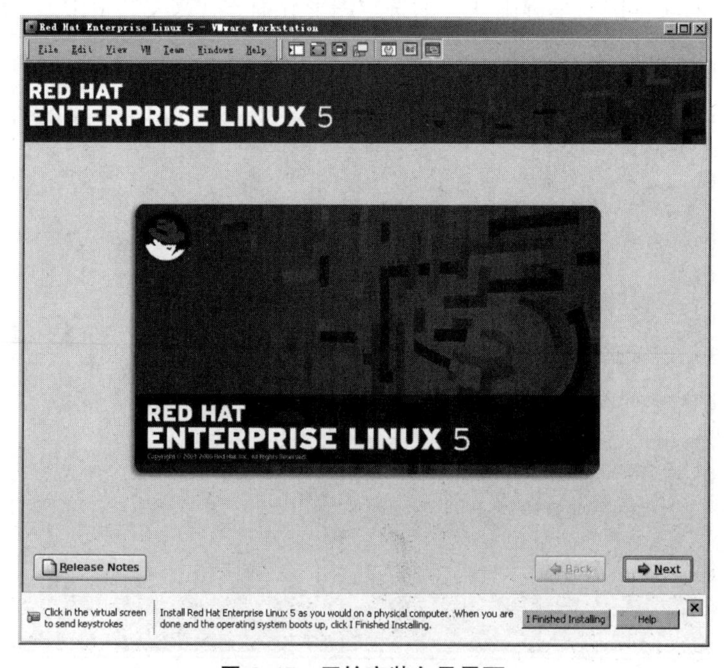

图 6-17　开始安装向导界面

（5）单击图 6-17 中 Next 按钮，出现“选择安装过程中使用的语言”界面，如图 6-18 所示。选择简体中文，单击 Next 按钮。

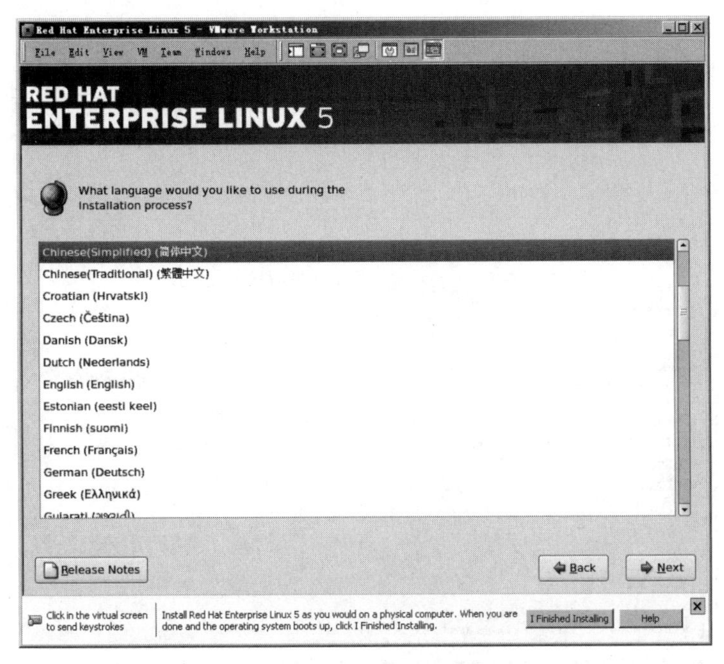

图 6-18　“选择安装过程中使用的语言”界面

（6）出现键盘选项，如图 6-19 所示。选择“美国英语式”键盘，单击“下一步”按钮。

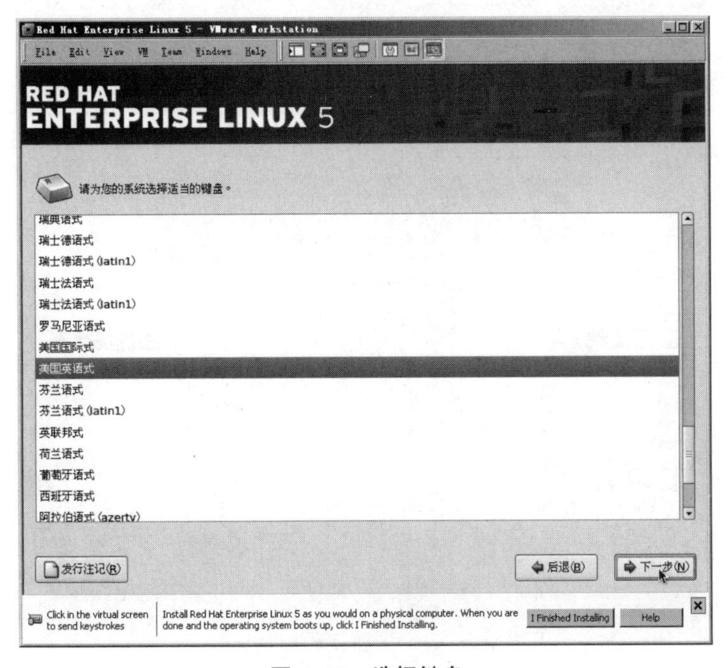

图 6-19　选择键盘

（7）弹出“安装号码”对话框，如图 6-20 所示。如果没有安装号码，则不输入，选择“跳过输入安装号码”选项，单击“确定”按钮。

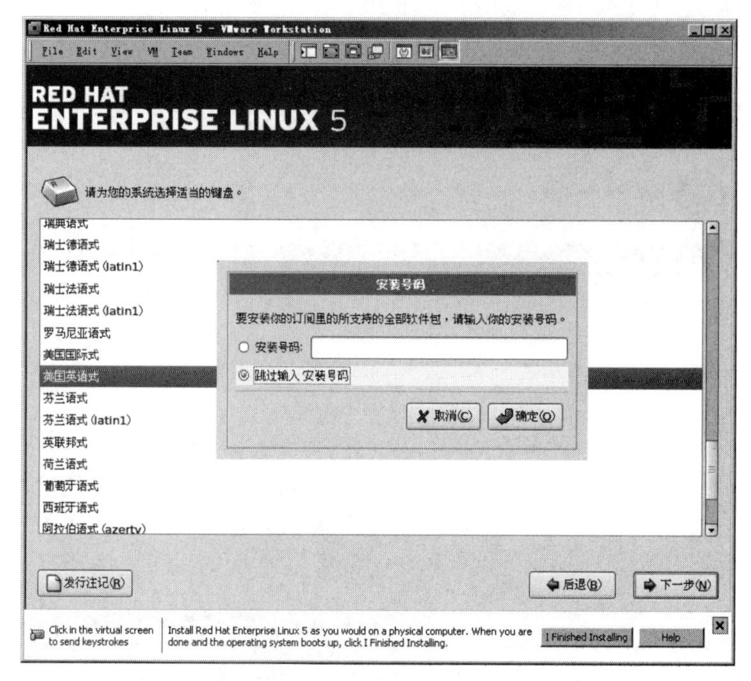

图 6-20　“安装号码”对话框

（8）弹出如图 6-21 所示“跳过”对话框。

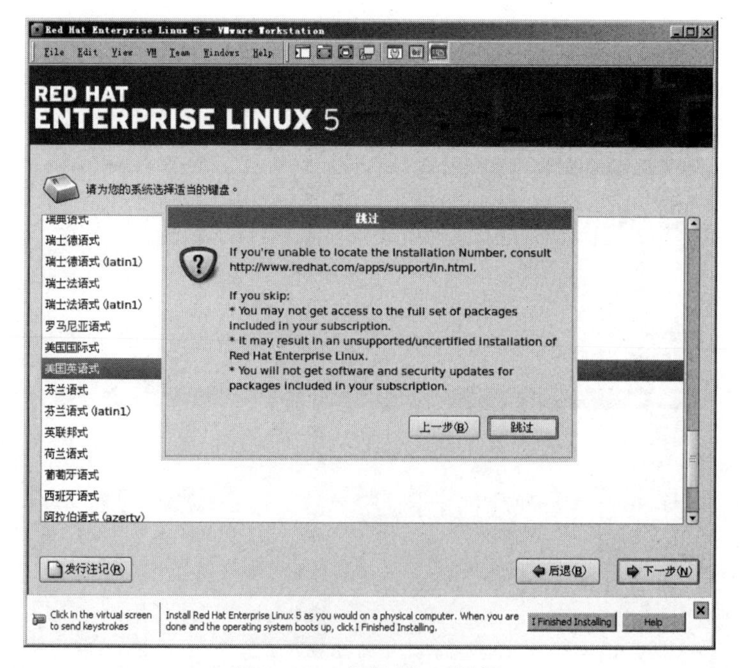

图 6-21　“跳过”对话框

（9）单击图 6-21 中“跳过”按钮，开始新建分区，弹出如图 6-22 所示“警告”对话框询问是否要初始化磁盘驱动器。

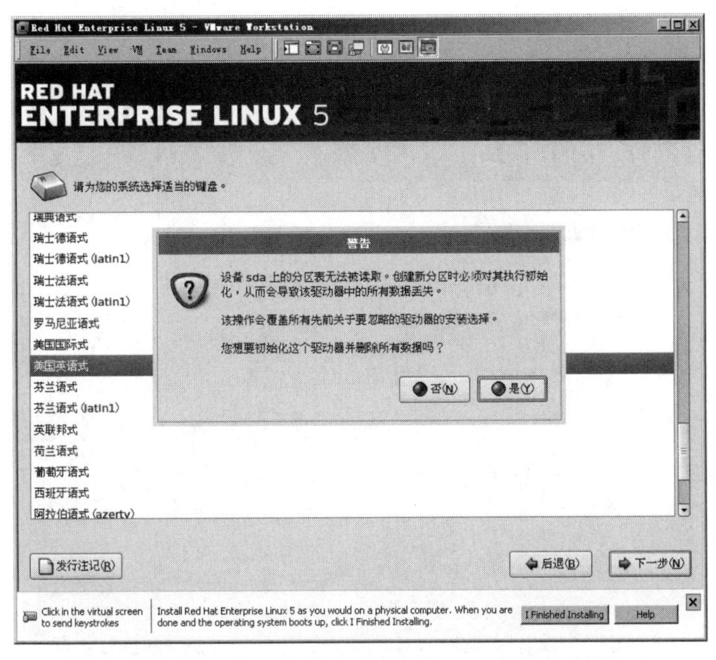

图 6-22　弹出对话框询问是否要初始化磁盘驱动器

（10）单击图 6-22 中“是”按钮，出现如图 6-23 所示分区选项窗口。

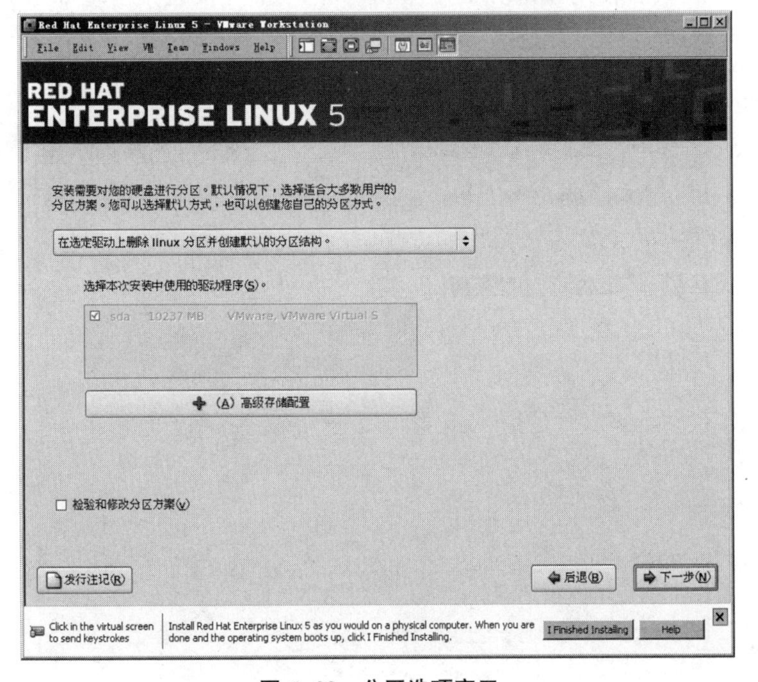

图 6-23　分区选项窗口

（11）选择“在选定驱动上删除 Linux 分区并创建默认的分区结构”项，并单击“下一步”按钮，弹出“警告”对话框询问是否要删除分区。单击“是”按钮，分区自动完成。如图 6-24 所示。

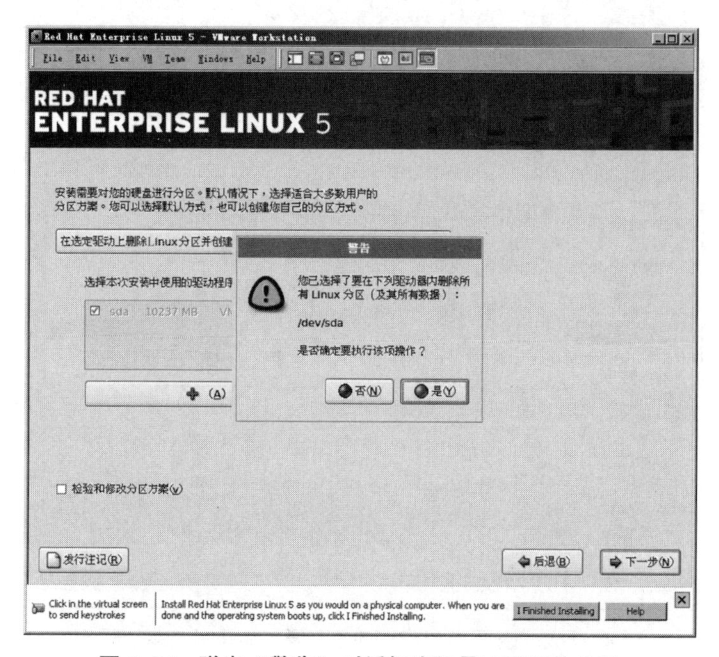

图 6-24　弹出“警告”对话框询问是否要删除分区

（12）分区完成后在出现的界面中单击“下一步”按钮，出现如图 6-25 所示界面，勾选“通过 DHCP 自动配置”选项。单击“下一步”按钮。

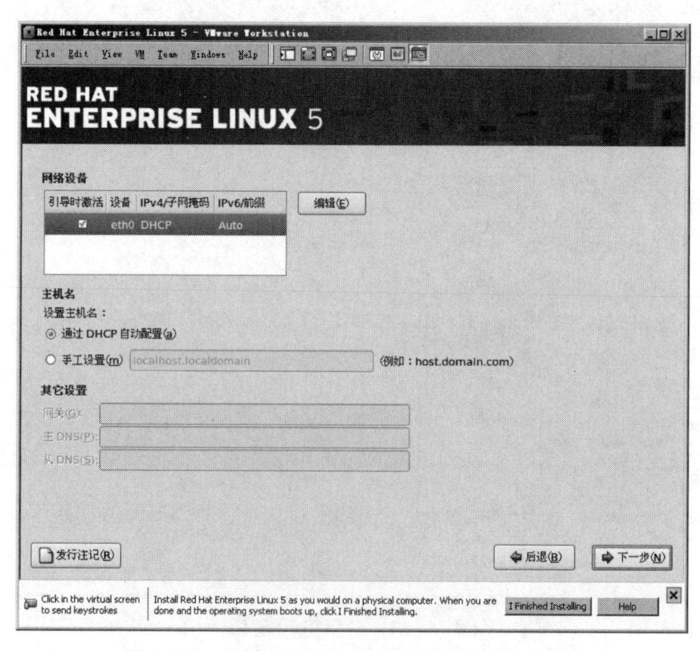

图 6-25　勾选“通过 DHCP 自动配置”选项

（13）在出现的界面中，选择“亚洲/上海”时区（即北京时间东 8 区），不勾选“系统时钟使用 UTC”，如图 6-26 所示。单击“下一步”按钮。

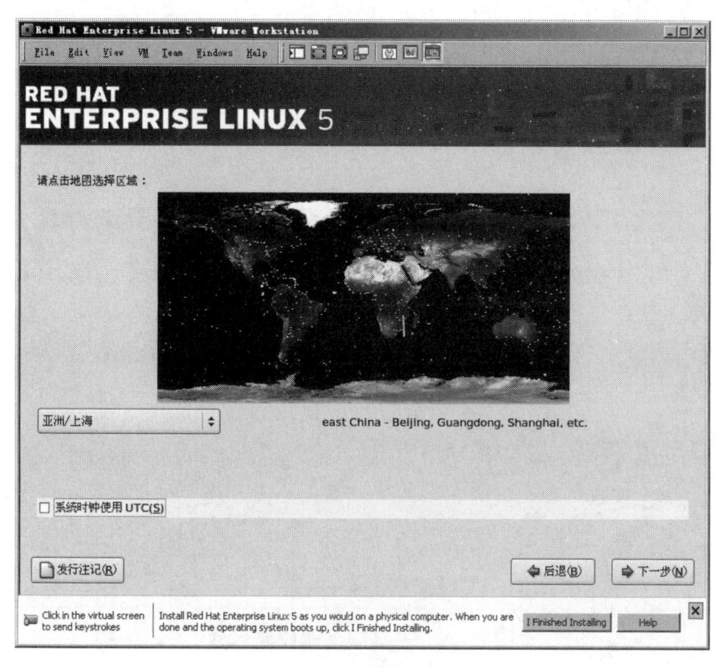

图 6-26　选择时区

（14）在出现的窗口中，设置根口令为 nbzyjsj，然后单击“下一步”按钮，如图 6-27 所示。

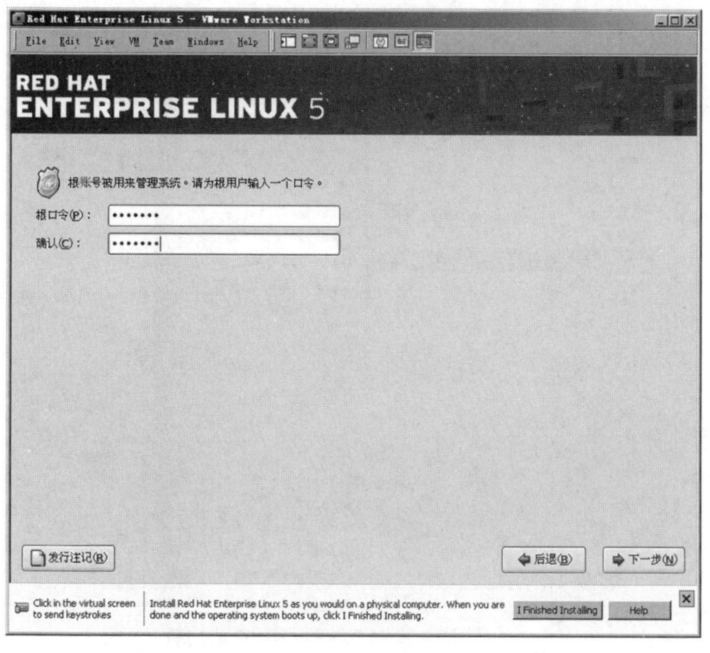

图 6-27　设置根口令

（15）出现如图 6-28 所示界面，勾选“网络服务器”，单击“下一步”按钮。

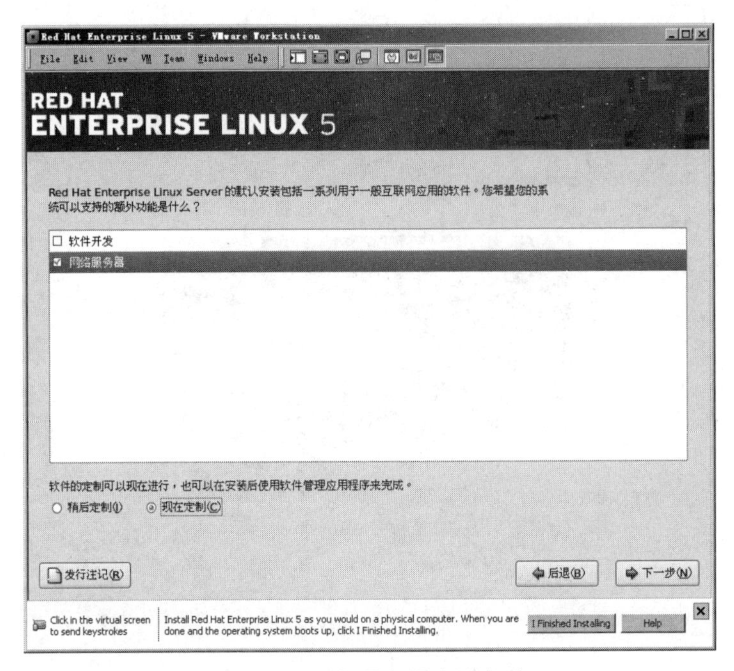

图 6-28　选择服务器应用类型

（16）出现如图 6-29 所示界面，在基本系统类中勾选要安装的软件，如 X 窗口系统、基本、拨号联网支持、管理工具等。

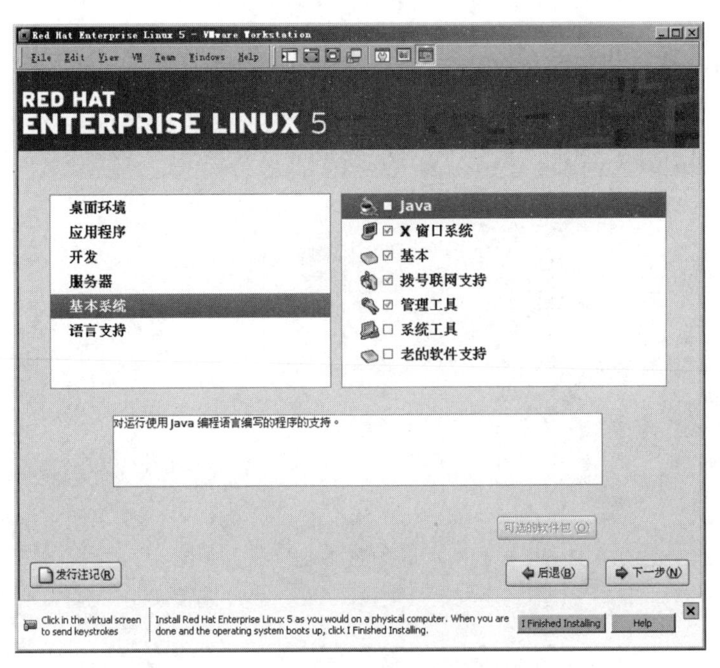

图 6-29　勾选基本系统类中要安装的软件

（17）在服务器类中勾选要装的软件，如 MySQL 数据库、万维网服务器（即 Apache 服务器）等。单击“可选的软件包”按钮。

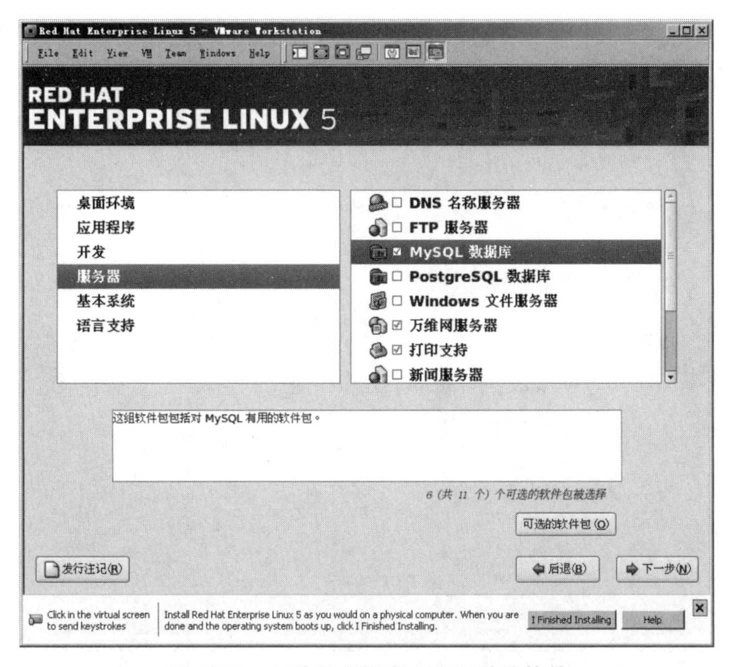

图 6-30　勾选服务器类中要安装的软件

（18）弹出如图 6-31 所示的“MySQL 数据库中的软件包”对话框，勾选 MySQL 数据库中要安装的软件包，一般全勾上。单击“关闭”按钮。

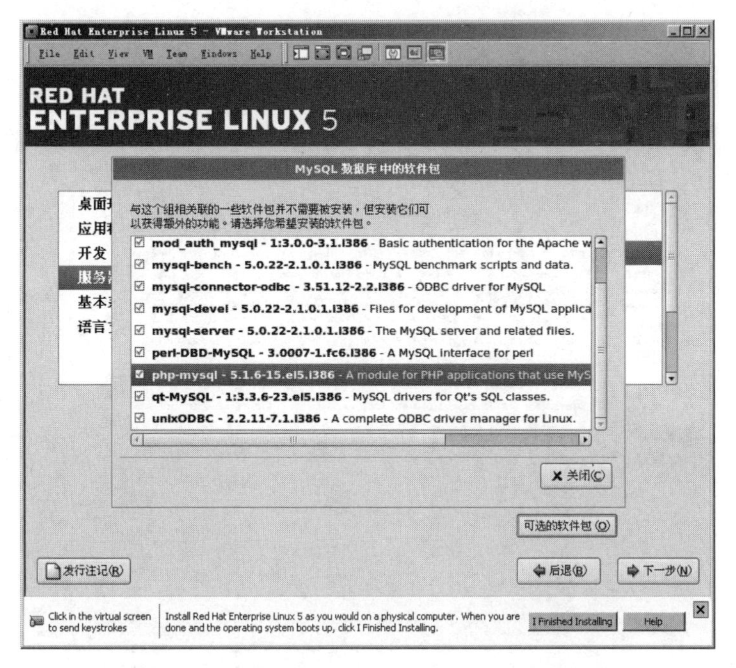

图 6-31　勾选 MySQL 数据库中要安装的软件包

（19）在服务器类中勾选“万维网服务器”，单击“可选的软件包”按钮，如图 6-32 所示。

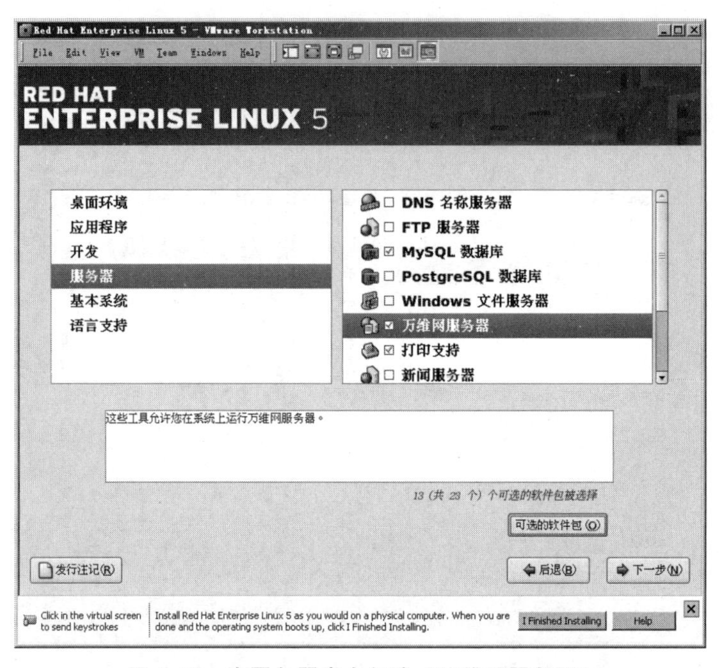

图 6-32 在服务器类中勾选“万维网服务器”

（20）弹出如图 6-33 所示的“万维网服务器中的软件包”对话框，勾选万维网服务器中要安装的软件包，如 PHP-MySQL 模块等。单击“关闭”按钮。

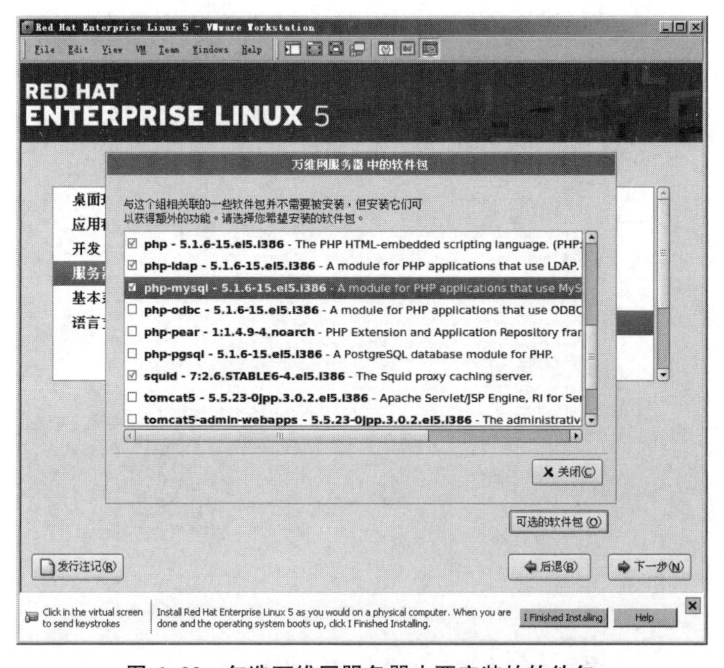

图 6-33 勾选万维网服务器中要安装的软件包

（21）不要勾选服务器类中的打印支持，如图 6-34 所示。

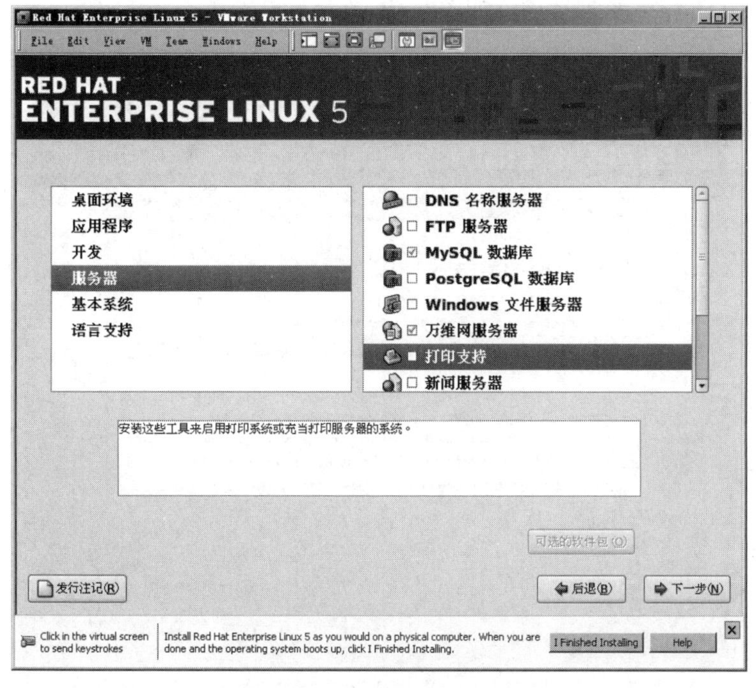

图 6-34　不安装打印支持服务

（22）在开发类中勾选“开发工具”，单击“可选的软件包”按钮，如图 6-35 所示。

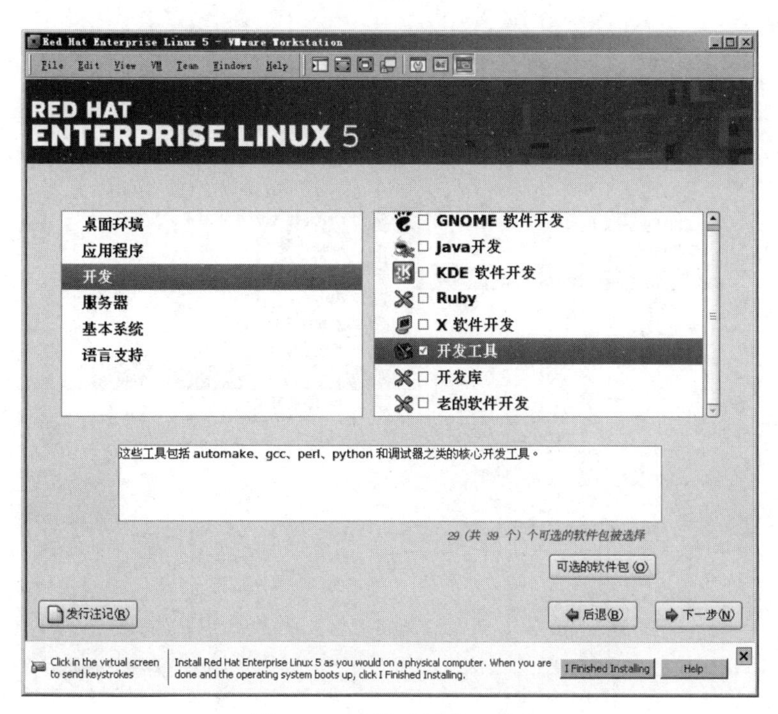

图 6-35　勾选“开发工具”

（23）出现如图 6-36 所示的“开发工具中的软件包”对话框，勾选开发工具中要安装的软件包，如 gcc 系列选项，如图 6-36 所示。单击“关闭”按钮。

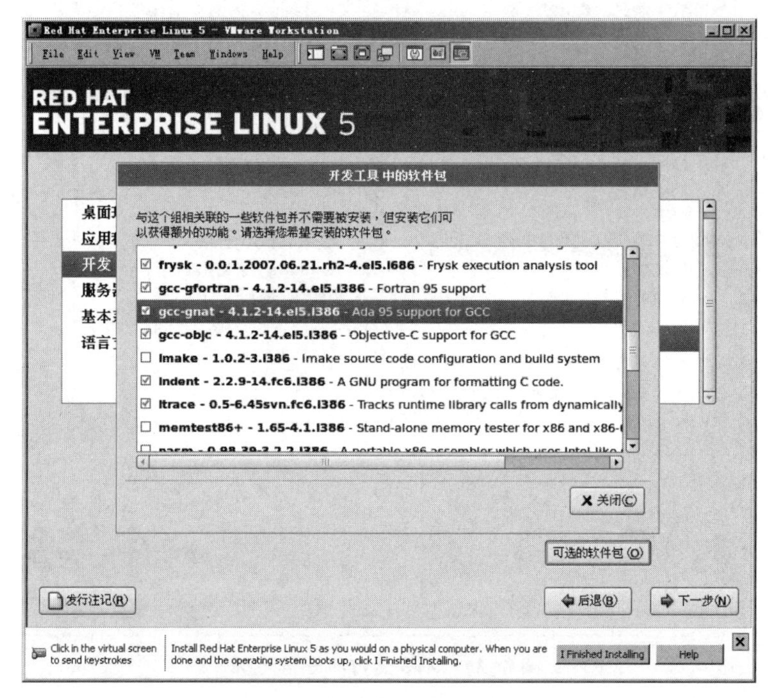

图 6-36　勾选 gcc 系列开发工具

（24）在开发类中勾选“开发库”，单击“下一步”按钮，如图 6-37 所示。

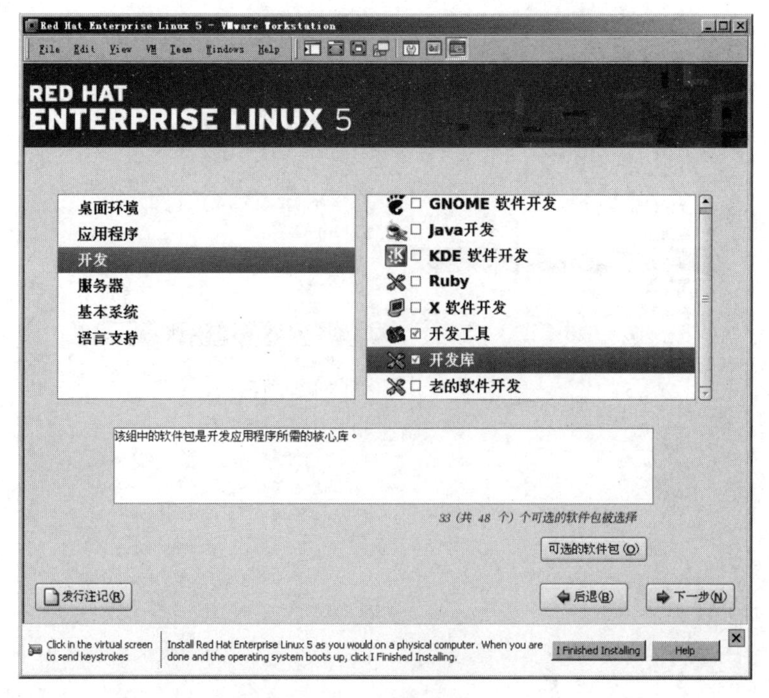

图 6-37　勾选开发库

（25）开始检查安装包的依赖关系，如图 6-38 所示。

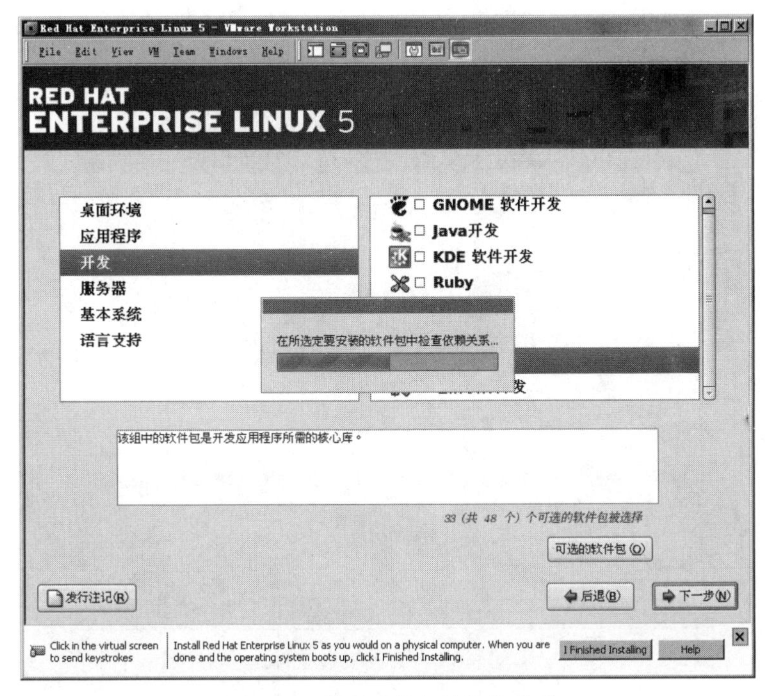

图 6-38　检查安装包的依赖关系

（26）安装包的依赖关系检查完成，出现准备安装软件界面，如图 6-39 所示。

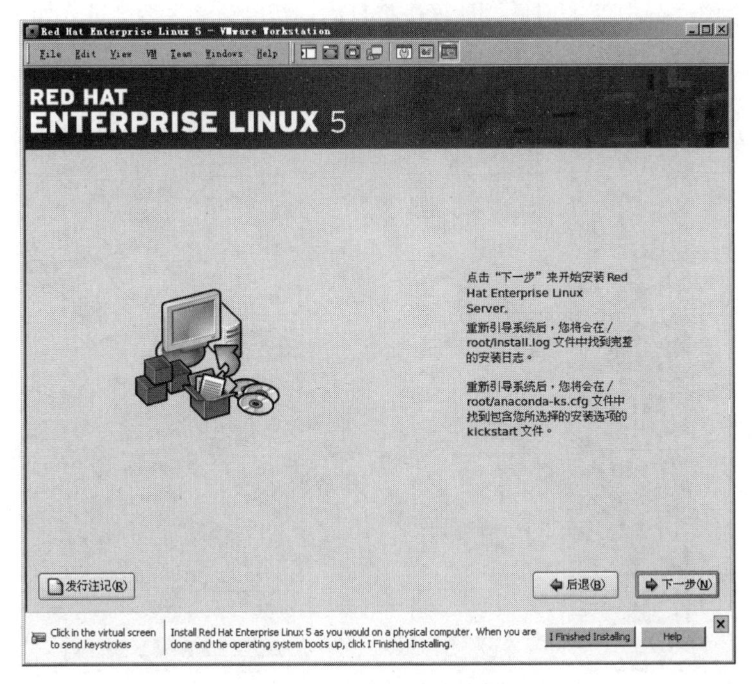

图 6-39　准备安装软件界面

（27）开始安装软件，如图 6-40 所示。十多分钟后，软件安装完成，计算机将自动重新启动。

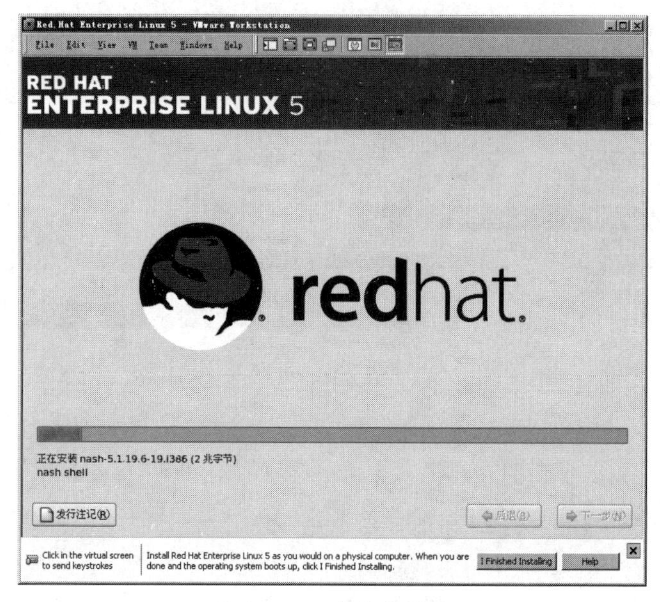

图 6-40　开始安装软件

6.4　设置 RHEL 5 操作系统

RHEL 5 操作系统安装完成后，计算机将自动重新启动，之后会进入如下设置环节。

（1）在“欢迎”界面，单击“前进”按钮，如图 6-41 所示。

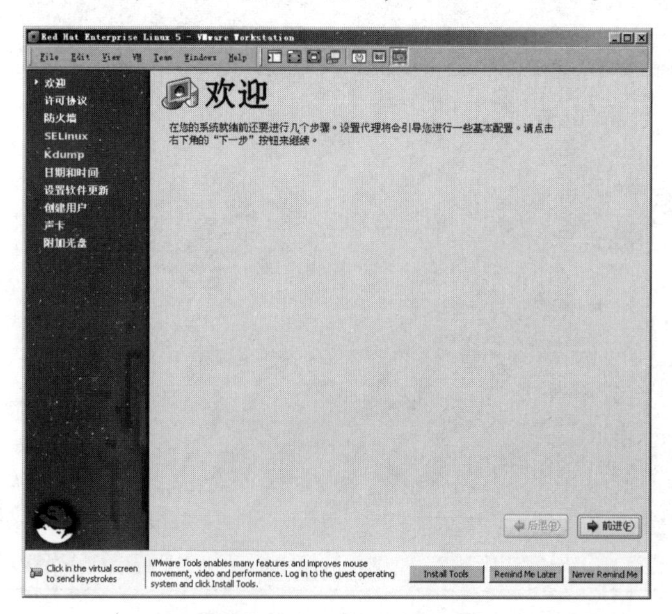

图 6-41　“欢迎”界面

（2）进入“许可协议”界面，勾选“是，我同意这个许可协议”选项，单击“前进”按钮，如图 6-42 所示。

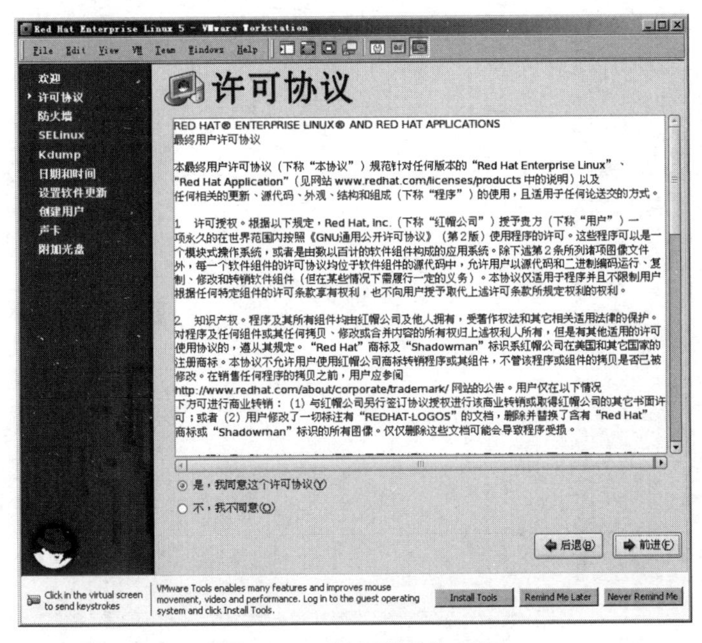

图 6-42　“许可协议”界面

（3）进入“防火墙”界面，保持当前设置，单击“前进”按钮，如图 6-43 所示。

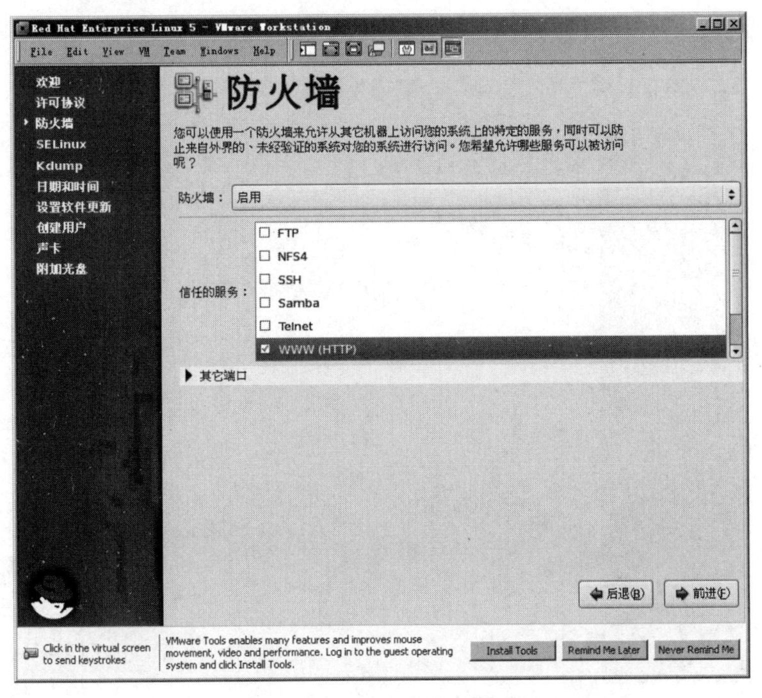

图 6-43　“防火墙”界面

（4）在弹出的防火墙配置询问对话框中，单击“是”按钮，如图 6-44 所示。

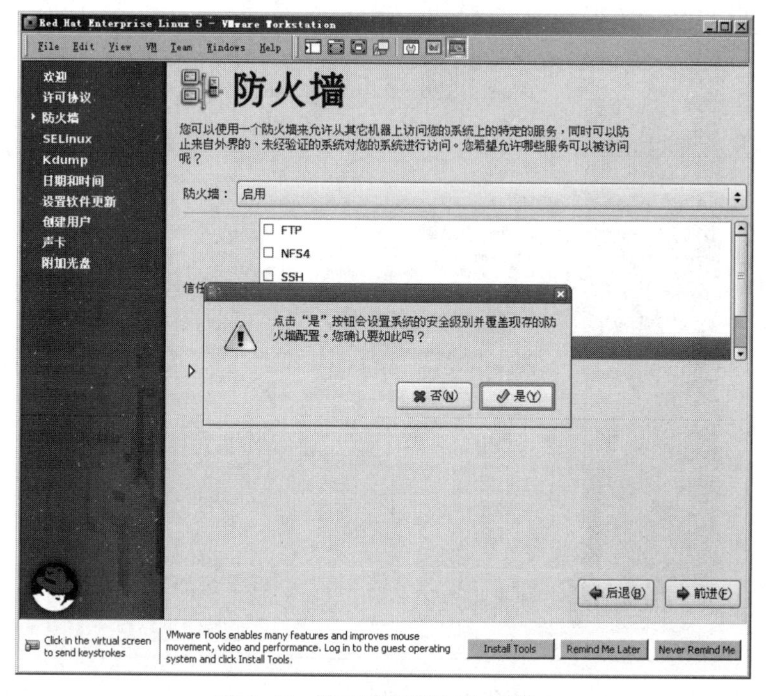

图 6-44　防火墙配置询问对话框

（5）进入 SELinux 界面，选择“SELinux 设置”为“禁用”，单击“前进”按钮，如图 6-45 所示。

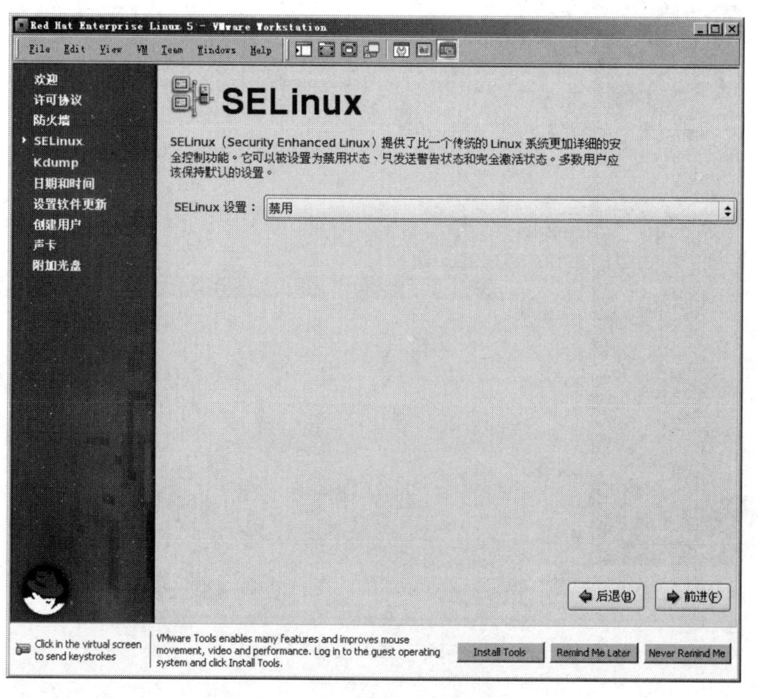

图 6-45　禁用 SELinux

(6) 在弹出的对话框中，单击“是”按钮，确认禁用 SELinux，如图 6-46 所示。单击“前进”按钮。

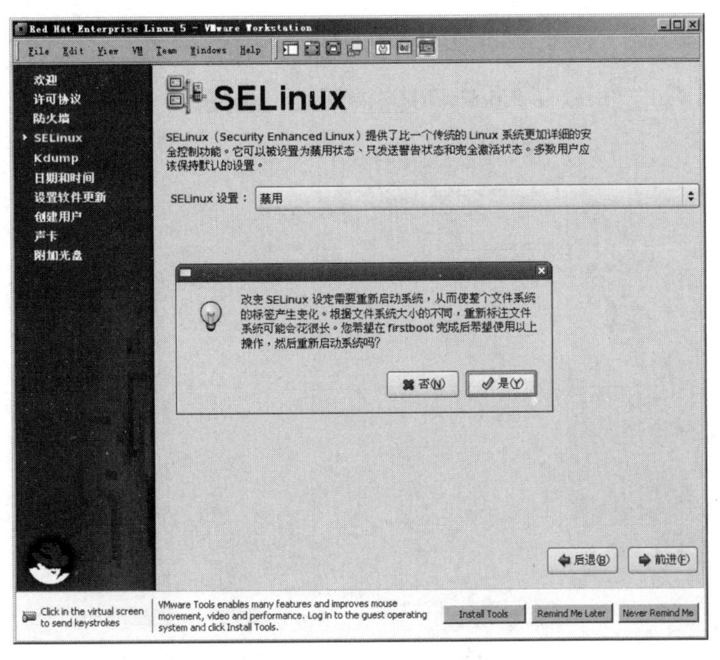

图 6-46　确认禁用 SELinux

(7) 进入 Kdump 界面，勾选“启用 Kdump (E)?”选项，如图 6-47 所示。单击“前进”按钮。

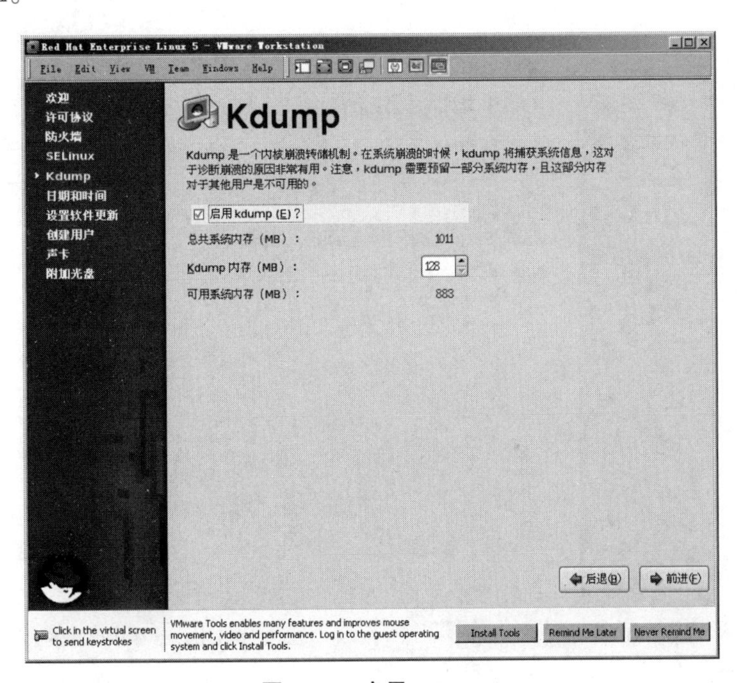

图 6-47　启用 Kdump

（8）弹出询问是否愿意系统设置过程结束后再次重启计算机以使 Kdump 生效对话框，单击“是”按钮，如图 6-48 所示。单击“前进”按钮。

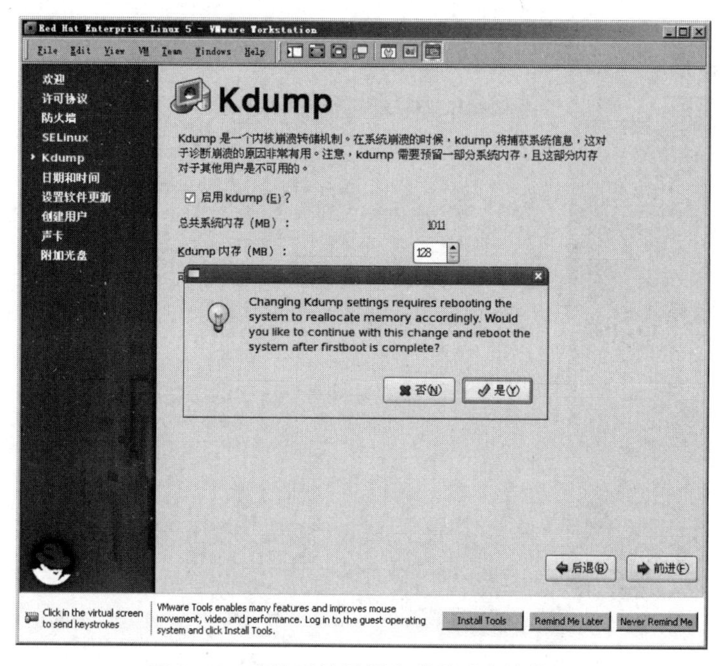

图 6-48　确认系统设置完成后重启计算机

（9）进入“日期和时间”界面，设置日期和时间，如图 6-49 所示。单击“前进”按钮。

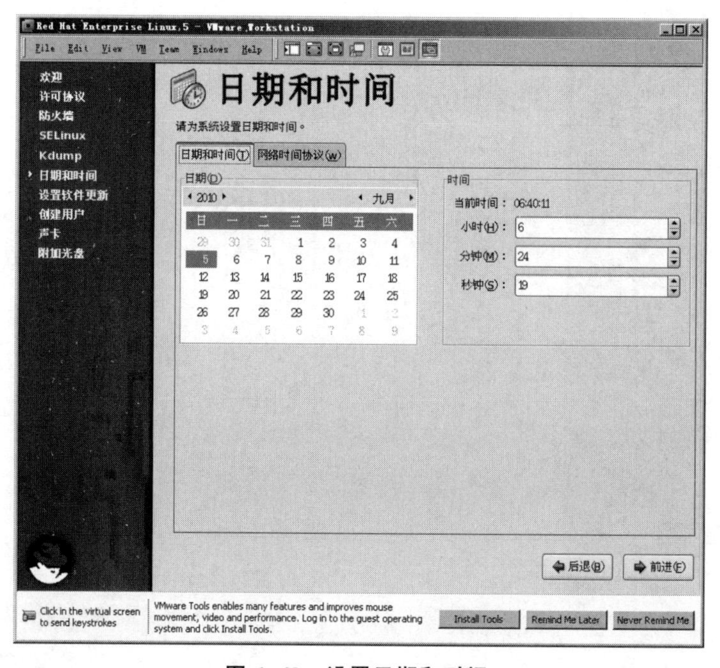

图 6-49　设置日期和时间

（10）进入“设置软件更新”界面，勾选“不，我将在以后注册”选项，如图 6-50 所示。单击“前进”按钮。

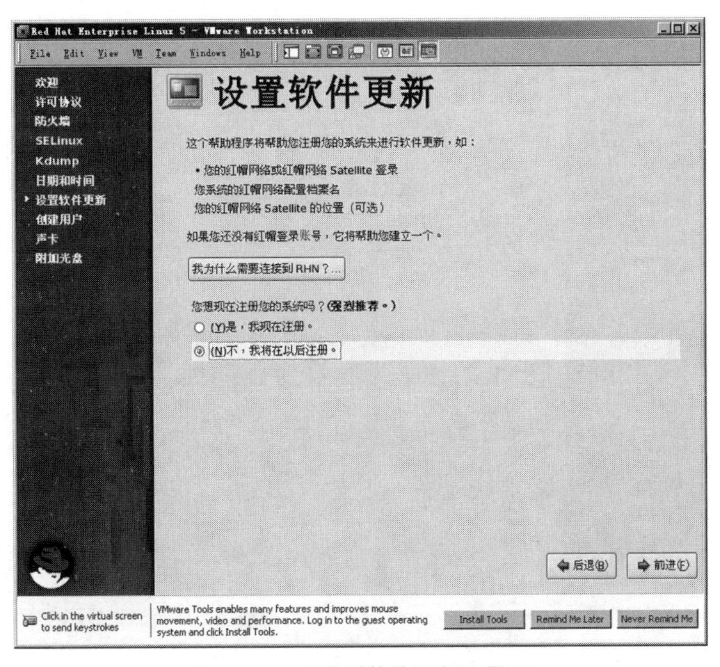

图 6-50　“设置软件更新”界面

（11）在弹出的对话框中，单击“不，我将在以后注册”按钮，如图 6-51 所示。单击“前进”按钮。

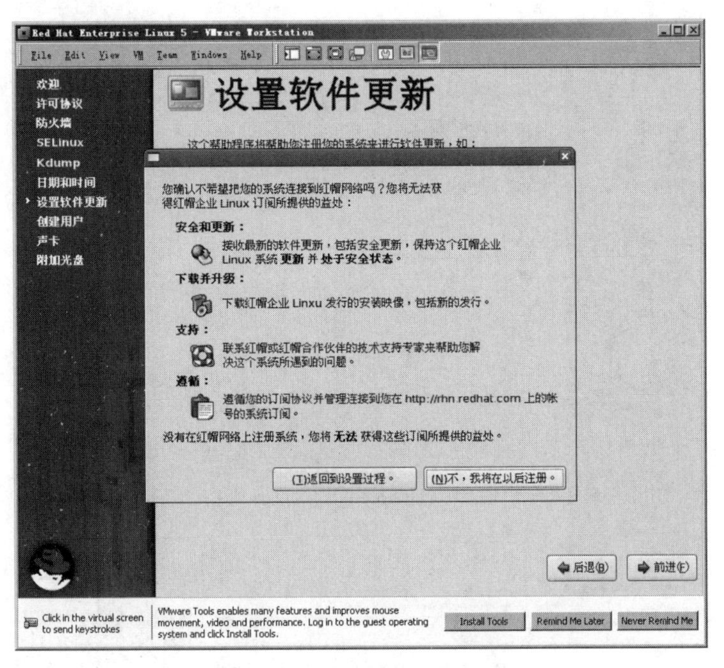

图 6-51　选择将在以后注册

（12）进入“创建用户”界面，在弹出的对话框中单击“继续”按钮，不创建其他账号，如图 6-52 所示。单击“前进”按钮。

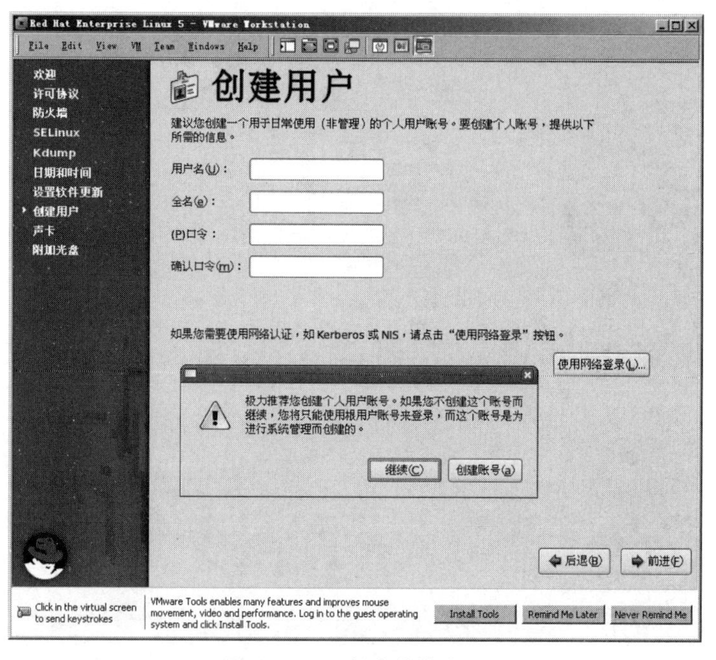

图 6-52　不创建其他账号

（13）进入“声卡”界面，确定是否听到测试声音，若听到，则要在弹出的对话框中单击“是”按钮，如图 6-53 所示。单击“前进”按钮。

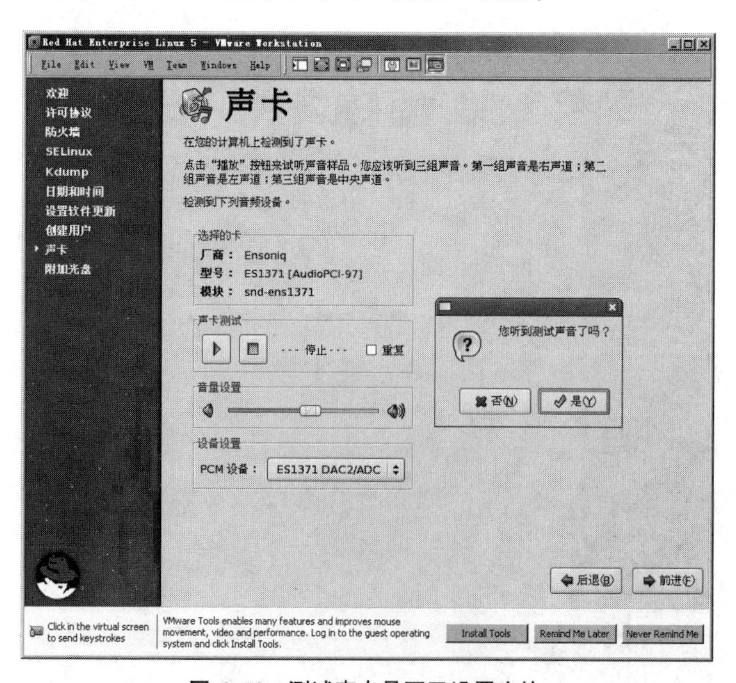

图 6-53　测试声卡是否已设置完毕

（14）进入如图 6-54 所示“附加光盘”界面，确定是否安装“附加光盘”，如果不安装，则直接单击“结束”按钮，系统将会重启。

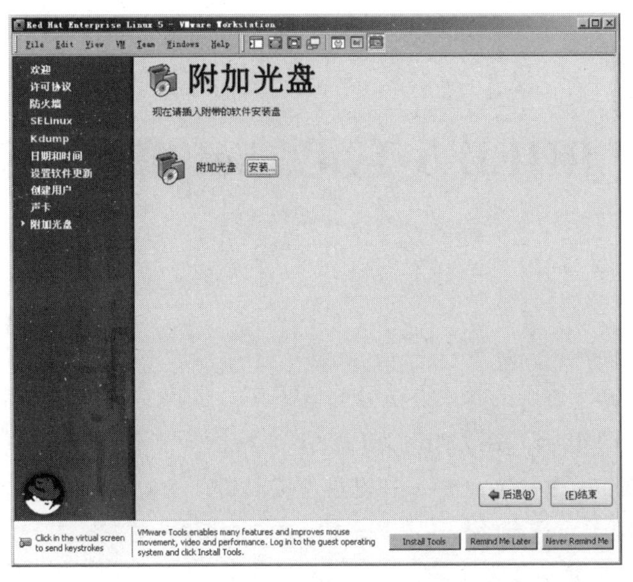

图 6-54　“附加光盘”界面

（15）系统重启后，即进入用户登录界面，如图 6-55 所示。这时，输入用户名 root，密码 nbzyjsj，即可登录。

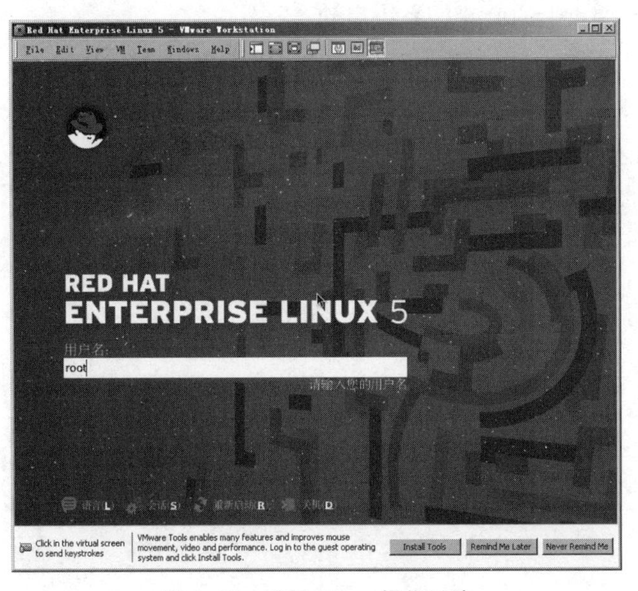

图 6-55　登录 Linux 操作系统

至此，LAMP 平台安装完毕。用户可将在 WAMP 平台中编写好的 PHP 程序复制到 LAMP 平台下运行。

附录

RHEL 5 忘记 root 密码的解决办法

RHEL 5 忘记 root 密码的解决办法分为以下 7 个步骤。

（1）重新启动电脑，在 GNU GRUB 引导界面下，选定 Red Hat Enterprise Linux Server (2.6.18-53.el5)，在键盘上按 E 键。

（2）在屏幕菜单中选定 Kernel /vmlinuz-2.6.18-53.el5 ro root=LABEL=/ rhgb quiet 后，在键盘上按 E 键。

（3）在 Kernel /vmlinuz-2.6.18-53.el5 ro root=LABEL=/ rhgb quiet 后面加上 single 字样，按回车键确认。

（4）再在 Kernel /vmlinuz-2.6.18-53.el5 ro root=LABEL=/ rhgb quiet single 选项上按键盘上的 B 键，系统启动。

（5）等到了出现 sh-3.1#提示符，说明进入了单用户模式。

（6）在 sh-3.1#提示符后面输入 passwd root 后，按回车键确认。

（7）提示输入新的 root 密码，输入两遍新密码后，再输入 reboot 命令重新启动系统，root 用户的密码就修改好了。